高等职业院校林业类专业系列教材

林业"3S"应用技术

廖永峰　主编

中国林业出版社
China Forestry Publishing House

内 容 简 介

本教材以林业行业工作需求为导向，按照现代林业生产的工作过程，系统学习地理空间数据与坐标系统、GPS 的操作与应用、ArcGIS 空间数据编辑与处理、ArcGIS 空间数据分析、ArcGIS 林业制图技术实践、林业遥感影像数据预处理、遥感影像数据的判读与分类、遥感影像数据动态监测等内容。强调森林资源调查、监测、更新等方面的应用，培养从事森林资源调查、监测、更新以及林业资源规划和作业设计等工作所需的多项职业能力。

本教材既可作为高等职业院校林业类专业的教材，也可作为林业生产等相关从业人员的自学和参考用书。

图书在版编目（CIP）数据

林业"3S"应用技术 / 廖永峰主编. — 北京：中
国林业出版社，2024.6
高等职业院校林业类专业系列教材
ISBN 978-7-5219-2382-7

Ⅰ.①林⋯　Ⅱ.①廖⋯　Ⅲ.①地理信息系统-应用-
林业-高等职业教育-教材　Ⅳ.①S717-39

中国国家版本馆 CIP 数据核字（2023）第 191533 号

策划编辑：田苗　郑雨馨
责任编辑：郑雨馨
责任校对：苏　梅
封面设计：北京时代澄宇科技有限公司

出版发行：中国林业出版社
　　　　　（100009，北京市西城区刘海胡同 7 号，电话 83223120）
电子邮箱：jiaocaipublic@163.com
网址：https://www.cfph.net
印刷：河北京平诚乾印刷有限公司
版次：2024 年 6 月第 1 版
印次：2024 年 6 月第 1 次印刷
开本：787mm×1092mm　1/16
印张：13
字数：310 千字
定价：52.00 元

数字资源

前　言

党的二十大擘画了人与自然和谐共生的现代化新蓝图，对建设生态文明作出一系列新部署新要求，为推动林草工作高质量发展指明了方向、提供了根本遵循。新时代赋予林草工作新的重大使命，作为建设美丽中国和人与自然和谐共生现代化的主力军，要从党的二十大报告中汲取营养和智慧，解放思想，转变观念，守正创新，着力破解制约林草高质量发展的问题。要牢固树立和践行绿水青山就是金山银山理念，抓实林草事业，坚持山水林田湖草沙一体化保护和系统治理，科学开展大规模国土绿化行动，提高生态系统碳汇能力。要做实林草产业，推动实现生态美、百姓富，助力乡村振兴。要完善林草体系建设，加强草原森林湿地保护监管，推深做实林长制，健全资源管护制度，实施生物多样性保护工程，加强野生动植物及其栖息地保护。全力推进以国家公园为主体的自然保护地体系建设和自然保护地整合优化，坚决守住生态安全边界。要加快森林城市建设，进一步加大宣传力度，完善全市森林网络、森林健康、生态福利、生态文化和组织管理体系，巩固国家森林城市创建成效，力争早日实现森林城市全覆盖。要切实抓好森林草原防火和有害生物防治，加快森林草原防火基础设施建设，加强火情预警监测，全面排查消除隐患，维护生态安全和社会稳定；加强生物安全管理，完善林草有害生物防治体系建设，防治外来物种侵害，坚决守住林草生态安全底线。要强化创新赋能，加强林草科技攻关，大力推广林草科技成果，积极开展碳汇研究，增强林草改革发展内生动力。不断探索现代信息技术在林区的转化应用，切实提升林区防灾减灾、森林资源综合监管、生物多样性采集监测等能力，为林区实现绿色高质量发展提供坚实的现代信息技术保障。

本教材以林业行业工作需求为导向，按照现代林业生产的工作过程，系统讲述了地理空间数据与坐标系统、GPS 的操作与应用、ArcGIS 空间数据编辑与处理、ArcGIS 空间数据分析、ArcGIS 林业制图技术实践、林业遥感影像数据预处理、遥感影像数据的判读与分类、遥感影像数据动态监测。本教材内容注重"教、学、做"一体化，强调实用性和全面性，注重理论与实践的结合，突出了对林业"3S"应用技术、方法和能力的培养。

本教材由甘肃林业职业技术大学廖永峰担任主编，具体分工如下：项目 1、项目 4 和项目 5 由甘肃林业职业技术大学廖永峰编写，项目 2 和项目 3 由甘肃林业职业技术大学靳惠安编写，项目 6、项目 7 和项目 8 由甘肃林业职业技术大学李靖霞编写。教材将林业"3S"技术融入各个教学项目中，配有大量的实际生产应用案例并给出了详细的操作步骤，供参考使用。本教材既可作为高等职业院校林业类专业的教材，也可作为林业生产等相关从业人员的自学和参考用书。

本书在编写过程中参阅了大量的文献，引用了同类书籍中的部分内容，在此谨向有关作者表示衷心感谢。同时，听取了许多老师及行业专家的宝贵意见，得到学校教务处的大力支持，在此致以诚挚的谢意！

由于编者水平有限，书中难免存在缺陷和错误，将在教学和科研实践中不断充实和完善，恳请各位专家、读者给予批评和指正。

编 者

2024 年 3 月

目　录

项目1 地理空间数据与坐标系统

○ 学习目标

知识目标：

1. 了解地理数据的特性与表达方式，地理空间数据的特点。
2. 掌握 GIS 空间数据的两种主要结构，并熟悉这两种数据结构的特征和编码。
3. 熟悉信息、数据、地理信息、信息系统、地理信息系统区别与联系。
4. 掌握地理信息系统的类型、组成和功能。
5. 掌握基准面和坐标系的概念，熟悉坐标系的分类。
6. 熟悉高斯–克吕格投影的概念及其应用，掌握高斯投影分带方法。

技能目标：

1. 会进行定义投影创建并处理自定义地理(坐标)变换。
2. 会进行矢量数据的投影变换处理。
3. 会进行栅格数据的投影变换处理。

素质目标：

培养国家地理信息数据保密意识。

○ 知识准备

1. 地理空间数据的特点与结构

地理空间数据是带有地理坐标的数据，它描述了地理实体的空间特征和属性特征，主要包括空间位置数据、属性数据及时域特征数据 3 个部分，地理空间数据具有多样性、时域性、复杂性的特点。

地理空间数据的位置数据描述了地理实体所在的位置，这种位置描述可以是实体的绝对位置，也可以是实体的相对位置(如空间上的包含和相邻等空间拓扑关系的描述)。实体的属性特征数据描述了实体本身的定性指标，如小班平均坡度、林班所在林场等。时域特征数据记录了实体数据采集的时域信息，如采集时间，是空间数据元数据的一部分。

从数据类型上划分，地理空间数据可以划分为栅格数据和矢量数据，其主要来源包括室内数字化、野外采集、数据的再加工分析等。常见的栅格数据文件格式有 TIF、BMP、IMG 等，常见的矢量数据文件格式有 SHAPEFILE、GEOJSON、KML、GPX、DXF/DWG

等。矢量、栅格数据结构构成及特点如下：

①矢量数据结构　可具体分为点、线、面，可以构成现实世界中各种复杂的实体，当问题可描述成线或边界时，特别有效。矢量数据的结构紧凑，冗余度低，并具有空间实体的拓扑信息，容易定义和操作单个空间实体，便于网络分析。矢量数据的输出质量好、精度高。

②栅格数据结构　是通过空间点密集而规则地排列表示整体的空间现象的数据结构。其数据结构简单，定位存取性能好，可以与影像和 DEM 数据进行联合空间分析，数据共享容易实现，对栅格数据的操作比较容易。

在 GIS 建立过程中，应根据应用目的和应用特点、可能获得的数据精度以及地理信息系统软件和硬件配置情况，选择合适的数据结构。一般来讲，栅格结构可用于大范围小比例尺的自然资源、环境、农林业等区域。

2. 坐标系统与地图投影

1) 坐标系统

GIS 处理的是空间信息，而所有对空间信息的量算都是基于某个坐标系统的，因此 GIS 中坐标系统的定义是 GIS 系统的基础，正确理解 GIS 中的坐标系统就变得尤为重要。坐标系统又可分为两大类：地理坐标系（geographic coordinate system）、投影坐标系（projected coordinate system）。

（1）地理坐标系

地理坐标系，也可称为真实世界的坐标系，是用于确定地物在地球上位置的坐标系。一个特定的地理坐标系由一个特定的椭球体和一种特定的地图投影构成，其中椭球体是一种对地球形状的数学描述，而地图投影是将球面坐标转换成平面坐标的数学方法。绝大多数的地图都是遵照一种已知的地理坐标系来显示坐标数据。

地球表面是一个凸凹不平的表面，而对于地球测量而言，地表是一个无法用数学公式表达的曲面，这样的曲面不能作为测量和制图的基准面。假想一个扁率极小的椭圆，是绕大地球体短轴旋转所形成的规则椭球体，则称之为地球椭球体。地球椭球体表面是一个规则的数学表面，可以用数学公式表达，所以在测量和制图中就用它替代地球的自然表面，因此就有了地球椭球体的概念。

（2）投影坐标系

地球椭球体表面也是个曲面，而我们日常生活中的地图及量测空间通常是二维平面，因此在地图制图和线性量测时首先要考虑把曲面转化成平面。由于球面上任何一点的位置是用地理坐标（λ, φ）表示的，而平面上点的位置是用直角坐标（x, y）或极坐标（r, θ）表示的，所以要想将地球表面上的点转移到平面上，必须采用一定的方法来确定地理坐标与平面直角坐标或极坐标之间的关系。这种在球面和平面之间建立点与点之间函数关系的数学方法，就是地图投影方法。

大地基准面是设计用来最佳拟合一部分或全部大地水准面的数学模式，它由椭球体本身及椭球体和地表上一点视为原点之间关系来定义。此关系能以 6 个量来定义，通常（但非必然）是大地纬度、大地经度、原点高度、原点垂线偏差两分量及原点至某点的大地方位角。

椭球体与基准面之间的关系是一对多的关系，也就是基准面是在椭球体基础上建立的，但椭球体不能代表基准面，同样的椭球体能定义不同的基准面。

2) 地图投影

地图投影是为解决由不可展的椭球面描绘到平面上的矛盾，用几何透视方法或数学分析的方法，将地球上的点和线投影到可展的曲面(平面、圆柱面或圆锥面)上，将此可展的曲面展成平面，建立该平面上的点、线和地球椭球面上的点、线的对应关系。我国常用高斯-克吕格投影构建直角坐标。

高斯-克吕格投影(Gauss_Krivger)属于等角横切椭圆柱投影，是设想用一个椭圆柱横套在地球椭球的外面，并与设定的中央经线相切。其经纬线互相垂直，变形最大位于赤道与投影带最外一条经线的交点上，常用于纬度较高地区。

高斯-克吕格投影分带规定：该投影是我国国家基本比例尺地形图的数学基础，为控制变形，采用分带投影的方法，在比例尺 1：2.5 万~1：50 万图上采用 6°分带，对比例尺为 1：1 万及大于 1：1 万的图采用 3°分带。

6°分带法：从格林尼治零度经线起，每 6°分为一个投影带，全球共分为 60 个投影带，东半球从东经 0°~6°为第一带，中央经线为 3°，依此类推，投影带号为 1~30。其投影代号 n 和中央经线经度 L_0 的计算公式为：$L_0=(6n-3)°$；西半球投影带从 180°回算到 0°，编号为 31~60，投影代号 n 和中央经线经度 L_0 的计算公式为 $L_0=360°-(6n-3)°$。

3°分带法：从东经 1°30′起，每 3°为一带，将全球划分为 120 个投影带，东经 1°30′~4°30′，…，178°30′~西经 178°30′，…，1°30′~东经 1°30′。

东半球有 60 个投影带，编号 1~60，各带中央经线计算公式：$L_0=3°n$，中央经线为 3°，6°，…，180°。

西半球有 60 个投影带，编号 1~60，各带中央经线计算公式：$L_0=360°-3°n$，中央经线为西经 177°，…，3°，0°。

我国规定将各带纵坐标轴西移 500 千米，即将所有 y 值加上 500 千米，坐标值前再加各带带号。

任务 1-1　坐标系统定义与投影变换

坐标系统是 GIS 数据重要的数学基础，用于表示地理要素、图像和观测结果的参照系统，坐标系统的定义能够保证地理数据在软件中正确的显示其位置、方向和距离，缺少坐标系统的 GIS 数据是不完善的，因此在 GIS 软件中正确地定义坐标系统以及进行投影转换非常重要。

○ 工作任务

任务描述：

1. 了解 ArcGIS 中提供的地理坐标系和投影坐标系的使用方法。

2. 熟悉 ArcGIS 中空间数据的坐标定义；掌握矢量数据和栅格数据的投影变换。

工具材料(表1-1、表1-2):

表1-1　应用工具及工具位置

工具名称	工具位置
【定义投影】	ArcToolbox—【数据管理工具】—【投影与变换】—【定义投影】
【投影】	ArcToolbox—【数据管理工具】—【投影与变换】

表1-2　数据材料

名称	格式	坐标系	说明
Image.tif	TIF/JPG格式等	高斯-克吕格投影	底图
道路.shp	SHP格式	西安80	无

○ 任务实施

1. 认识ArcGIS中的坐标系统

ArcGIS中预定义了两套坐标系统:地理坐标系和投影坐标系,如图1-1所示。

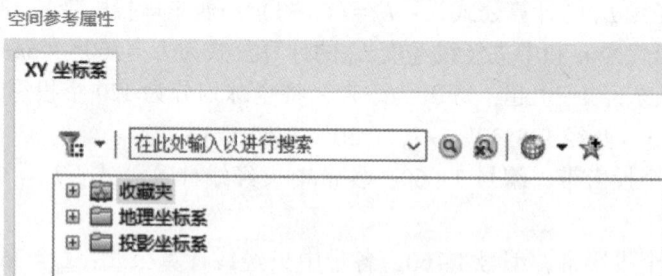

图1-1　【XY坐标系】标签页

1)地理坐标系

地理坐标系(GCS)使用三维球面来定义地球上的位置。GCS中的重要参数包括角度测量单位、本初子午线和基准面(基于旋转椭球体)。地理坐标系中用经纬度来确定球面上的点位,经度和纬度是从地心到地球表面上某点的测量角。球面系统中的水平线是等纬度线或纬线,垂直线是等经度线或经线,这些线构成了一个称为经纬网的格网化网络。

GCS中经度和纬度值以十进制为单位或以度、分和秒(DMS)为单位进行测量。纬度值相对于赤道进行测量,其范围是-90°(南极点)~+90°(北极点)。经度值相对于本初子午线进行测量,其范围是-180°(向西行进时)~+180°(向东行进时)。

ArcGIS中,中国常用的坐标系统为:

GCS_Beijing_1954(Krasovsky_1940,北京54);

GCS_Xi'an_1980(IAG_75,西安80);

GCS_WGS_1984(WGS_1984,WGS84);

GCS_China_Geodetic_Coordinate_System_2000(国家2000)。

2）投影坐标系

将球面坐标转化为平面坐标的过程称为投影。投影坐标系的实质是平面坐标系统，地图单位通常为米。投影坐标系在二维平面中进行定义。与地理坐标系不同，在二维空间范围内，投影坐标系的长度、角度和面积恒定。投影坐标系始终基于地理坐标系，即：

$$投影坐标系 = 地理坐标系 + 投影算法函数$$

我国的投影坐标系主要采用高斯–克吕格投影，分为 6° 和 3° 分带投影，1∶2.5 万～1∶50 万比例尺地形图采用经差 6° 分带，1∶1 万比例尺的地形图采用经差 3° 分带。具体分带法是：6° 分带从本初子午线（prime meridian）开始，按经差 6° 为一个投影带自西向东划分，全球共分 60 个投影带，中国跨 13～23 带；3° 投影带是从东经 1.5° 经线开始，按经差 3° 为一个投影带自西向东划分，全球共分 120 个投影带，中国跨 25～45 带。

3）坐标系的选择

打开 ArcGIS 中的 Coordinate Systems \ Projected Coordinate Systems \ Gauss Kruger \ CGCS2000 目录，选择合适的坐标系，如图 1-2 所示。在实际应用中，不同坐标系统常用的有 4 种命名方式：

CGCS2000（Xi′an 1980/Beijing 1954）3 Degree GK CM 105E［国家 2000（西安 80/北京 54）　3° 分带无带号］；

CGCS2000（Xi′an 1980/Beijing 1954）3 Degree GK Zone 35［国家 2000（西安 80/北京 54）3° 分带有带号］；

CGCS2000（Xi′an 1980/Beijing 1954）GK Zone 18［国家 2000（西安 80/北京 54）　6° 分带有带号］；

Beijing 1954 GK Zone 18N Xi′an 1980 GK CM 105E CGCS2000_GK_CM_105E

［国家 2000（西安 80/北京 54）　6° 分带无带号］。

注：GK 表示高斯–克吕格，CM 表示中央子午线，Zone 表示分带号，N 表示不显示带号。

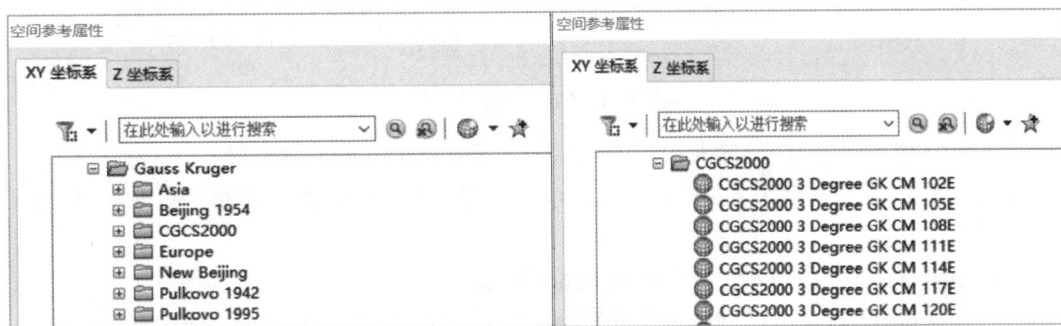

图 1-2　常用坐标系选择

2. 在 ArcGIS 中定义坐标系

ArcGIS 中所有地理数据集均需要用于显示、测量和转换地理数据的坐标系，该坐标系在 ArcGIS 中使用。如果某一数据集的坐标系未知或不正确，可以使用定义坐标系统的工具来指定正确的坐标系，使用此工具前，必须已获知该数据集的正确坐标系。

该工具可为包含未定义或未知坐标系的要素类或数据集定义坐标系，位于 ArcToolbox 工具箱—【数据管理工具】—【投影和变换】工具集—【自定义投影】工具。自定义投影工具所含功能类别及定义投影操作窗口如图 1-3、图 1-4 所示，其中【输入数据集或要素类】为要定义投影的数据集或要素类；【坐标系】为数据集定义的坐标系统。

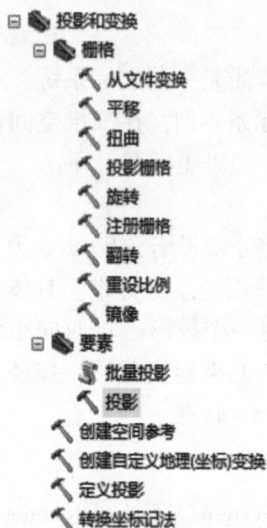

图 1-3 定义投影在自定义投影工具中的位置

3. 基于 ArcGIS 的投影转换

在数据的操作中，经常需要将不同坐标系统的数据转换到统一坐标系下，以方便对数据进行处理与分析，软件中坐标系转换常用以下两种方式。

1) 直接采用已定义参数实现投影转换

ArcGIS 软件中已经定义了坐标转换参数时，可直接调用坐标系转换工具，选择转换参数即可。该工具位于 ArcToolbox 工具箱—【数据管理】工具—【投影和变换】工具集—【要素】—【投影】（栅格数据投影转换工具位于：【栅格】—【投影栅格】）（图1-5）。完成投影工具窗口界面参数输入，其中各参数含义如下。

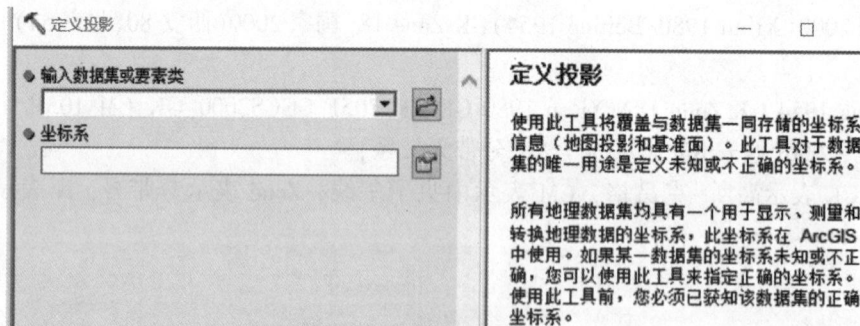

图 1-4 【定义投影】窗口

【输入数据集或要素类】为要投影的要素类、要素图层或要素数据集。

【输出数据集或要素类】为已在输出坐标系参数中指定坐标系的新要素数据集或要素类。

【输出坐标系】为已知要素类将转换到的新坐标系。

【地理坐标变换】在下拉列表中选择转换参数，以 GCS_Beijing_1954 转换为 GCS_WGS_1984 为例，转换参数含义如下：

Beijing_1954_To_WGS_1984_1 15918 鄂尔多斯盆地；

Beijing_1954_To_WGS_1984_2 15919 黄海海域；

Beijing_1954_To_WGS_1984_3 15920 南海海域-珠江口；

Beijing_1954_To_WGS_1984_4 15921 塔里木盆地；

Beijing_1954_To_WGS_1984_5 15935 北部湾；

Beijing_1954_To_WGS_1984_6 15936 鄂尔多斯盆地。

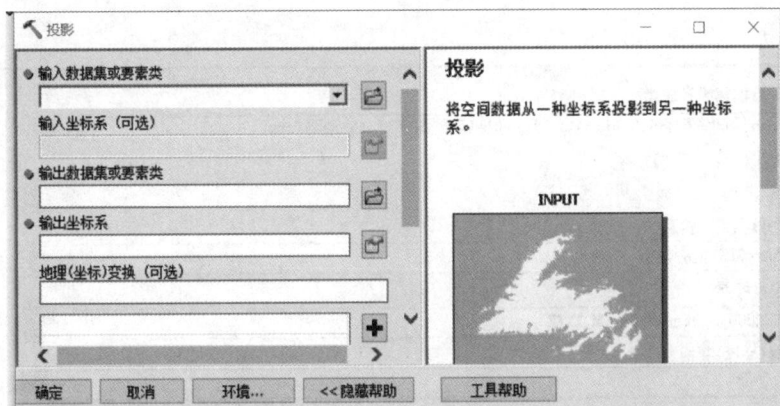

图 1-5 【投影】窗口

2)自定义七参数或三参数转换

当 ArcGIS 软件中不能自动实现投影间直接转换时，需要自定义七参数或三参数实现投影转换，以七参数为例，转换方法如下。

(1)自定义七参数地理转换

在 ArcToolbox 中选择自定义地理坐标变换工具，在弹出的窗口中，输入一个转换的名字，如 Xi′an80_to_CGCS2000。定义地理转换方法下面，在方法(Method)中选择合适的转换方法如 COORDINATE_FRAME，然后输入七参数，即平移参数、旋转角度和比例因子，如图 1-6、图 1-7 所示。

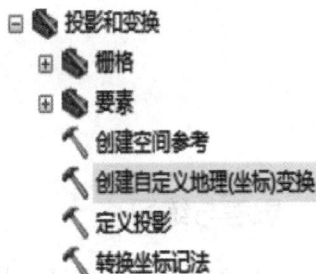

图 1-6 投影与变换工列表

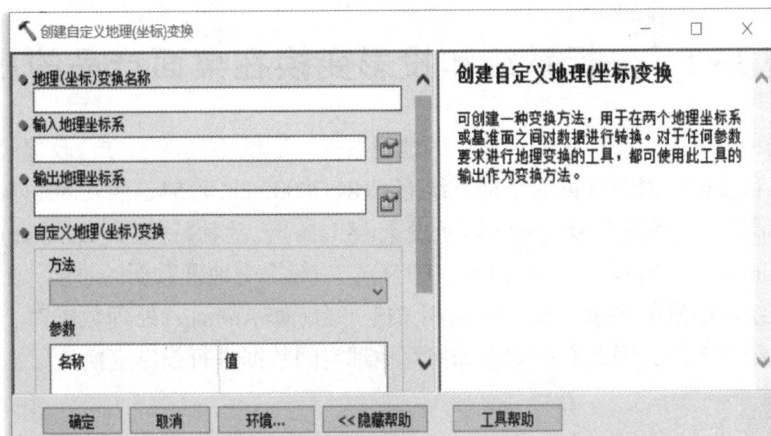

图 1-7 【自定义地理坐标变换】窗口

(2)投影转换

打开 ArcToolbox 工具箱下的【数据管理工具】—【投影和变换】工具集—【要素】—【投

影】，在弹出的窗口中输入要转换的数据以及输出坐标系，然后输入第一步自定义的地理坐标系如"Xi an80_to_CGCS2000"，开始投影变换，即可完成投影转换，如图1-8所示。

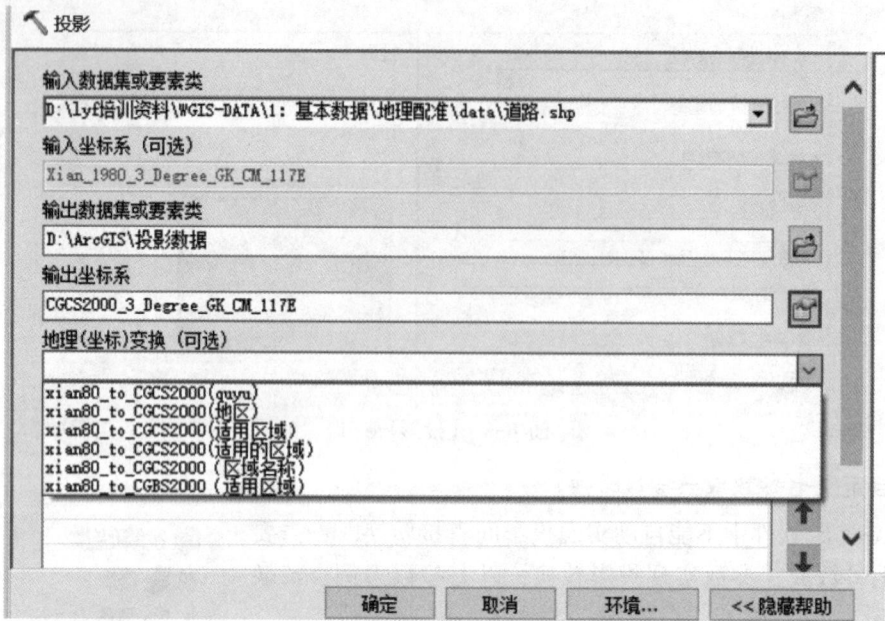

图1-8　矢量数据参数输入

思考与练习

1. 空间数据结构特点是什么？
2. 矢量数据和栅格数据各有哪些优缺点？
3. 地理坐标系和投影坐标系有什么区别？

任务1-2　坐标系统和投影变换在桌面产品的应用

地理数据种类多，来源广，同一地区的地理数据，职能不同的地方行政部门可能会采用不同的坐标系和投影。国内常见的坐标系统有 CGCS2000、北京54、西安80、WGS84，常见的投影方式有高斯-克吕格投影、阿尔伯斯投影（Albers）、兰勃特投影（Lambert）、通用横轴墨卡托投影（Universal Transverse Mercator，UTM）。一般提交地理数据的时候，上级部门会对数据的坐标系统有明确的要求，在一些通用 GIS 平台（如 Arcmap）处理数据时，有时也会对数据的坐标系统有要求，因此必须掌握如何对地理空间数据进行投影变换。

工作任务

1. 使用【创建自定义地理坐标变换】工具，创建自定义三参数转换模型。
2. 使用【投影】工具，利用定义好的三参数转换模型对"固定样地.shp"进行投影转换。

工具材料(表 1-3、表 1-4)：

表 1-3　应用工具及工具位置

工具名称	工具位置
【创建自定义地理坐标变换】	ArcToolbox—【数据管理工具】—【投影与变换】—【创建自定义地理坐标变换】
【投影】	ArcToolbox—【数据管理工具】—【投影与变换】—【矢量要素】—【投影】
【投影】	ArcToolbox—【数据管理工具】—【投影与变换】—【栅格】—【栅格投影】

表 1-4　数据材料

名称	格式	坐标系	说明
ts_mosaic_group1.tif	TIF/JPG 格式等	高斯-克吕格投影	底图
固定样地.shp	SHP 格式	WGS84	无

○ 任务实施

1. 创建自定义转换模型

启动 ArcMap，加载"ts_mosaic_group1.tif""固定样地.shp"数据。数据的加载可以拖动数据文件到地图窗口的方式完成，也可以通过加载图层按钮选择图层文件的方式完成。

2. 应用模型转换工具

①打开 ArcToolbox 工具箱，在 ArcToolbox 工具箱中找到【创建自定义地理(坐标)变换】工具，双击打开此工具，打开创建自定义地理转换窗口，如图 1-9 所示。

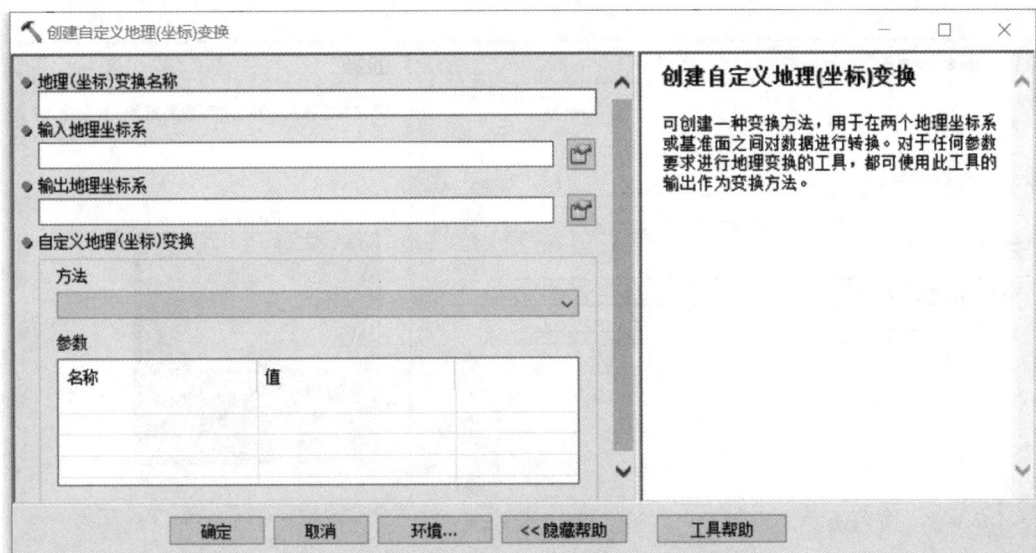

图 1-9　【创建自定义地理(坐标)变换】窗口

②在创建自定义地理坐标变换窗口中,【地理(坐标)变换名称】可填写具有代表意义的名称,本任务填写为"WGS84_TO_XIAN80",【输入地理坐标系】选择"GCS_WGS_1984",【输出地理坐标系】选择"Xi an_1980_3_Degree_GK_CM_105E",【方法】选择"GEO-CENTRIC_TRANSLATION",【参数】中"X 轴平移(米)"为"105.138","Y 轴平移(米)"为"42.584","Z 轴平移(米)"为"-5.584",如图 1-10 所示。

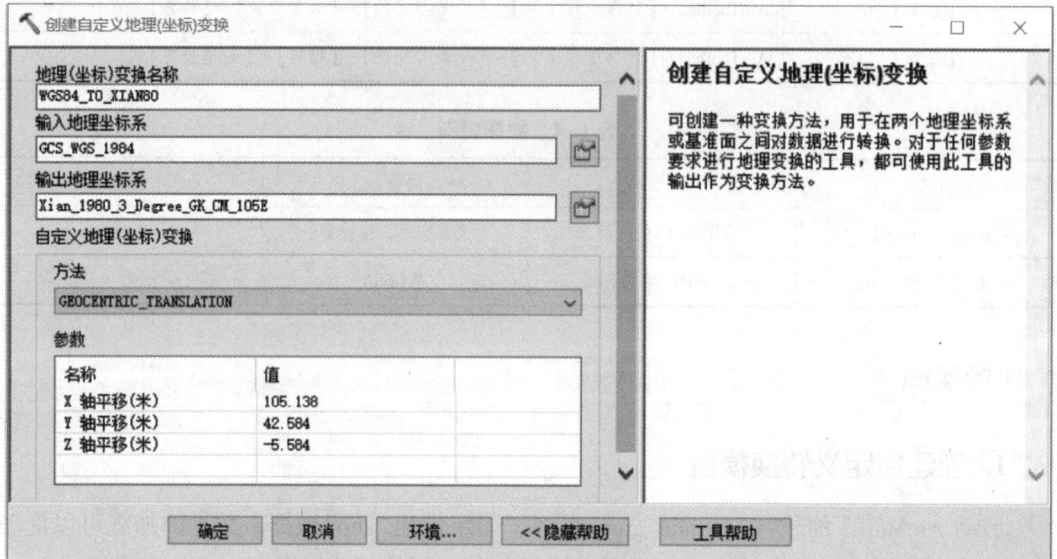

图 1-10 变换参数填写

③在创建自定义地理(坐标)变换窗口中,点击【确定】按钮,等待自定义转换模型创建完毕。

④在 ArcToolbox 工具箱中打开【投影】工具,显示【投影】窗口,如图 1-11 所示。

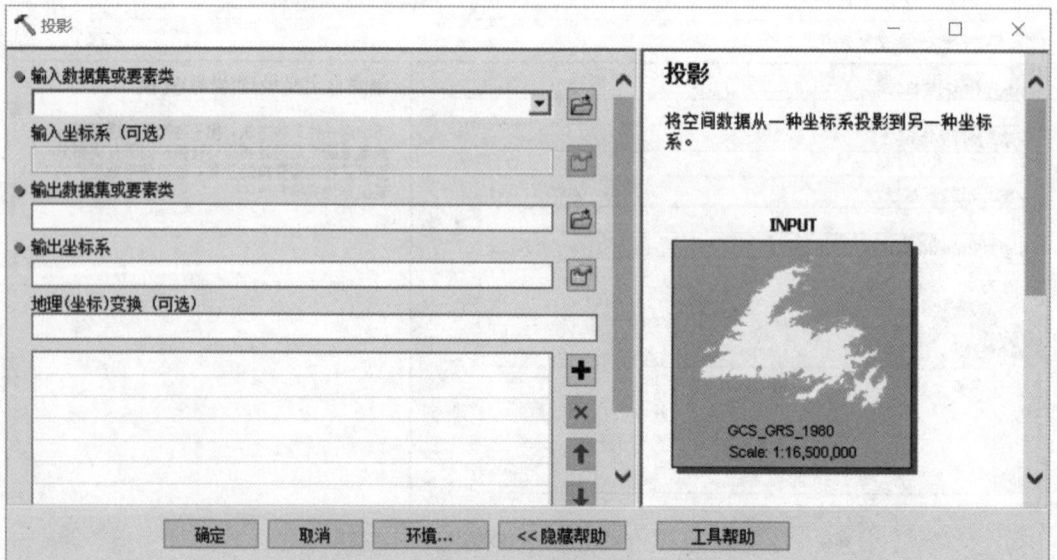

图 1-11 【投影】窗口

⑤在投影窗口中,【输入数据集或要素类】选择要转换的数据,这里选择教材实例数据中的"固定样地.shp"文件,【输出数据集或要素类】选择转换后文件的保存位置,【输出坐标系】选择任务目标确定的坐标系,【地理(坐标)变换(可选)】选择之前在【创建自定义地理(坐标)变换】中输入的名称,各参数填写如图 1-12 所示。

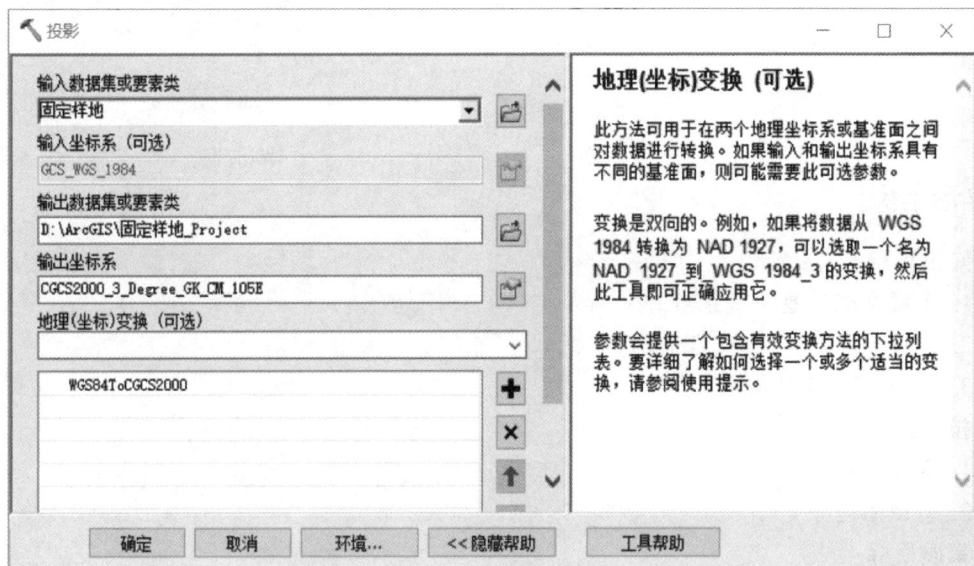

图 1-12　投影参数填写

⑥在投影窗口中,点击【确定】按钮,等待投影转换完成。

○ 思考与练习

1. 简述 Gauss-Kruger、Albers、Lambert、UTM 投影的特点。
2. 如何完成不同坐标系统之间的相互转换?

项目2 GPS的操作与应用

○ 学习目标

知识目标：

1. 了解全球卫星导航系统。

2. 掌握全球定位系统(GPS)的组成。

3. 掌握 GPS 定位原理。

技能目标：

1. 会使用手持 GPS。

2. 会使用差分 GPS。

素质目标：

1. 打造专业技术素养，培养精益求精的工匠精神。

2. 激发职业基础素养，培养实事求是的职业操守与严谨的工作态度。

3. 提升团队合作素养，培养积极向上的人生观与团队合作意识。

○ 知识准备

1. 全球卫星导航系统

全球定位系统(GPS)、北斗卫星导航系统(BDS)、格洛纳斯卫星导航系统(GLONASS)和伽利略卫星导航系统(GALILEO)并称全球四大卫星导航系统。随着近年来 BDS、GLONASS 在亚太地区的全面服务开启，尤其是 BDS 在民用领域发展越来越快，卫星导航系统已经在航空、航海、通信、人员追踪、消费娱乐、测绘、授时、车辆监控管理和汽车导航与信息服务等方面广泛使用，而且总的发展趋势是为实时应用提供高精度服务。

1) 全球定位系统

全球定位系统(Global Positioning System，GPS)，又称全球卫星定位系统，是美国从 20 世纪 70 年代开始研制，历时 20 余年，耗资 200 亿美元，于 1994 年全面建成，具有在海、陆、空进行全方位实施三维导航与定位能力的新一代卫星导航与定位系统。

目前全球定位系统是美国第二代卫星导航系统，使用者只需拥有 GPS 终端机即可使用该服务，无须另外付费。GPS 信号分为民用的标准定位服务(Standard Positioning Service，SPS)和军规的精确定位服务(Precise Positioning Service，PPS)两类。

2）北斗卫星导航系统

北斗卫星导航系统[BeiDou(COMPASS)Narigation Satellite System，BDS]是中国自行研制的全球卫星定位与通信系统，是继美国 GPS 全球定位系统和俄罗斯格洛纳斯（GLONASS）之后第 3 个成熟的卫星导航系统。系统由空间端、地面端和用户端组成，可在全球范围内全天候、全天时为各类用户提供高精度、高可靠定位、导航、授时服务，并具有短报文通信能力，已经初步具备区域导航、定位和授时能力，定位精度优于 20 米。

北斗卫星导航系统将会逐步扩展为全球卫星导航系统的，主要用于国家经济建设，为中国的交通运输、气象、石油、海洋、森林防火、灾害预报、通信、公安以及其他特殊行业提供高效的导航定位服务。中国北斗导航系统空间段由 5 颗静止轨道卫星和 30 颗非静止轨道卫星组成，提供两种服务方式，即开放服务和授权服务。

2003 年 5 月 25 日，我国成功地将第 3 颗"北斗一号"卫星送入太空。前两颗"北斗一号"卫星分别于 2000 年 10 月 31 日和 12 月 21 日发射升空，第 3 颗是北斗卫星导航系统的备份星，它与前两颗"北斗一号"工作星组成了完整的卫星导航系统，确保全天候、全天时提供卫星导航信息。这标志着我国成为继美国和俄罗斯后，是世界上第 3 个建立了完善的卫星导航系统的国家。我国的"北斗一号"卫星导航系统是一种"双星快速定位系统"，是利用地球同步卫星为用户提供快速定位、简短数字报文通信和授时服务的一种全天候、区域性的卫星定位系统，突出特点是构成系统的空间卫星数目少、用户终端设备简单、一切复杂性均集中于地面中心处理站。

北斗卫星导航系统的建设与发展，以应用推广和产业发展为根本目标，建设过程中主要遵循以下原则。

①开放性　北斗卫星导航系统的建设、发展和应用将对全世界开放，为全球用户提供高质量的免费服务，积极与世界各国开展广泛而深入的交流与合作，促进各卫星导航系统间的兼容与互操作，推动卫星导航技术与产业的发展。

②自主性　中国将自主建设和运行北斗卫星导航系统，北斗卫星导航系统可独立为全球用户提供服务。

③兼容性　在全球卫星导航系统国际委员会和国际电联框架下，使北斗卫星导航系统与世界各卫星导航系统实现兼容与互操作，使所有用户都能享受到卫星导航发展的成就。

④渐进性　中国将积极稳妥地推进北斗卫星导航系统的建设与发展，不断完善服务质量，并实现各阶段的无缝衔接。

系统的主要功能包括以下 3 方面。

①快速定位　快速确定用户所在地的地理位置，向用户及主管部门提供导航信息。

②简短通信　用户与用户、用户与中心控制系统间均可实现双向短数字报文通信。

③精密授时　中心控制系统定时播发授时信息，为定时用户提供时延修正值。

"北斗一号"的覆盖范围是北纬 5°~55°，东经 70°~140°的心脏地区，上大下小，最宽处在北纬 35°左右。其定位精度为水平精度 100 米，设立标校站之后为 20 米（类似差分状态）。工作频率：2491.75MHz。系统能容纳的用户数为每小时 54 万户。

2007 年 2 月 3 日零时 28 分，我国在西昌卫星发射中心用"长征三号甲"运载火箭，成功将北斗导航试验卫星送入太空。这是我国发射的第 4 颗北斗导航试验卫星，从而拉开了

建设 "北斗二号" 卫星导航系统的序幕。2007 年 4 月 14 日，我国又成功将第 5 颗北斗导航卫星送入太空。

北斗卫星导航系统是世界上第一个区域性卫星导航系统，可全天候、全天时提供卫星导航信息。与其他全球性的导航系统相比，它能够在很快的时间内建成，用较少的经费建成并集中服务于核心区域，是十分符合我国国情的一个卫星导航系统。北斗卫星导航系统工程投资少，周期短；将导航定位、双向数据通信、精密授时结合在一起，因而有独特的优越性。

北斗卫星导航系统除了在我国国家安全领域发挥重大作用外，还将服务于国家经济建设，提供监控救援、信息采集、精确授时和导航通信等。可广泛应用于船舶运输、公路交通、铁路运输、海上作业、渔业生产、水文测报、森林防火、环境监测等众多行业。

北斗卫星导航系统是中国自主建设、独立运行，并与世界其他卫星导航系统兼容共用的全球卫星导航系统，可在全球范围内全天候、全天时为各类用户提供高精度、高可靠的定位、导航、授时服务，并兼具短报文通信能力。

3) "格洛纳斯" 卫星导航系统

"格洛纳斯" 卫星导航系统（GLONASS）是苏联从 20 世纪 80 年代初开始建设的与美国 GPS 相类似的卫星定位系统，覆盖范围包括全部地球表面和近地空间，也由卫星星座、地面监测控制站和用户设备 3 部分组成。虽然 "格洛纳斯" 卫星导航系统的第一颗卫星早在 1982 年就已发射成功，但受苏联解体影响，整个系统发展缓慢。直到 1995 年，俄罗斯耗资 30 多亿美元，才完成了 GLONASS 导航卫星星座的组网工作。此卫星网络由俄罗斯国防部控制。

GLONASS 由 24 颗卫星组成，原理和方案都与 GPS 类似，不过，其 24 颗卫星分布在 3 个轨道平面上，这 3 个轨道平面两两相隔 120°，同平面内的卫星之间相隔 45°。每颗卫星都在高 19 100 千米、倾角 64.8°的轨道上运行，轨道周期为 11 小时 15 分钟。地面控制部分全部都在俄罗斯领土境内。俄罗斯官方称，多功能的 GLONASS 定位精度可达 1 米，速度误差仅为 15 厘米/秒。

俄罗斯官方宣布，从 2007 年起，俄全球卫星导航系统 "格洛纳斯" 将全面启动民用商业服务计划，"格洛纳斯" 系统为俄罗斯公民提供不限制精度的导航定位服务，将有助于促进民用卫星导航市场的发展，为 "格洛纳斯" 带来新的生机，军转民计划有望使 GLONASS 获得新的生机。

4) "伽利略" 卫星导航系统

总投资达 35 亿欧元的 "伽利略" 卫星导航系统（Galileo）是欧洲自主的、独立的民用全球卫星导航系统，提供高精度，高可靠性的定位服务，实现完全非军方控制、管理，可以进行覆盖全球的导航和定位功能。

欧盟发展 "伽利略" 卫星导航系统可以减少欧洲对美国军事和技术的依赖，打破美国对卫星导航市场的垄断。法国前总统希拉克曾表示，没有 "伽利略" 计划，欧洲 "将不可避免地成为附庸，首先是科学和技术，其次是工业和经济"。它是第一个民用的全球卫星导航定位系统，其配置、频率分布、信号设计、安全保障及其多层次、多方位的导航定位服务特点，使得它的性能比 GPS 更为先进、高效和可靠；它保障了全球完整性的监控、航空和航海的安全以及服务的不间断，特别是提供了公开服务、生命安全服务、商业服务、公共特许服务和搜救服务，极大地满足了全球各类用户的需求。其应用市场和效益十分巨大。

2. 全球定位系统组成

GPS 系统包括三大部分：空间部分——GPS 星座；地面控制部分——地面监控系统；用户设备部分——GPS 信号接收机。

1）空间部分

GPS 的空间部分即 GPS 星座，是由 24 颗卫星组成，它位于距地表 20 200 千米的上空，均匀分布在 6 个轨道面上（每个轨道面 4 颗），其中 21 颗是工作卫星，3 颗是备份卫星，轨道倾角为 55°。此外，还有 4 颗有源备份卫星在轨运行。卫星的分布使得在全球任何地方、任何时间都可观测到 4 颗以上的卫星，并能保持良好定位解算精度的几何图像。这就提供了在空间、时间上连续的全球导航能力。

2）地面控制部分

地面控制部分即地面监控系统，由 1 个主控站、5 个全球监测站（监测站）和 3 个地面控制站（注入站）组成。监测站均配装有精密的铯原子钟和能够连续测量到所有可见卫星的接收机。监测站将取得的卫星观测数据，包括电离层和气象数据，经过初步处理后，传送到主控站。主控站从各监测站收集跟踪数据，计算出卫星的轨道和时钟参数，然后将结果送到 3 个地面控制站。地面注入站在每颗卫星运行至上空时，把这些导航数据及主控站指令注入到卫星。

3）用户设备部分

用户设备部分即 GPS 信号接收机。其主要功能是能够捕获到按一定卫星高度截止角所选择的待测卫星，并跟踪这些卫星的运行。当接收机捕获到跟踪的卫星信号后，即可测量出接收天线至卫星的伪距离和距离的变化率，解调出卫星轨道参数等数据。根据这些数据，接收机中的微处理计算机就可按定位解算方法进行定位计算，计算出用户所在地理位置的经纬度、高度、速度、时间等信息。接收机硬件和机内软件以及 GPS 数据的后处理软件包构成完整的 GPS 用户设备。GPS 接收机的结构分为天线单元和接收单元两部分。接收机一般采用机内和机外两种直流电源。设置机内电源的目的在于更换外电源时不中断连续观测。在用机外电源时机内电池自动充电。关机后，机内电池为 RAM 存储器供电，以防止数据丢失。目前各种类型的接收机体积越来越小，重量越来越轻，便于野外观测使用。

3. GPS 的定位原理

GPS 的基本定位原理是卫星不间断地发送自身的星历参数和时间信息，用户接收到这些信息后，经过计算求出接收机的三维位置、三维方向以及运动速度和时间信息。

当苏联发射了第一颗人造卫星后，美国约翰·霍布斯金大学应用物理实验室的研究人员提出了既然可以已知观测站的位置知道卫星位置，那么如果已知卫星位置，应该也能测量出接收者的所在位置，这是导航卫星的基本设想。

要达到这一目的，卫星的位置可以根据星载时钟所记录的时间在卫星星历中查出。而用户到卫星的距离则通过记录卫星信号传播到用户所经历的时间，再将其乘以光速得到[由于大气层电离层的干扰，这一距离并不是用户与卫星之间的真实距离，而是伪距(PR)]。当GPS卫星正常工作时，会不断地用1和0二进制码元组成的伪随机码(简称伪码)发射导航电文。GPS系统使用的伪码一共有两种，分别是民用的C/A码和军用的P(Y)码。C/A码频率1.023兆赫，重复周期1毫秒，码间距1微秒，相当于300米；P码频率10.23兆赫，重复周期266.4天，码间距0.1微秒，相当于30米；而Y码是在P码的基础上形成的，保密性能更佳。导航电文包括卫星星历、工作状况、时钟改正、电离层时延修正、大气折射修正等信息，它是从卫星信号中出来，以50比特/秒在载频上发射的。导航电文每个主帧中包含5个子帧，每帧长6秒；前三帧各10个字码；每30秒重复一次，每小时更新一次；后两帧共15 000比特。导航电文中的内容主要有遥测码，转换码，第一、二、三数据块，其中最重要的则为星历数据。当用户接受到导航电文时，提取出卫星时间并将其与自己的时钟作对比便可得知卫星与用户的距离，再利用导航电文中的卫星星历数据推算出卫星发射电文时所处位置，便可得知用户在WGS84坐标系中的位置、速度等信息。可见GPS卫星部分的作用就是不断地发射导航电文。然而，由于用户接收机使用的时钟与卫星星载时钟不可能总是同步，所以除了用户的三维坐标 x、y、z 外，还要引进一个 Δt 即卫星与接收机之间的时间差作为未知数，然后用4个方程将这4个未知数解出来。因此，如果想知道接收机所处的位置，至少要能接收到4个卫星的信号(图2-1)。

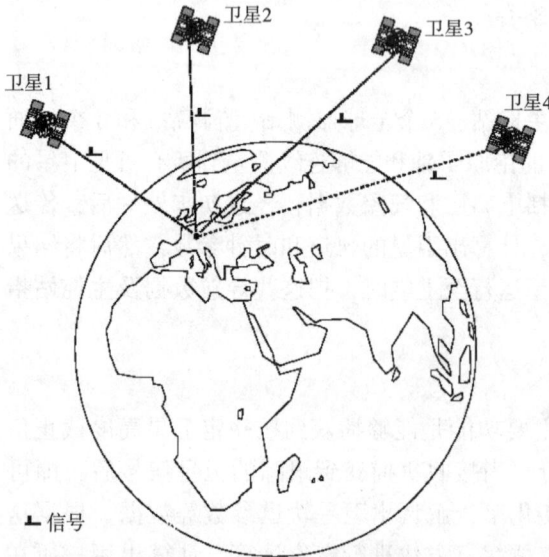

图2-1　GPS定位原理

在实际应用中，想要较准确地描述用户位置及提高定位精度，往往还需要运用其他关键数据及技术以辅助使用。

(1)坐标

描述用户位置的一组数值，一般有纬度(北或南)和经度(东或西)。通用横墨卡托格网系统(UTM)坐标系以米为单位测量用户离赤道(北或南)和本初子午线(东或西)的距离。

坐标又分二维、三维坐标。用户的平面位置，如经度和纬度，称作二维坐标，至少需要4颗GPS卫星的数据来定位二维坐标。如果因为树木、山峰或建筑物挡住了卫星，用户可能只能得到二维坐标。如果用户所接受到的GPS卫星数据多于4颗且没有树木、山峰或建筑物遮挡信号，那么就可以获取到用户所在位置的三维坐标，如经度、纬度、海拔。

（2）定时定位

这是指重启动 GPS 接收机时，它确定现在位置所需的时间。对于十二通道接收器，如果用户在最后一次定位位置的附近，冷启动时的定位时间一般为 3~5 分钟，热启动时为 15~30 秒，而对于双通道接收器，冷启动时大多超过 15 分钟，热启动时为 2~5 分钟。

（3）差分技术

为了使民用的精确度提升，科学界发展另一种技术，称为差分全球定位系统（Differential GPS，简称 DGPS）。即利用附近的已知参考坐标点（由其他测量方法所得），来修正 GPS 的误差。再把这个即时（real time）误差值加入本身坐标运算的考虑，便可获得更精确的值。

4. GPS 的主要功能

（1）精确定时

广泛应用在天文台、通信系统基站、电视台中。

（2）工程施工

道路、桥梁、隧道的施工中大量采用 GPS 设备进行工程测量。

（3）勘探测绘

野外勘探及城区规划中都有用到。

（4）导航

①武器导航　精确制导导弹、巡航导弹。

②车辆导航　车辆调度、监控系统。

③船舶导航　远洋导航、港口/内河引水。

④飞机导航　航线导航、进场着陆控制。

⑤星际导航　卫星轨道定位。

⑥个人导航　个人旅游及野外探险。

（5）定位

①车辆定位　车辆防盗系统。

②通信移动设备定位　手机、平板电脑等防盗、电子地图、定位系统。

③儿童及特殊人群定位　防走失系统。

④精准农业定位　如农机具导航、自动驾驶，土地高精度平整。

任务 2-1　手持 GPS 操作

◎ 工作任务

任务描述：

1. 手持 GPS 定位仪参数设定。

2. 手持 GPS 定位仪卫星定位。

3. 手持 GPS 定位仪数据采集。

任务分析：

1. 主菜单选择【设置】—【坐标设置】，进行坐标系统参数的设定。
2. 主菜单选择【设置】—【单位设置】，进行单位设定。
3. 主菜单选择【标定航点】功能，进行点位数据采集。
4. 主菜单选择【面积测量】功能，进行区域面积测定。

工具材料：

手持 GPS 定位仪一台。

○ 任务实施

①安装电池，长按电源按钮启动手持 GPS 定位仪。

②熟悉操作按钮及功能，包括侧面的功能按钮及五维方向键(图 2-2)。

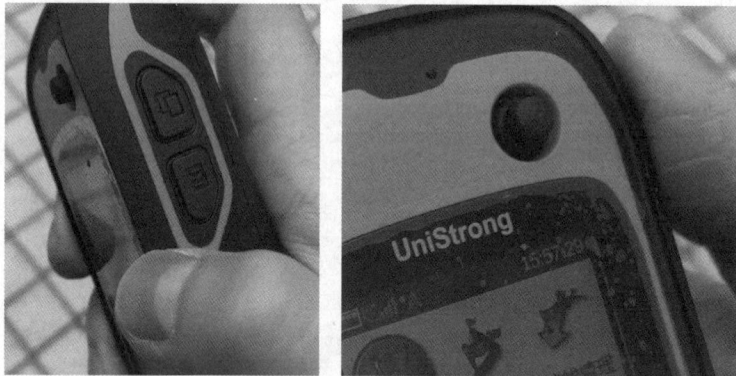

图 2-2　手持 GPS 按键

③使用侧面的【页面切换】按钮进行页面的切换操作，进入【主菜单】和【卫星定位】界面，如图 2-3 所示。

④在主菜单中通过五维方向键进入【标定航点】进行航点的采集，如图 2-4 所示。

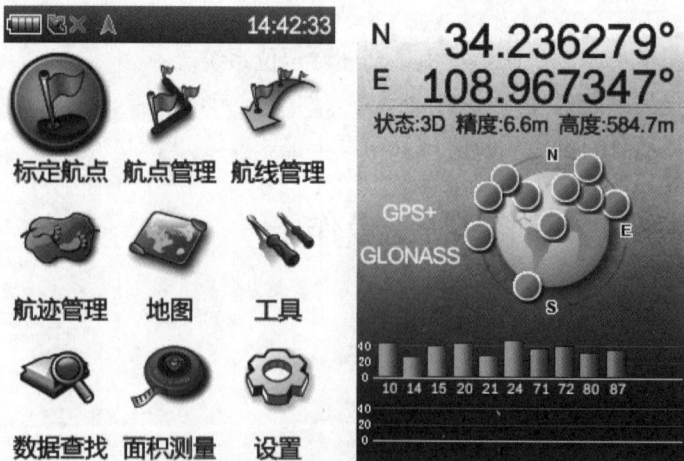

图 2-3　【主菜单】与【卫星定位】界面

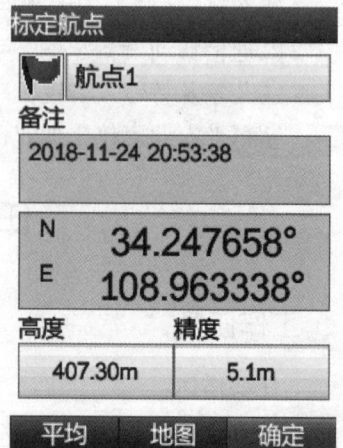

图 2-4　【标定航点】界面

⑤在主菜单中通过五维方向键进入【航点】界面进行航点的查看和管理，如图 2-5 所示。

⑥通过侧面的【页面切换】按钮返回【主菜单】并通过五维方向键进入【设置】中进行相关设置，如图 2-6 所示。

⑦在【设置】界面找到【坐标设置】并进入，如图 2-7 所示。

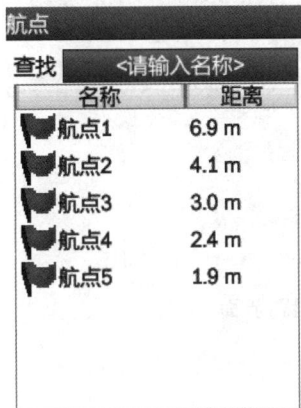

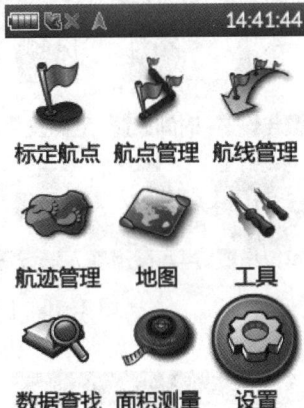

图 2-5 【航点】界面   图 2-6 【主菜单】界面   图 2-7 【坐标设置】界面

⑧根据实际情况选择【地理坐标】或【投影坐标】。若选择【投影坐标】，则需要进行中央子午线的设置，如图 2-8 所示。

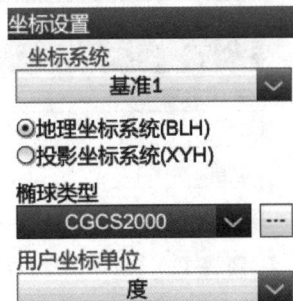

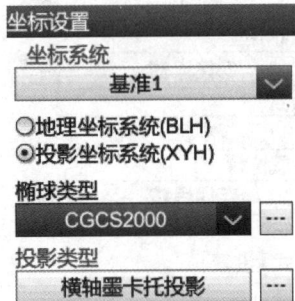

图 2-8 【坐标设置】界面选择

⑨使用侧面的【页面切换】按钮返回【卫星定位】界面查看设置好的定位信息，如图 2-9 所示。

⑩在【主菜单】的【设置】选项中，对【单位设置】进行设置，如图 2-10 所示。

⑪在主菜单的【设置】选项中，对【系统设置】进行设置。主要对【GPS 模式】进行设置，通常会选择【GPS+北斗】，如图 2-11 所示。

⑫在主菜单的【设置】选项中，对【屏幕设置】进行设置。主要是进行【背光时间】【关闭屏幕】的超时设置，如图 2-12 所示。

⑬在主菜单的【设置】选项中，对【时间设置】进行设置，如图 2-13 所示。

⑭在主菜单中通过五维方向键进入【地图】进行电子地图的查看，如图 2-14 所示。通过侧面的【+】和【-】按钮进行地图的放大和缩小。

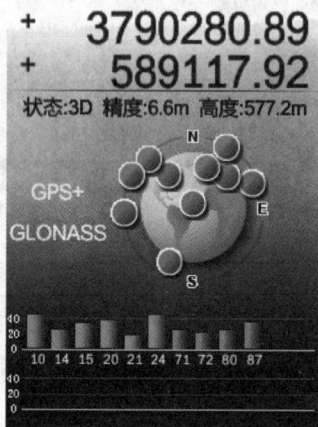

图 2-9 【卫星定位】界面

图 2-10 【单位设置】界面

图 2-11 【GPS 模式】设置

图 2-12 【屏幕设置】界面

图 2-13 【时间设置】界面

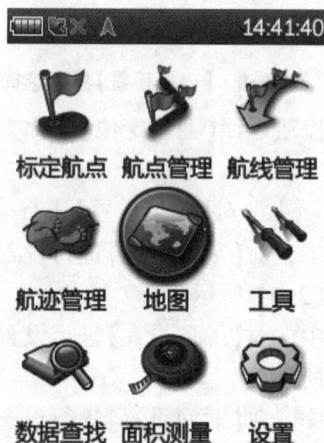

图 2-14 【地图】界面

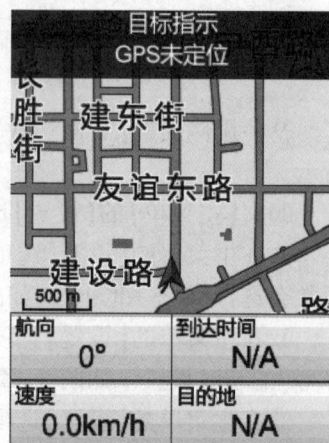

⑮在【主菜单】中通过五维方向键进入【面积测量】进行实际地块的面积测量，如图 2-15 所示。其工作原理是通过定位后连续测量地块的边界点/拐点（点数需要大于 3 个）以实现面积测量的功能。

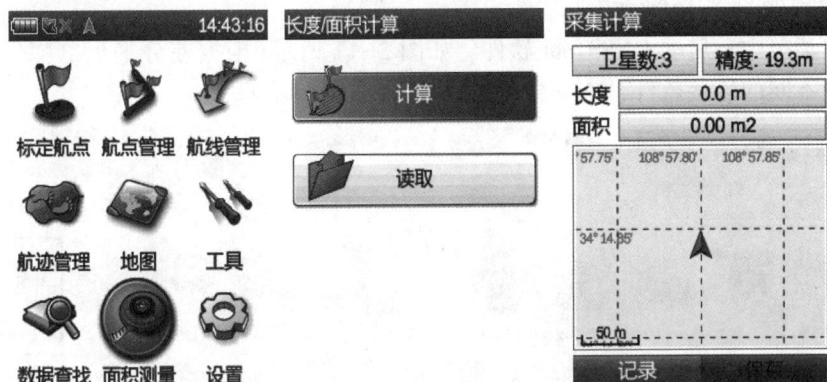

图 2-15　【长度/面积计算】功能应用

〇 思考与练习

1. 在投影坐标系统和地理坐标系统下分别使用不同的 GPS 模式进行同一个点位数据的采集，比较结果是否一致或相近。

2. 使用手持 GPS 分别进行航点和航线的采集，至少完成 3 组数据的采集。

3. 思考如果在使用投影坐标系统时，设置了不是本地区的中央子午线，是否会影响坐标的获取。

4. 思考当手持 GPS 中出现"精度：6m"，当前定位点的误差是多少。

任务 2-2　差分 GPS 操作

〇 工作任务

任务描述：

1. 差分 GPS 定位平板开启。

2. 差分 GPS 定位平板参数设置及连接。

3. 使用差分 GPS 定位平板完成"固定解""浮点解"或"差分"三种精度的定位操作。

4. 了解差分 GPS 各指标参数的意义。

任务分析：

使用 GNSSTool 软件完成差分 GPS 定位测量。

工具材料：

差分 GPS 定位平板一台；差分 GPS 操作视频一部；基站参数：IP、端口、源列表、用户名、密码。

任务实施

①长按电源按钮启动差分 GPS 定位平板并保证平板当前已经处于联网状态(4G 或者 Wi-Fi 都可),如图 2-16 所示。

②在主菜单中,启动 GNSSTool 软件,如图 2-17 所示(根据差分平板电脑生产厂家的不同会对应不同的连接软件,本任务以 GNSSTool 进行演示)。

图 2-16　设备状态

图 2-17　GNSSTool 软件位置

③点击【连接】功能,在【设备类型】中选择【本地】,【设备型号】选择【LT700T】(即该平板的型号),完成后点击右下角的【连接】按钮进行连接,显示连接成功即可,如图 2-18 所示。

④完成上一步骤后,主界面上出现【差分数据源】选项并且显示【CORS 已登录】,进入该选项,在本界面输入正确 IP、端口、源列表(通常选择 RTCM32)、用户名、密码等信息,点击【登录】完成设置,如图 2-19 所示。

⑤登录成功后,返回主菜单,可以观察当前的定位信息和定位状态。在不断接收到"差分数据"后,【定位状态】会慢慢由【单点】转变成【浮动】,当【水平精度】达到"0.2"左右会达到【固定】状态,此时就说明定位精度已经在 0.2 米以内了,如图 2-20 所示。

⑥查看主界面上各个数值的内容是否显示正确,如图 2-21 所示。

⑦进入【星空图】查看卫星分布及卫星数据状况,如图 2-22 所示。

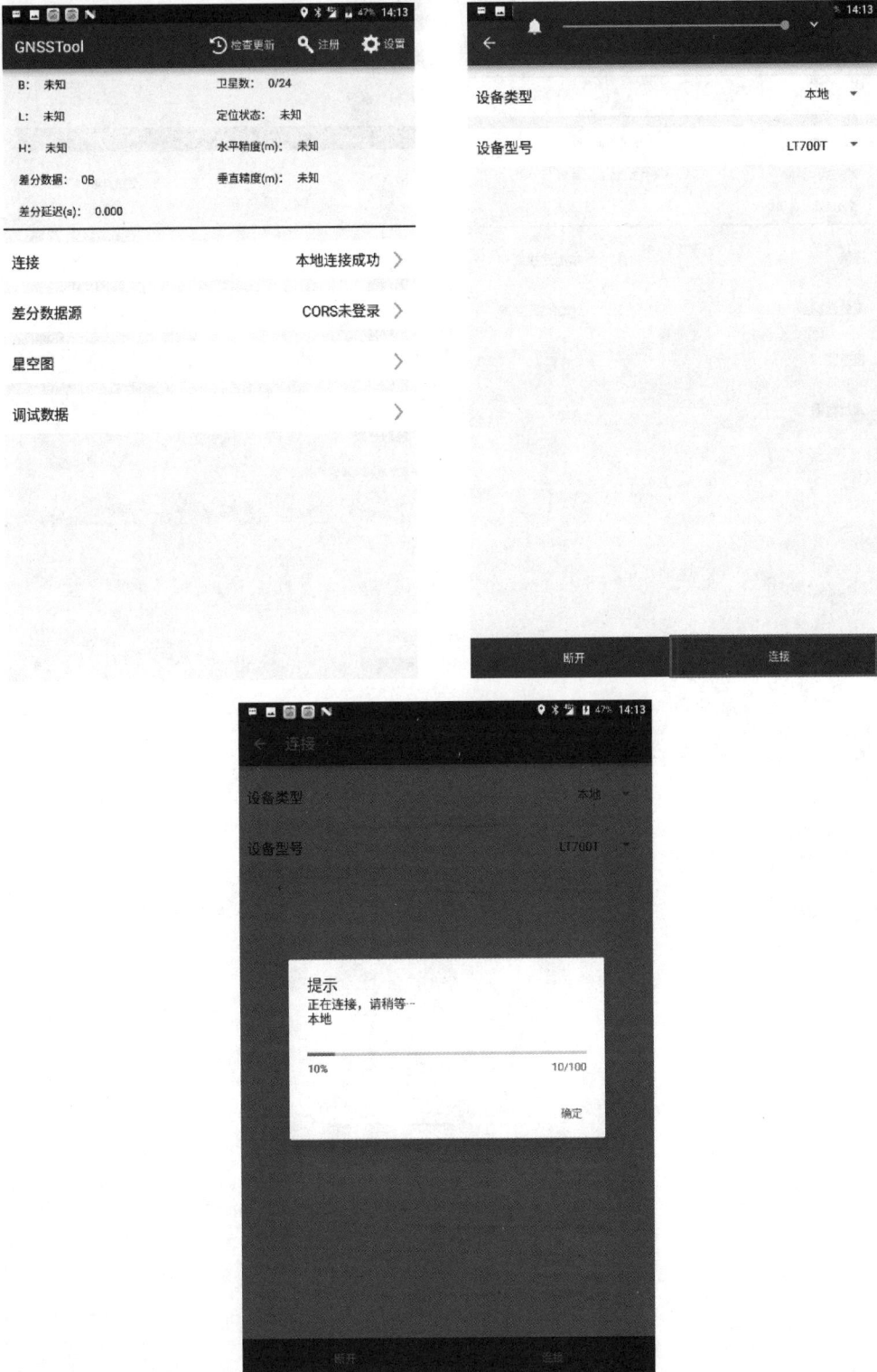

图 2-18　连接设备

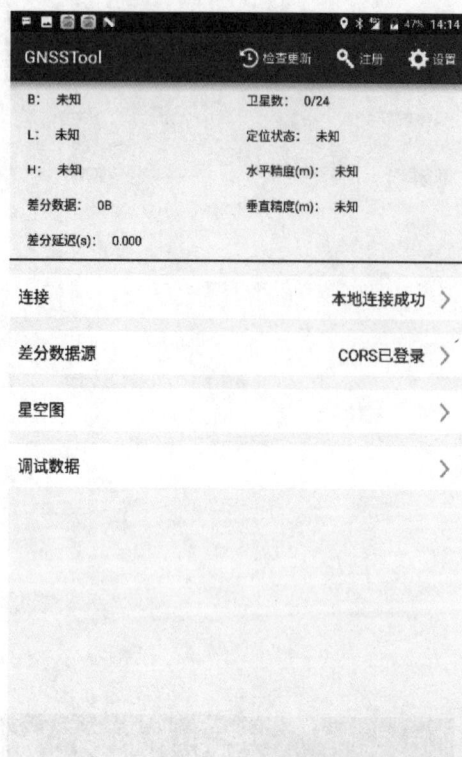

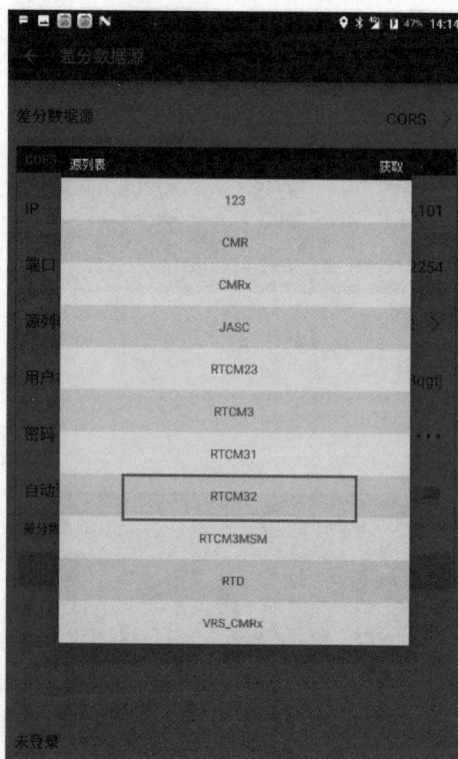

图 2-19　CORS 登录

图 2-20 定位状态

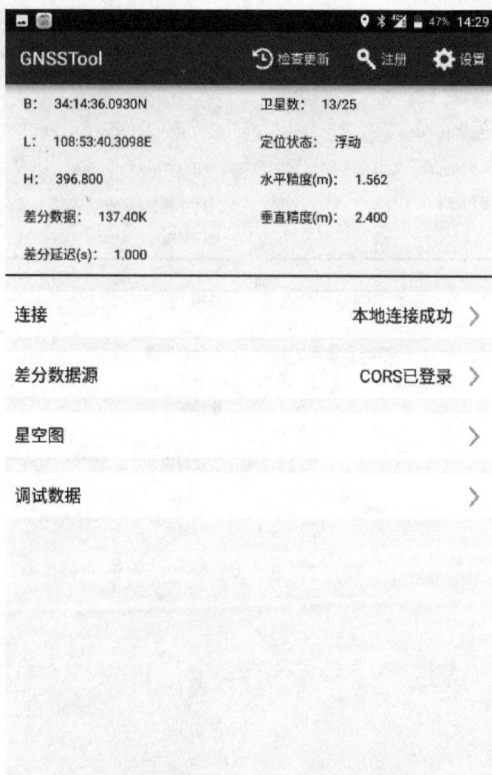

图 2-21　定位信息

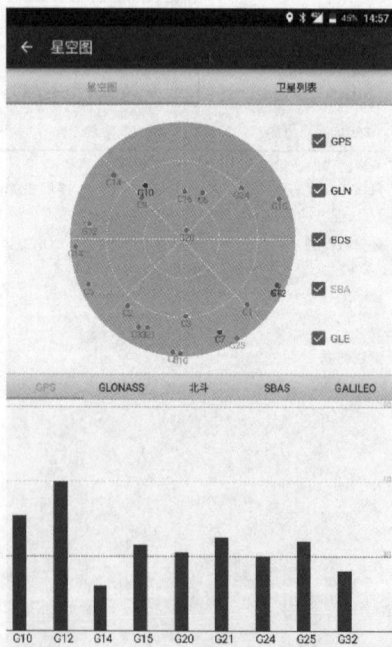

编号	星座	L1	L2	L5	高度角	方位角	锁定
10	GPS	28.0	0.0	0.0	56	325	否
12	GPS	43.0	0.0	0.0	21	115	是
14	GPS	15.0	0.0	0.0	18	266	否
15	GPS	31.0	0.0	0.0	23	68	是
20	GPS	21.0	0.0	0.0	85	27	否
21	GPS	22.0	0.0	0.0	36	202	否
24	GPS	14.0	0.0	0.0	47	50	否
25	GPS	21.0	0.0	0.0	14	150	否
32	GPS	11.0	0.0	0.0	34	279	否
1	BDS	32.0	0.0	0.0	37	134	是
2	BDS	0.0	0.0	0.0	42	220	否
3	BDS	0.0	0.0	0.0	49	177	否
4	BDS	32.0	0.0	0.0	23	115	是
5	BDS	0.0	0.0	0.0	24	245	否
6	BDS	0.0	0.0	0.0	64	25	否
7	BDS	30.0	0.0	0.0	31	157	否
8	BDS	26.0	0.0	0.0	16	185	否

图 2-22　卫星分布及卫星数据状况

⑧进入【调试数据】查看当前卫星数据是否正常传输。调试数据基本都以数字、符号表示，只要能够在此界面看到数据不断刷新即可，如图 2-23 所示。

图 2-23　调试数据

○ 思考与练习

1. 使用差分 GPS 在"固定解"的状态下进行点位坐标的获取。

2. 将达到"固定解"的点位数据与已知点进行比对，形成精度对比报告。

3. 思考在任何环境下，是否只要能够通过与基站建立网络连接就可以获得"固定解"的定位状态。

项目3 ArcGIS空间数据编辑与处理

ArcGIS
基础操作

○ 学习目标

知识目标：

1. 了解空间数据结构。
2. 掌握空间数据特征。

技能目标：

1. 会进行地理配准。
2. 会进行 ArcGIS 矢量化。
3. 会编辑矢量数据。
4. 会进行属性数据的编辑、统计与分析。

素质目标：

1. 打造专业技术素养，培养精益求精的工匠精神。
2. 激发职业基础素养，培养实事求是的职业操守与严谨的工作态度。
3. 提升团队合作素养，培养积极向上的人生观与团队合作意识。

○ 知识准备

1. 地形图

地形图是着重表示地形的普通地图，主要是指按国家统一规范细则编制，以同等详细程度表示地面各种基本要素的地图。

2. 地理配准

地理配准是为了使影像数据与已知的线划地图数据集成在一起，而为影像数据制定一个参考坐标系统的过程。

3. 空间数据

空间数据按其存储格式可分为矢量数据和栅格数据。

1）矢量数据

矢量数据是用欧式空间的点、线、面等几何元素来表达空间实体的几何特征的数据。

2)栅格数据

栅格数据是将空间分割成规则的网格，在每个网格上用相应的属性值来表示空间实体的一种数据组织形式。

4. 空间数据结构

空间数据结构是一种用来表示空间数据的数据结构，即空间数据组织形式。表达现实世界的空间数据时可以采用矢量数据模型和栅格数据模型，相应地，其空间数据结构也可以划分为基于矢量模型的数据结构和基于栅格模型的数据结构。

1)矢量数据结构

基于矢量模型的数据结构简称为矢量数据结构。矢量也称向量，数学上称具有大小和方向的量为矢量。在地理信息系统(GIS)的图形中，相邻两点间的弧段长度表示矢量的大小，弧段两端点的顺序表示矢量的方向，因此弧段也可直观地看作是一个矢量。

矢量数据结构是利用欧几里得几何学中的点、线、面及其组合体表示地理实体空间分布的一种数据组织方式。这种数据组合方式能很好地表示地理实体的空间分布特征，数据精度高，数据存储的冗余度低，但对于多层空间数据的叠合分析比较困难。

2)栅格数据结构

基于栅格模型的数据结构简称为栅格数据结构，是将空间分割为规则的网格，这些网格称为栅格单元，在每个栅格单元上用相应的属性值来表示地理实体的一种数据组织形式。

在栅格数据结构中，点由一个单元网格表示；线由一串有序的相互连接的单元网格表示，各个网格的值相同；多边形由聚集在一起的相互连接的单元网格组成，区域内部的网格值相同，但与外部网格的值不同。栅格数据结构表示的是二维表面上地理要素的离散化数值，每个网格对应一种属性。

5. 矢量化

矢量化是把栅格数据转换成矢量数据的处理过程，也称数字化。当纸质地图经过计算机图形、图像系统光电转换量化为点阵数字图像，再经图像处理和曲线矢量化，或者直接进行手扶跟踪数字化后，生成可以为地理信息系统显示、修改、标注、漫游、计算、管理和打印的矢量地图数据文件，这种与纸质地图相对应的计算机数据文件称为矢量化电子地图。

6. 空间数据特征

空间数据具有 3 个基本特征：空间特征、属性特征和时间特征。

空间特征是指地理现象和过程所在的位置、形状和大小等几何特征，以及与相邻地理现象和过程的空间关系，包括方位关系、拓扑关系、相邻关系、相似关系等。其中，空间位置可以通过坐标数据来描述，称为定位特征或定位数据；空间关系称为拓扑特征或拓扑数据。

属性特征是指地理现象和过程所具有的专属性质，通常包括名称、数量、质量、性质等。

时间特征是指一定区域内的地理现象和过程随着时间变化的情况，称为时态数据。

7. 空间拓扑

在 GIS 中，具有网状结构特征的地理要素，如自然与行政的分区、各种资源类型的空间分布以及交通网等，都存在节点、弧段和多边形之间的拓扑关系。拓扑关系是明确定义空间结构关系的一种数学方法，在 GIS 中被用于空间数据的编辑与组织，在空间分析和应用中也具有重要的意义。

任务 3-1　地形图的配准及拼接

任务 3-1-1　地形图配准

○ 工作任务

任务描述：

使用 ArcMap 软件对地形图进行地理配准，将不带地理坐标系的地形图进行空间配准，使其具有地理参考系信息。

任务分析：

1. 启动地理配准工具条，关闭自动校正模式。

2. 使用【添加控制点】工具，添加控制点坐标。

3. 使用【校正】工具，选择重采样类型，进行栅格数据的校正。

工具材料(表 3-1、表 3-2)：

表 3-1　应用工具及工具位置

工具名称	工具位置
地理配准	【菜单栏】—【自定义】—【工具条】—【地理配准】
添加控制点	【地理配准】—【添加控制点】
坐标系	【数据框】—【坐标系】—【选择坐标系】
校正	【地理配准】—【校正】

表 3-2　数据材料

名称	格式	坐标系	说明
1∶1 万比例尺地形图	TIF/JPG 格式等	Unknown	用于配准的地形图

○ 任务实施

①启动 ArcMap，加载需要配准的地形图数据。

②在 ArcMap 窗口的主菜单上选择【自定义】—【工具条】—【地理配准】或在主菜单空白处单击鼠标右键，单击【地理配准】选项，打开【地理配准】工具条，如图 3-1 所示。

③在【地理配准】工具条中，取消勾选【自动校正】选项，单击【图层】下拉选项中选择

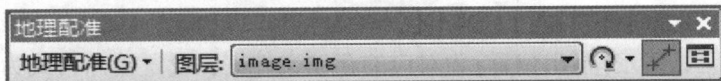

图 3-1　【地理配准】工具条

要进行地理配准的栅格数据图层。

④在【地理配准】工具条中，单击【添加控制点】工具来添加链接，在栅格数据中单击某个已知坐标位置（如地形图 scan.tif 右上角千米网交叉点），然后单击鼠标右键，在弹出的【输入坐标】对话框中输入该点的实际坐标位置信息。用相同的方法，在地形图上添加多个控制点，形成连接，如图 3-2 所示。

⑤单击【地理配准】工具条中【查看连接表】工具，打开连接表，查看配准结果，如图 3-3 所示。删除残差较大的连接，重新添加满足精度要求的点位信息，直至结果满意。

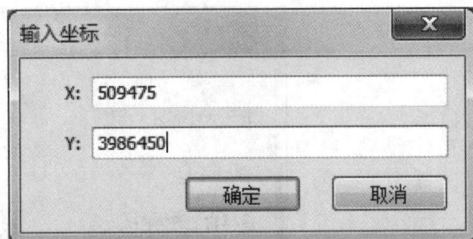

图 3-2　【输入坐标】对话框

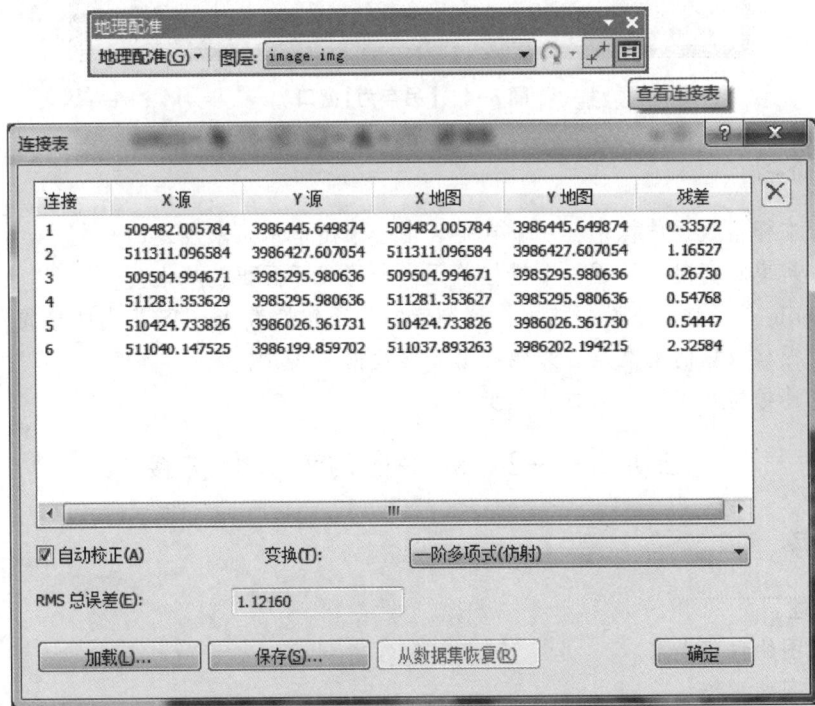

图 3-3　【连接表】窗口

⑥双击【内容列表】下的图层，打开【数据框】属性窗口，切换到【坐标系】选项卡，在【坐标系统】选项页中，设定数据框的坐标系统为："Xi an80_3_Degree_GK_CM_105E"（西安 80 投影坐标系，3°分带，东经 105°中央经线），与扫描配准地图的坐标系一致。更新后，就变成真实的坐标。

⑦单击【地理配准】—【校正】，弹出【另存为】窗口，【像元大小】选择默认，【重采样类型】选择最邻近，确定【输出位置】为对应的存储文件夹，设置输出格式为文件地理数据库格式，输入校正后地形图存储的名称，【压缩类型】选择 NONE，如图 3-4 所示。

⑧单击【保存】按钮，执行校正，完成地理配准。

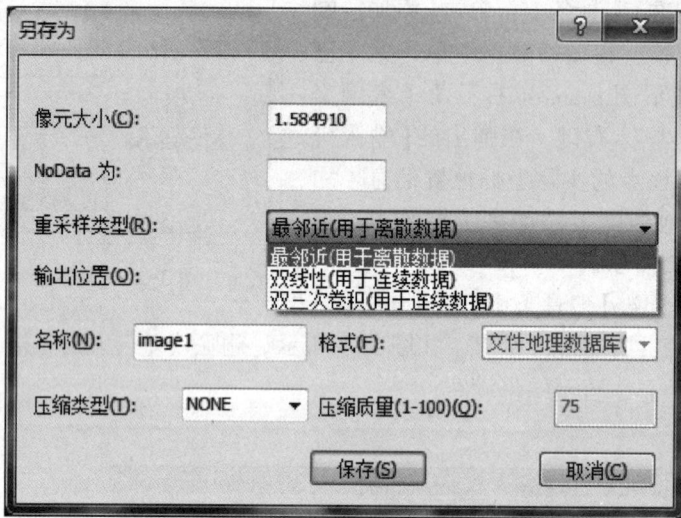

图 3-4 【另存为】窗口

○ 思考与练习

1. 思考在栅格数据结构中，一个点是否由一个栅格单元来表达的。

2. 当分辨率越高时，是否一个栅格单元代表的实际面积就越大？

3. Shapefile 是一种栅格数据格式，试判断它能否转换为 ArcGIS 识别的格式。

4. 思考栅格数据的配准是否只能利用栅格数据来完成。

5. 试论述栅格数据配准的方法和步骤。

任务 3-1-2　地形图的裁剪与拼接

○ 工作任务

任务描述：

1. 地形图的裁剪提取。

2. 地形图的拼接。

任务分析：

1. 启动 ArcMap，打开【Catalog】。

2. 使用【按掩膜提取】工具。

工具材料(表3-3、表3-4):

表 3-3　应用工具及工具位置

工具名称	工具位置
按掩膜提取	【ArcToolbox】—【空间分析工具】—【提取分析】—【按掩膜提取】
镶嵌至新栅格	【ArcToolbox】—【数据管理工具】—【栅格】—【栅格数据集】—【镶嵌到新栅格】

表 3-4　数据材料

名称	格式	坐标系	说明
1:1万比例尺地形图	TIF 格式	GCS_WGS_1984	用于裁剪的地形图

○ 任务实施

①启动 ArcMap,打开【目录】,创建用于裁剪地形图的特定区域面图层(具体操作步骤见任务3-3-2面要素的创建实验)。

②在 ArcToolbox 窗口的主菜单上选择【空间分析工具】—【提取分析】—【按掩膜提取】,打开【按掩膜提取】对话框,在【输入栅格】输入框中输入要裁剪的栅格数据图层,在【输入栅格或要素掩膜数据】中输入特定区域矢量图层,在【输出栅格】中选择输出的路径以及文件名称,如图3-5所示。

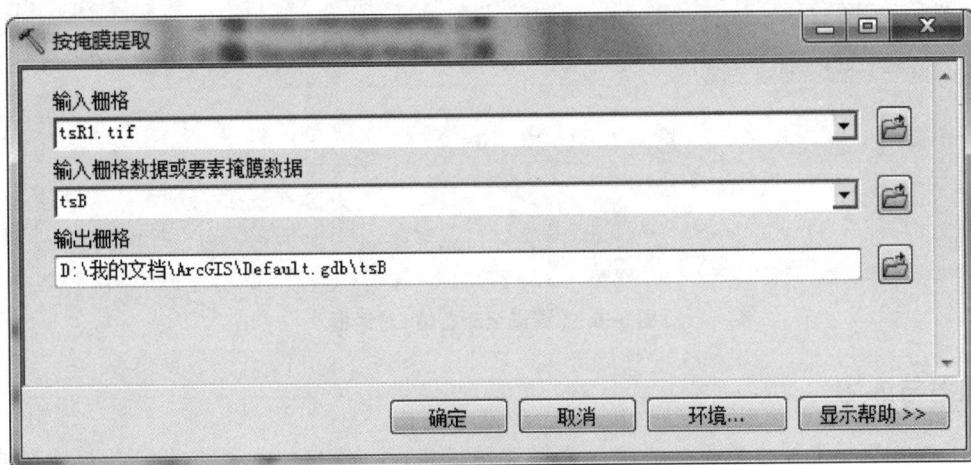

图 3-5　【按掩膜提取】对话框

③将上一步裁剪操作后形成的结果进行拼接,在【镶嵌至新栅格】工具中,通过【输入栅格】栏来添加要拼接的栅格数据,在【输出位置】中选择拼接后的栅格数据存储位置,然后在【波段数】输入框中输入波段数,其他默认,点击【确定】,完成栅格数据的拼接工作,如图3-6所示。

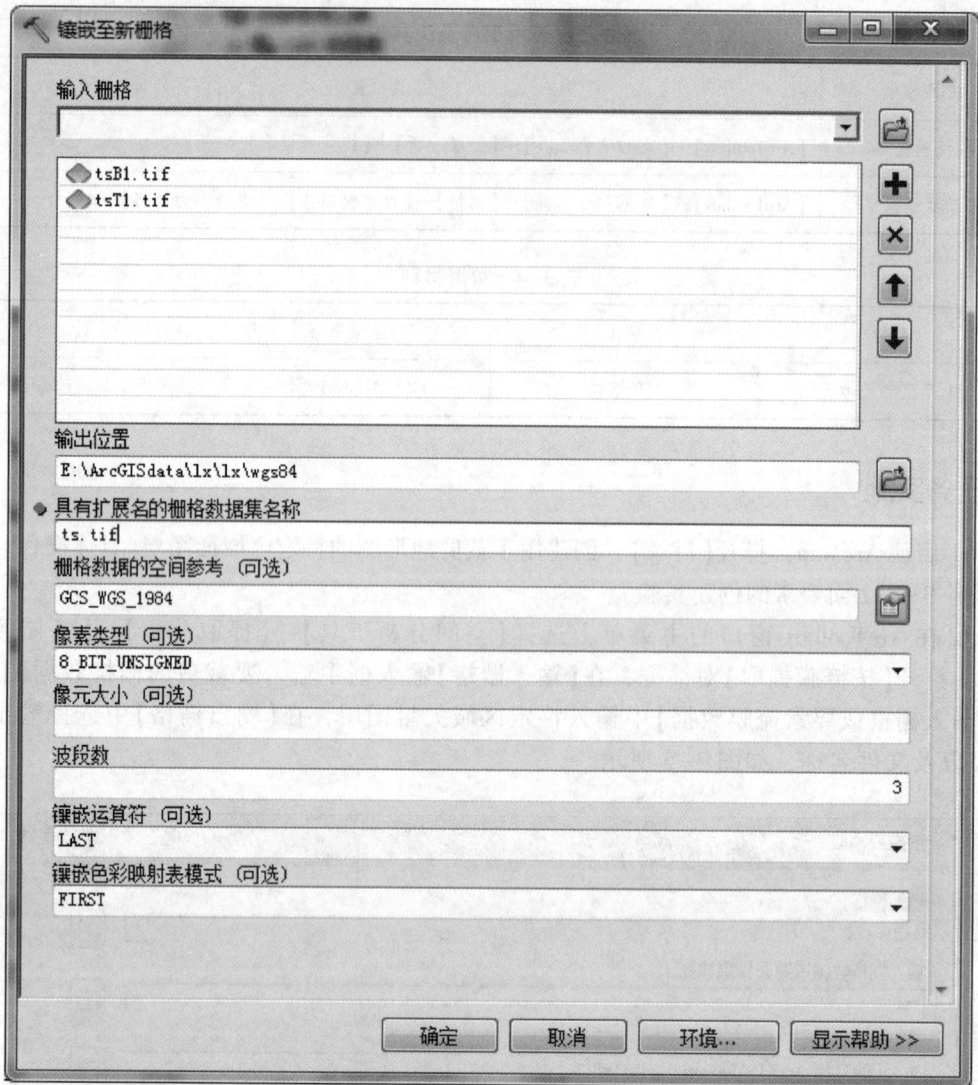

图 3-6 【镶嵌至新栅格】对话框

○ 思考与练习

1. 按掩膜提取栅格数据，当输入为多波段栅格时，输出的是否将为一个新的多波段栅格?

2. 当为输入栅格掩膜指定多波段栅格时，是否将只在运算中使用第一个波段?

任务 3-2 空间数据采集——栅格地图数字化与处理

任务 3-2-1 基于 ArcScan 的屏幕跟踪化处理

○ **工作任务**

任务描述：

进行 ArcScan 的屏幕跟踪矢量化。

任务分析：

1. 对原始底图进行配准。
2. 使用【重分类】工具，对栅格数据进行二值化处理。
3. 使用【编辑器】工具，对栅格数据进行捕捉跟踪等编辑操作。
4. 新建矢量图层，保存矢量化的线状要素。
5. 使用【ArcScan】工具，打开 ArcScan 拓展模块，进行栅格数据的自动数字化。

工具材料（表 3-5、表 3-6）：

表 3-5 应用工具及工具位置

工具名称	工具位置
重分类	【ArcToolbox】—【空间分析工具】—【重分类】
编辑器	【自定义】—【工具条】—【编辑器】
ArcScan 工具	【自定义】—【工具条】—【ArcScan】工具
ArcScan 拓展模块	【自定义】—ArcScan 拓展模块

表 3-6 数据材料

名称	格式	坐标系	说明
1：1 万比例尺原始底图	TIF/JPG 格式等	Unknown	用于跟踪矢量化的地图

○ **任务实施**

①启动 ArcMap，添加栅格数据并配准。

②打开【重分类】，输入栅格数据，点击分类按钮，将原图片分为两种颜色，点击确认，对栅格数据进行二值化处理，以便于自动矢量化，如图 3-7 所示。

③ArcScan 拓展模块必须在编辑状态下才能激活，点击【编辑器】工具栏中的【编辑器】—【开始编辑】来开始编辑。

④设置栅格捕捉选项，点击【编辑器】—【选项】，打开【编辑选项】对话框，在【常规】栏中勾选【使用经典捕捉】和【显示有关"开始编辑"的警告和信息】，点击【确定】，如图 3-8 所示。点击【编辑器】—【捕捉】—【捕捉窗口】，在【捕捉环境】对话框的【栅格】一栏中勾选【中心线】和【交点】，如图 3-9 所示。

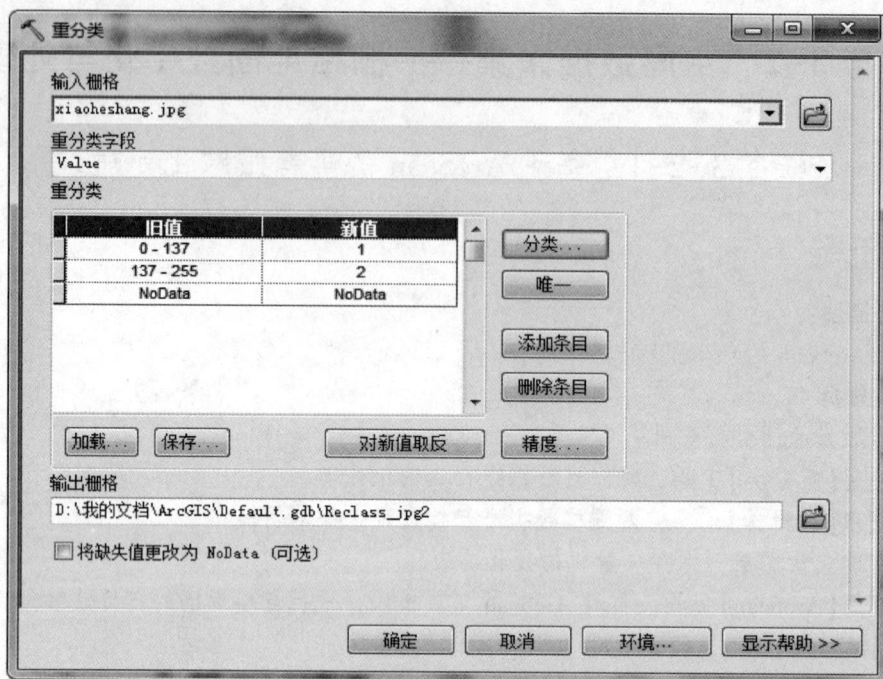

图 3-7 【重分类】对话框

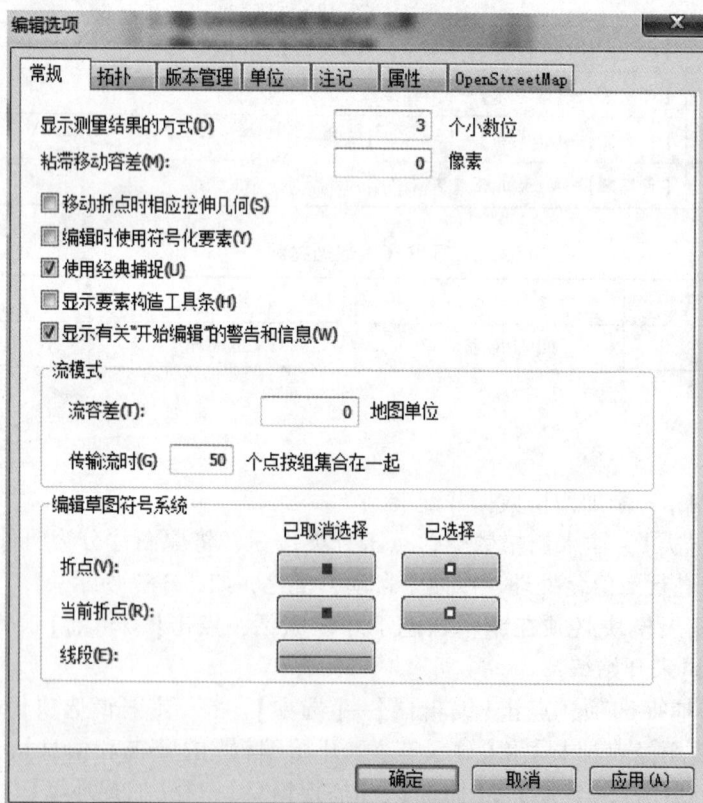

图 3-8 【编辑选项】对话框

⑤打开 ArcScan 拓展模块，新建一个线状的 shapfile 文件，并打开【ArcScan】工具条，如图 3-10 所示。

⑥设置能捕捉边界的栅格像元，点击【ArcScan】工具条—【栅格捕捉选项】按钮，打开【栅格捕捉选项】对话框，在【栅格线宽度】处设置最大宽度为 7，如图 3-11 所示。

⑦设置好栅格捕捉环境后，开始跟踪栅格像元，选择之前创建好的线图层，【编辑器】—【编辑窗口】—【创建要素】—【pl】，如图 3-12 所示。点击【ArcScan】—【矢量化追踪】，开始追踪，按 F2 完成草图，如图 3-13 所示。

⑧设置追踪矢量化结束后保存数据，点击【编辑器】—【停止编辑】，弹出【保存】对话框，点击【是】。至此，栅格数据屏幕跟踪化处理结束。

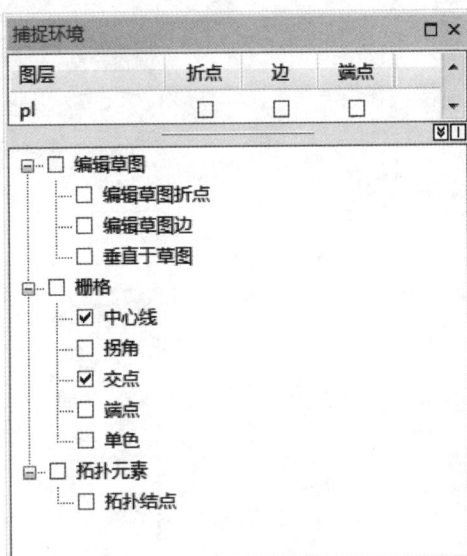

图 3-9　【捕捉环境】对话框

图 3-10　【ArcScan】工具条

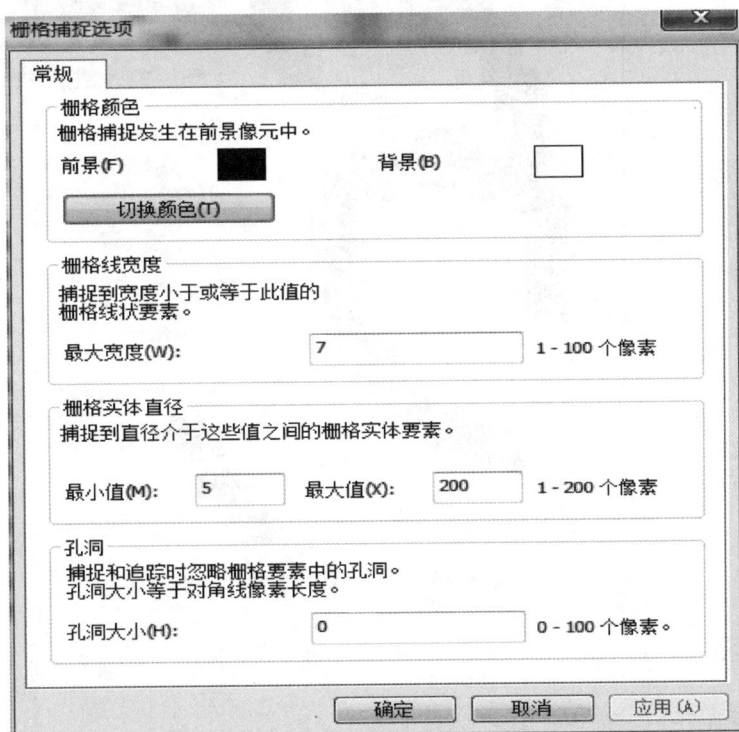

图 3-11　【栅格捕捉选项】对话框

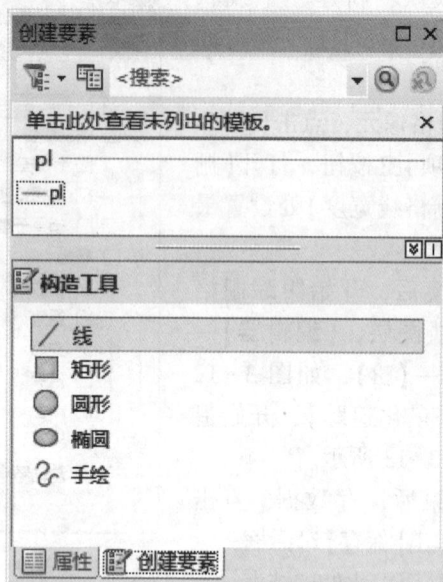

图 3-12 【创建要素】对话框

图 3-13 追踪创建线要素

思考与练习

试论述矢量数据合并的方法和步骤。

任务 3-2-2　基于 ArcScan 进行自动矢量化

○ 工作任务

任务描述：

通过设置栅格图层，删掉不必要的像元，利用矢量化设置和批量矢量化模式生成矢量化要素。

任务分析：

1. 对原始底图进行配准。

2. 使用【重分类】工具，对栅格数据进行二值化处理。

3. 使用【编辑器】工具，对栅格数据进行捕捉跟踪等编辑操作。

4. 新建矢量图层，保存矢量化的线状要素。

5. 使用【ArcScan】工具，打开 ArcScan 拓展模块，进行栅格数据的自动矢量化。

工具材料（表 3-7、表 3-8）：

表 3-7　应用工具及工具位置

工具名称	工具位置
重分类	【ArcToolbox】—【空间分析工具】—【重分类】—【重分类】
ArcScan 工具	【自定义】—【工具条】—【ArcScan】工具
ArcScan 拓展模块	【自定义】—ArcScan 拓展模块

表 3-8　数据材料

名称	格式	坐标系	说明
1∶1 万比例尺原始底图	TIF/JPG 格式等	Unknown	用于跟踪矢量化的地图

○ 任务实施

①启动 ArcMap，添加栅格数据并配准。

②打开【重分类】，输入栅格数据，点击分类按钮，将原图片分为两种颜色，点击【确定】，以便于自动矢量化，如图 3-14 所示。

③打开 ArcScan 拓展模块，新建一个线状的 shapfile 文件，并打开【ArcScan】工具条，如图 3-15 所示。

④在【ArcScan】工具条点击【矢量化】，下拉菜单中可选择【矢量预览】，查看矢量化后的图像，同时可以在【矢量化设置】中设置压缩、平滑等参数值。

⑤在【像元选择】菜单中点击【选择相连像元】，并在【栅格清理】下拉菜单中选择擦除所选像元。选择设置如图 3-16 所示。

⑥在【矢量化】菜单中选择【生成要素】，并点击【确定】按钮开始执行自动矢量化，如图 3-17 所示。

⑦设置自动矢量化结束后保存数据，点击【编辑器】—【停止编辑】，弹出【保存】对话框，点击【是】。至此，栅格数据自动矢量化处理结束。

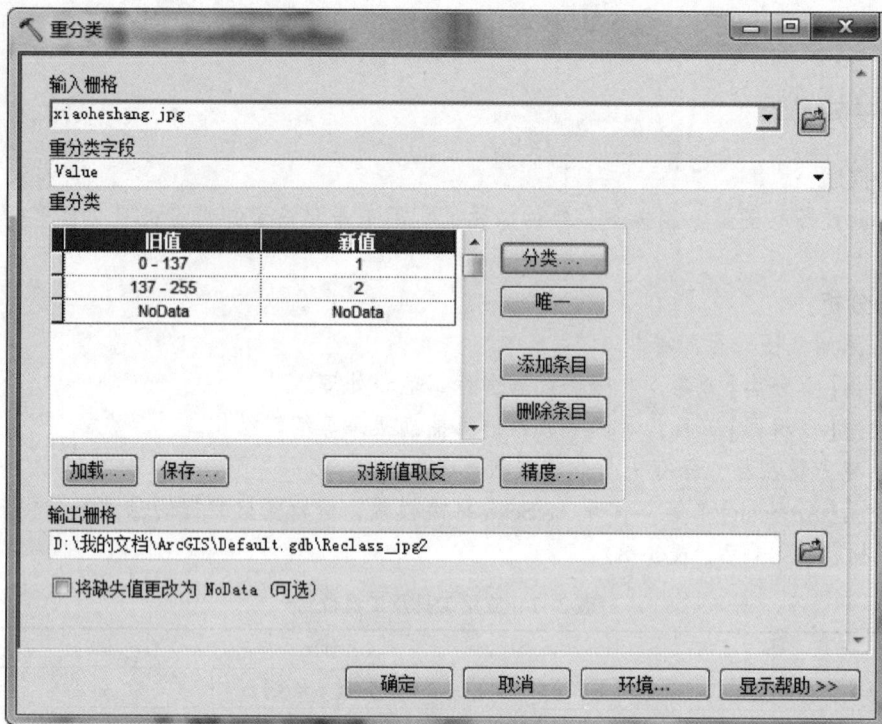

图 3-14 【重分类】对话框

图 3-15 【ArcScan】工具条

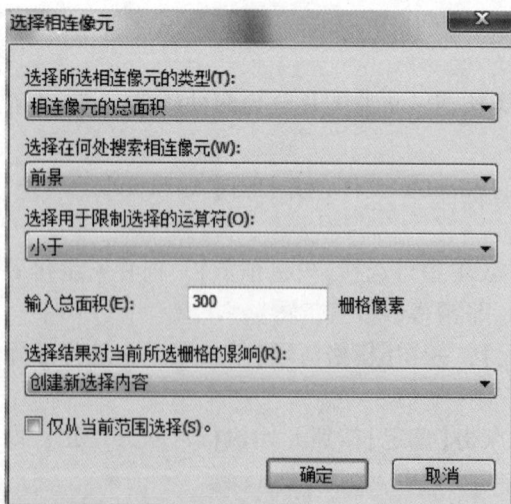

图 3-16 【选择相连像元】对话框

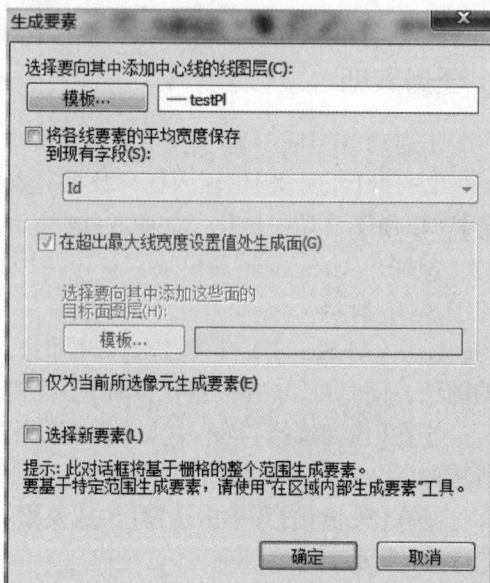

图 3-17 【生成要素】对话框

思考与练习

1. 在地理配准的基础上，对栅格数据进行二值化处理，并对栅格数据进行捕捉、跟踪等编辑操作。

2. 使用 ArcScan 拓展模块【生成要素】功能，进行栅格数据的自动矢量化。

任务 3-3　小班空间数据的编辑

任务 3-3-1　矢量数据编辑

工作任务

任务描述：

1. 要素的平移、旋转和删除。

2. 要素的分割与合并，要素形状编辑。

任务分析：

1. 加载矢量数据。

2. 使用【编辑器】工具，对矢量数据进行编辑操作。

工具材料（表 3-9、表 3-10）：

表 3-9　应用工具及工具位置

工具名称	工具位置
编辑器	【自定义】—【工具条】—【编辑器】

表 3-10　数据材料

名称	格式	坐标系	说明
林班	SHP 格式	Beijing_1954_GK_Zone_22N	练习矢量数据的编辑

任务实施

①启动 ArcMap，添加"林班"数据。

②打开【编辑器】工具条，下拉编辑器按钮，点击【开始编辑】，移动鼠标选中要素，拖动鼠标来移动图形，完成要素的移动编辑。完成移动编辑后，下拉【编辑器】按钮，点击【保存编辑内容】保存结果，如图 3-18 所示。

③打开【编辑器】工具条，下拉【编辑器】按钮，点击【开始编辑】，移动鼠标选中要素，点击【旋转工具】按钮，旋转选中的要素图形（以选中要素的几何中心为旋转中心）完成要素的旋转编辑。完成旋转编辑后，下拉【编辑器】按钮，点击【保存编辑内容】保存结果，如图 3-19 所示。

图 3-18　打开【编辑器】工具移动选中要素

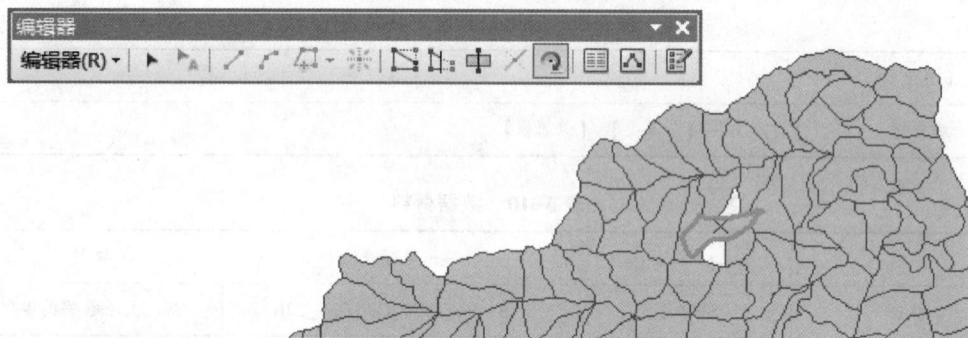

图 3-19　打开【编辑器】工具旋转选中要素

④打开【编辑器】工具条，下拉【编辑器】按钮，点击【开始编辑】，移动鼠标选中要素，按下 Delete 键删除选中的要素。完成删除编辑后，下拉【编辑器】按钮，点击【保存编辑内容】保存结果。

⑤打开【编辑器】工具条，下拉【编辑器】按钮，点击【开始编辑】，移动鼠标选中要素图形（可以是多个要素图形），点击【裁剪面工具】按钮，画一条分割要素图形的线（可以是直线，也可以是折线），原有的要素图形将被分割。完成分割编辑后，下拉【编辑器】按钮，点击【保存编辑内容】保存结果，如图 3-20 所示。

⑥打开【编辑器】工具条，下拉【编辑器】按钮，点击【开始编辑】，移动鼠标选中两个要素图形（也可以是多于两个的要素图形），在【编辑器】下拉菜单中选择【合并】，则选中

的要素将合并为一个要素图形(如果选择【联合】，则原有要素仍保存)。完成合并编辑后，下拉【编辑器】按钮，点击【保存编辑内容】保存结果，如图 3-21 所示。

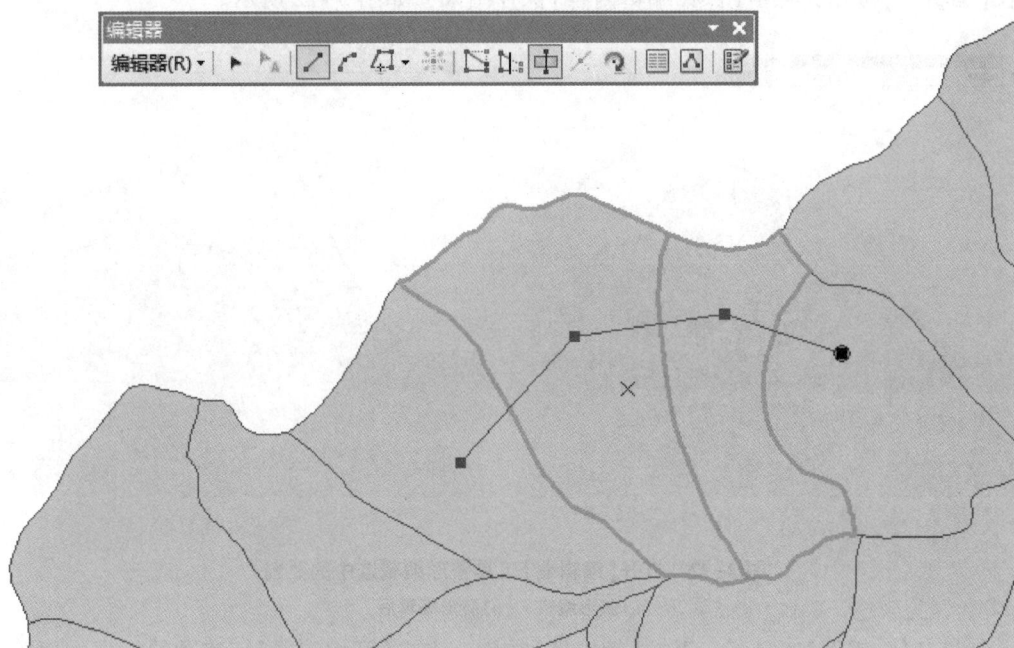

图 3-20　打开【编辑器】工具分割选中要素

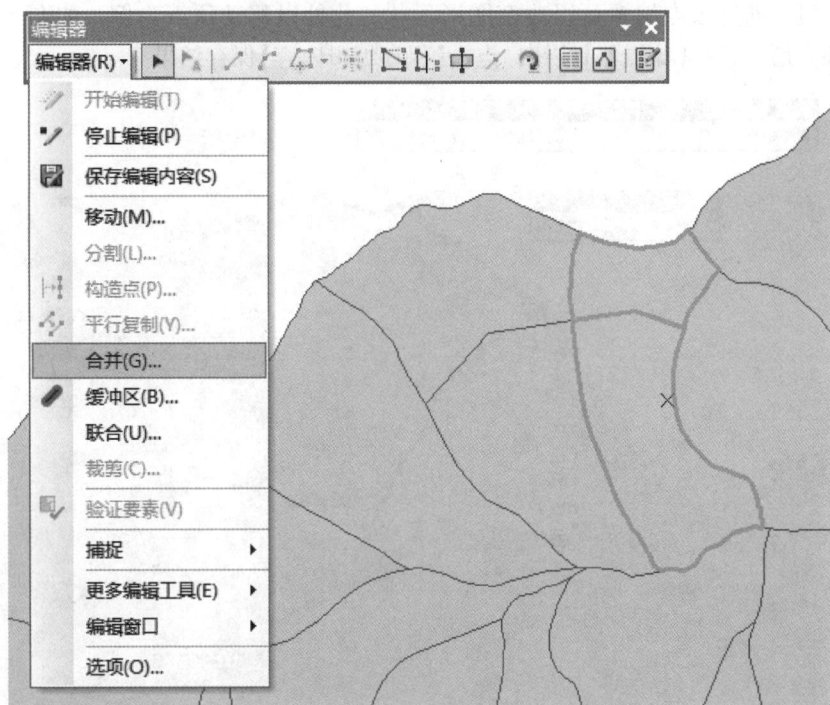

图 3-21　打开【编辑器】工具合并选中要素

⑦打开【编辑器】工具条，下拉【编辑器】按钮，点击【开始编辑】，移动鼠标选中要素图形(线或多边形图形)，利用【整形要素工具】画线改变要素的形状。完成整形编辑后，下拉【编辑器】按钮，点击【保存编辑内容】保存结果，如图 3-22 所示。

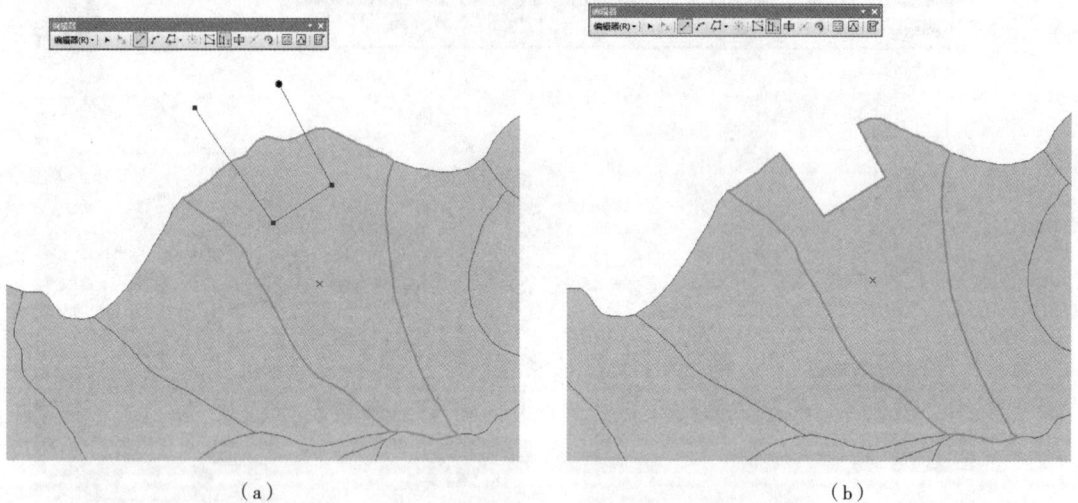

（a）   （b）

图 3-22　打开【编辑器】工具整形编辑选中的要素

（a）整形编辑；（b）整形编辑后

⑧打开【编辑器】工具条，下拉【编辑器】按钮，点击【开始编辑】，移动鼠标选中要素图形，点击【编辑折点】工具，显示编辑顶点工具条，该工具条提供了移动顶点、增加顶点、删除顶点等工具，通过顶点编辑可以改变图形形状，此处以移动顶点为例，如图 3-23 所示。完成编辑顶点后，下拉【编辑器】按钮，点击【保存编辑内容】保存结果。

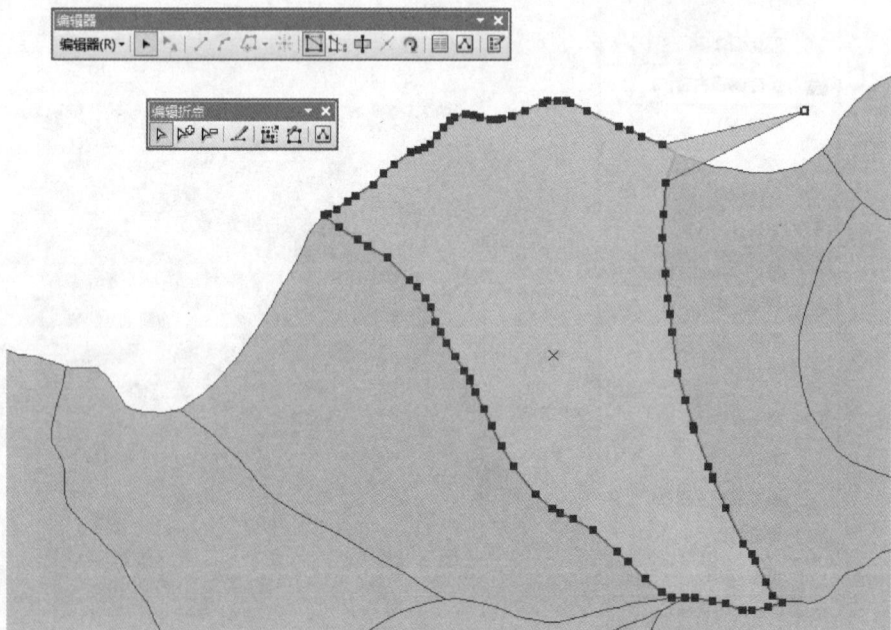

图 3-23　打开【编辑折点】工具编辑选中要素的顶点

⑨要素的拓扑编辑。当对相邻多边形的公共边进行编辑时，如果只对其中一个多边形进行整形或者顶点编辑，则会造成该多边形的公共边产生变化，而相邻多边形的公共边没有变化，从而使两个多边形之间形成空隙和重叠。至此完成矢量数据的编辑功能介绍。

思考与练习

1. 加载矢量数据。
2. 使用【编辑器】工具，对矢量数据进行编辑操作。

任务 3-3-2　点、线、面要素创建与编辑

工作任务

任务描述：

应用【编辑器】工具，完成点、线、面要素的创建与编辑。

任务分析：

1. 打开【ArcCatolog】窗口，链接数据存储的路径。
2. 使用【编辑器】工具，创建要素并编辑。

工具材料（表 3-11）：

表 3-11　应用工具及工具位置

工具名称	工具位置
编辑器	【自定义】—【工具条】—【编辑器】

应用的数据资料主要包括任务实施过程中创建的点、线、面要素数据。

任务实施

①启动 ArcMap，下拉菜单【窗口】选择【目录】。

②新建点要素数据，在【目录】对话框中，选择存储的目录，右击鼠标，选择【新建】，点击【新建 Shapefile】选项，弹出【创建新 Shapefile】对话框。输入新图层名称，设置该图层数据坐标系（该处设置坐标为 WGS-84 坐标），点击【确定】按钮，如图 3-24 所示。

③创建点要素（图 3-25），点击【编辑器】—【编辑窗口】—【创建要素】—【newPoint】，弹出【创建要素】对话框，在【构造工具】中选择【点】，移动鼠标在空白区域内点击创建点要素，创建结

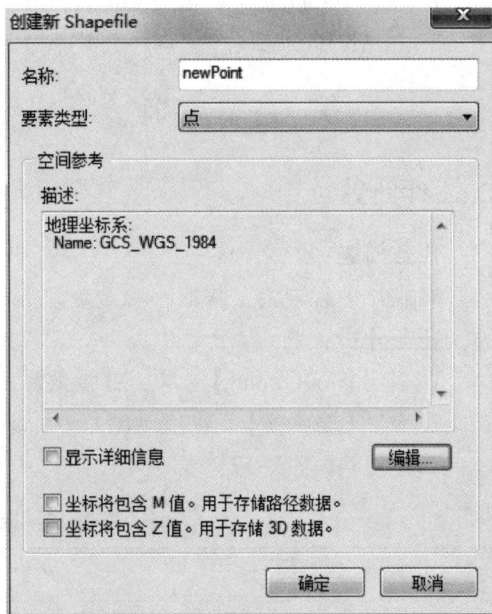

图 3-24　【创建新 Shapefile】对话框

束后，下拉【编辑器】按钮，点击【保存编辑内容】保存创建要素结果。

④按照上述方法分别创建点要素，创建线、面要素数据。

⑤关于点、线、面要素的具体编辑方法，见"任务 3-3-1"。

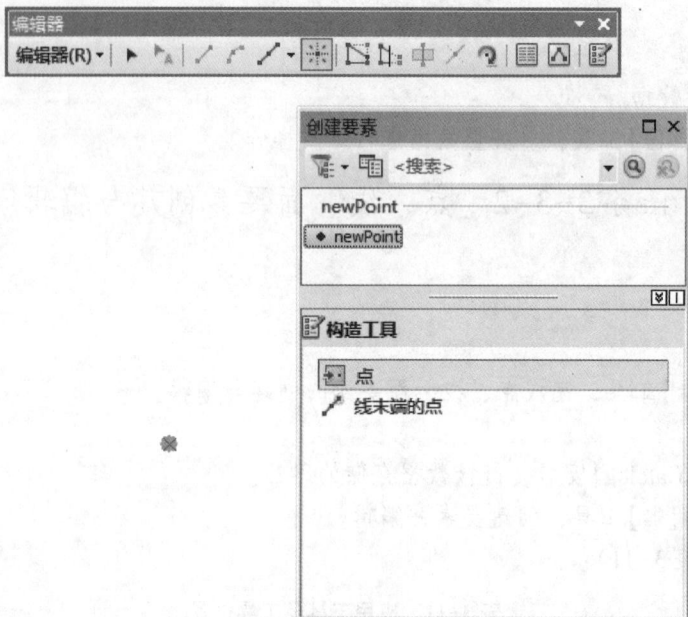

图 3-25　创建点要素

○ **思考与练习**

1. 在【ArcCatolog】窗口，链接数据存储的路径，创建点、线、面要素并编辑。

2. 在 ArcMap【目录】窗口，创建点、线、面要素并编辑。

任务 3-3-3　小班矢量化

○ **工作任务**

任务描述：

对航片进行勾绘，提取小班边界。

任务分析：

1. 打开【ArcCatolog】窗口，链接数据存储的路径。

2. 使用【编辑器】工具，创建要素并编辑。

工具材料（表 3-12、表 3-13）：

表 3-12　应用工具及工具位置

工具名称	工具位置
编辑器	【自定义】—【工具条】—【编辑器】

表 3-13　数据材料

名称	格式	坐标系	说明
保护区地形图	TIF/JPG 格式	Xian_1980_GK_Zone_16	练习矢量数据的编辑

○ 任务实施

①启动 ArcMap，下拉菜单【窗口】选择【目录】。

②新建面图层，在【目录】对话框中，选择存储的目录，右击鼠标，选择【新建】，点击【新建 Shapefile】选项，弹出【创建新 Shapefile】对话框。输入新图层名称，设置该图层数据坐标系（该处设置坐标为"Xian_1980_GK_Zone_16"），点击【确定】，如图 3-26 所示。

③创建点要素（图 3-27），点击【编辑器】—【编辑窗口】—【创建要素】—【xb】，弹出【创建要素】对话框，在【构造工具】中选择【手绘】，在地形图上沿着小班边界移动鼠标创建面要素，创建结束后，下拉【编辑器】按钮，点击【保存编辑内容】保存创建要素结果。

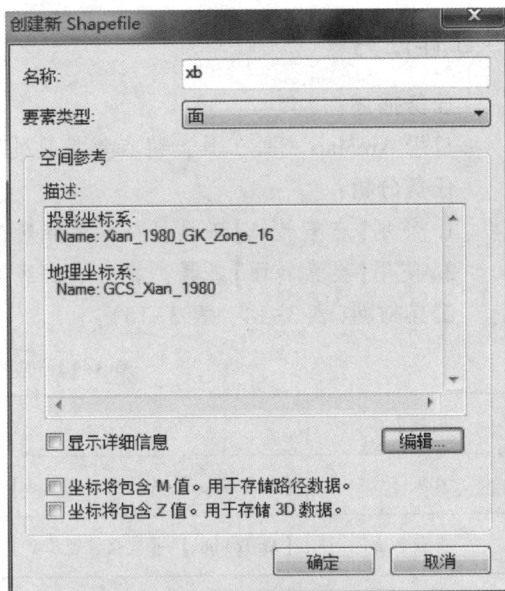

图 3-26　【创建新 Shapefile】对话框

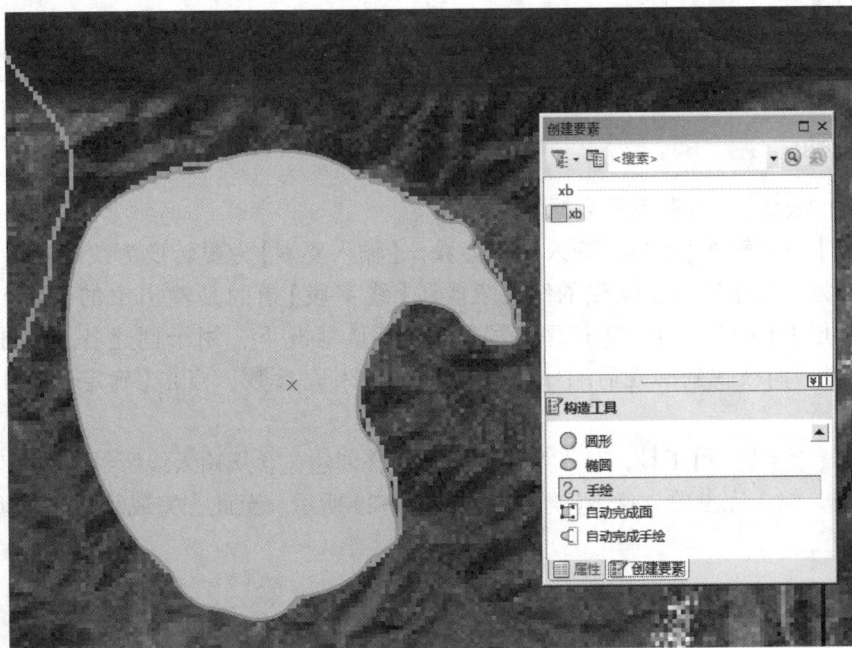

图 3-27　创建点要素

○ 思考与练习

基于卫星航片完成区域小班的勾绘。

任务 3-3-4　GPS 采集数据点生成小班

○ 工作任务

任务描述：

应用 ArcMap 相关工具，将点集批量处理转化为面要素。

任务分析：

1. 使用【点集转线】工具，将批量点转换为线数据。

2. 使用【要素转面】工具，将生成的线数据转化为小班。

工具材料(表 3-14、表 3-15)：

表 3-14　应用工具及工具位置

工具名称	工具位置
点集转线	【ArcToolbox】—【数据管理工具】—【要素】—【点集转线】
要素转面	【ArcToolbox】—【数据管理工具】—【要素】—【要素转面】

表 3-15　数据材料

名称	格式	坐标系	说明
GPS_PT	SHP 格式	WGS_1984_Web_Mercator_Auxiliary_Sphere	批量生成小班的 GPS 坐标点数据

○ 任务实施

①启动 ArcMap，加载点集数据"GPS_PT"。

②打开【点集转线】工具，输入转化参数，【输入要素】为要转换为线的点要素，【输出要素类】为将基于输入点创建的线要素类，【线字段】指的是输出中的各个要素都将基于【线字段】中的唯一值，【排序字段】表示默认情况下，用于创建各个输出线要素的点将按照它们被找到的先后顺序依次使用。输入完参数，点击【确定】，如图 3-28 所示。

③打开【要素转面】工具，输入生成的线要素，创建包含从输入线所封闭的区域生成的面的要素类。输入完参数，点击【确定】，如图 3-29 所示。至此，完成从 GPS 点集生成小班的过程。

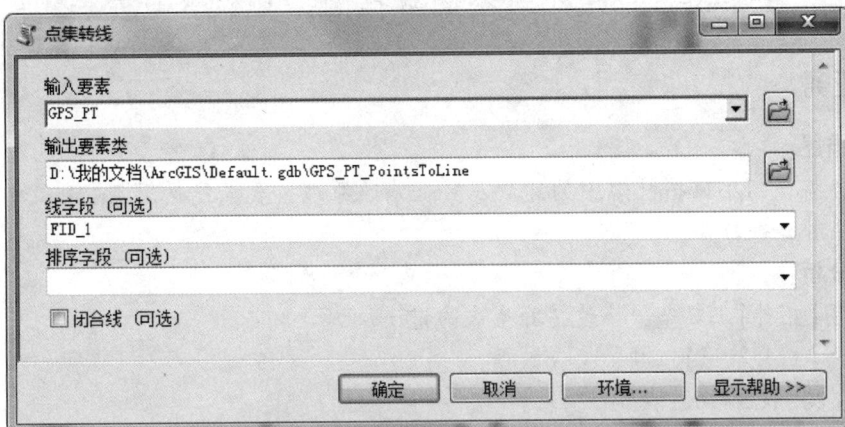

图 3-28　【点集转线】对话框

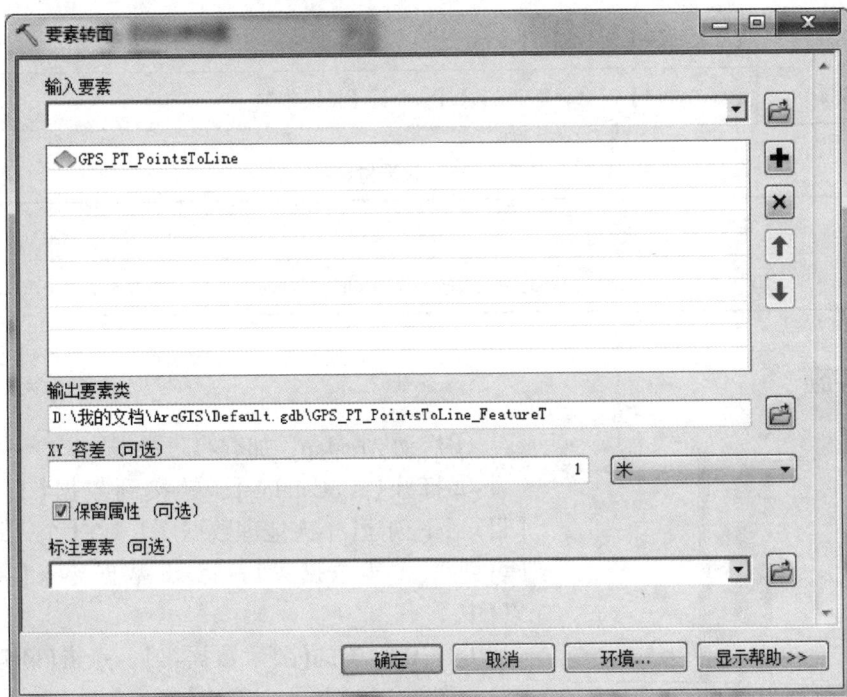

图 3-29　【要素转面】对话框

思考与练习

1. 使用【点集转线】工具，将批量点转换为线数据。
2. 使用【要素转面】工具，将生成的线数据转化为小班。

任务 3-3-5 小班空间数据的拓扑检查与处理

◯ **工作任务**

任务描述：

本任务将介绍小班拓扑规则的建立及数据修改原理，要求能运用 ArcMap 对小班空间数据进行拓扑检查与处理。

任务分析：

1. 使用【拓扑】工具条，修改拓扑生成的错误。

2. 使用【拓扑验证】工具，检查数据。

工具材料(表 3-16、表 3-17)：

表 3-16 应用工具及工具位置

工具名称	工具位置
拓扑	【自定义】—【工具条】—【拓扑】
拓扑验证	【ArcToolbox】—【数据管理工具】-【拓扑】—【拓扑验证】

表 3-17 数据材料

名称	格式	坐标系	说明
xb	SHP 格式	WGS_1984_Web_Mercator_Auxiliary_Sphere	拓扑检查的小班矢量数据

◯ **任务实施**

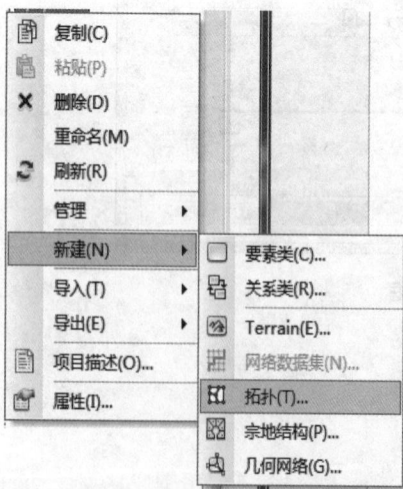

图 3-30 打开拓扑流程

①启动 ArcMap，加载小班数据"xb"。

②打开【ArcCatalog】，链接到数据【目录】，在【目录】下创建【个人地理数据库】，在【个人地理数据库】创建【要素数据集】，将 xb 数据导入【要素数据集】中。

③右键新建的【要素数据集】，点击【新建】—【拓扑】，如图 3-30 所示，弹出【新建拓扑】对话框。

④在【新建拓扑】对话框中添加拓扑规则，完成后，点击【完成】，如图 3-31 所示。

⑤在【拓扑验证】工具中，输入创建的拓扑规则，点击【确定】，如图 3-32 所示。

⑥打开【拓扑】工具条，在编辑的状态下，点击【对齐边工具】 ⊢[，修改拓扑面错误的边，如图 3-33 所示。

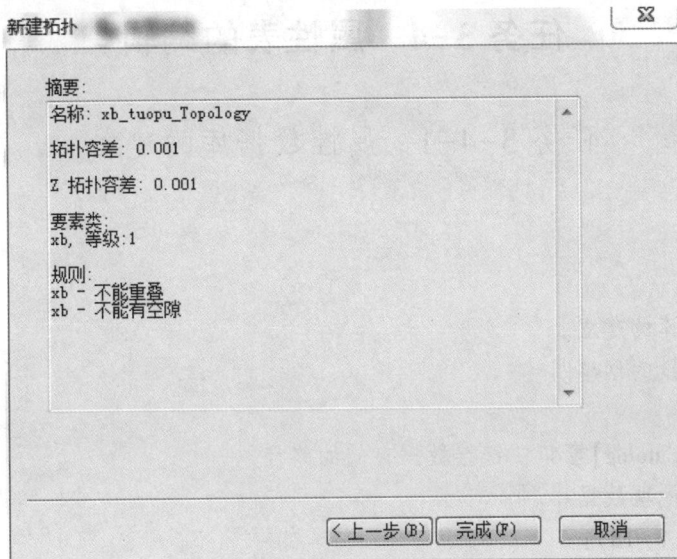

图 3-31　【新建拓扑】对话框

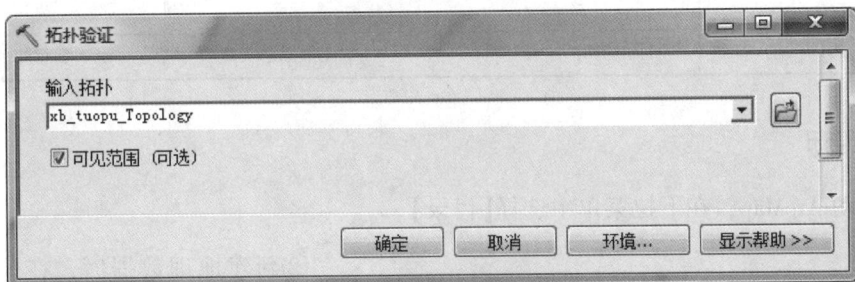

图 3-32　【拓扑验证】对话框

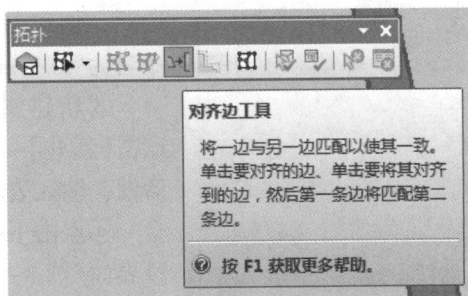

图 3-33　选择【对齐边工具】

思考与练习

1. 使用【拓扑】工具条，修改拓扑生成的错误。

2. 使用【拓扑验证】工具，检查数据。

任务 3-4　属性表的编辑

任务 3-4-1　属性数据库的建立

○ **工作任务**

任务描述:

1. 属性数据库的建立。

2. 属性表字段的创建。

任务分析:

1. 打开【ArcCatolog】窗口，链接数据存储的路径。

2. 新建个人地理数据库。

工具材料(表 3-18):

表 3-18　数据材料

名称	格式	坐标系	说明
xb1	DBF 格式	Unknow	用于数据库的导入

○ **任务实施**

①启动 ArcMap，在下拉菜单中选择【目录】。

②新建地理数据库，在【目录】对话框中，选择存储的目录，右击鼠标，选择【新建】，点击【个人地理数据库】选项，创建 MDB 文件，将该数据库重命名为"xb1. mdb"。

③新建属性表，右击"xb1. mdb"，点击【新建】—【表】，弹出【新建表】对话框，输入表名称，如图 3-34 所示。

④点击下一步，进入创建属性表字段界面(图 3-35)，在【字段名】栏手动输入字段名称，在【数据类型】栏选择数据类型，创建字段；或点击【导入】按钮，选择"xb1. dbf"文件，点击【添加】完成属性表字段的创建。

⑤点击【完成】按钮，完成属性数据库的创建。

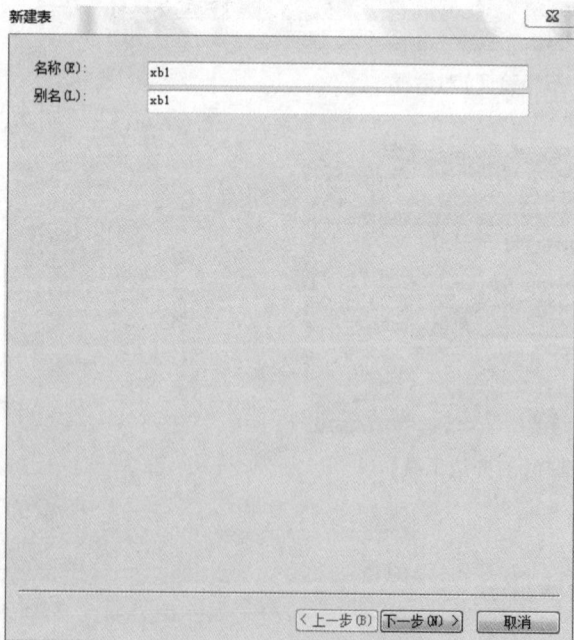

图 3-34　【新建表】对话框

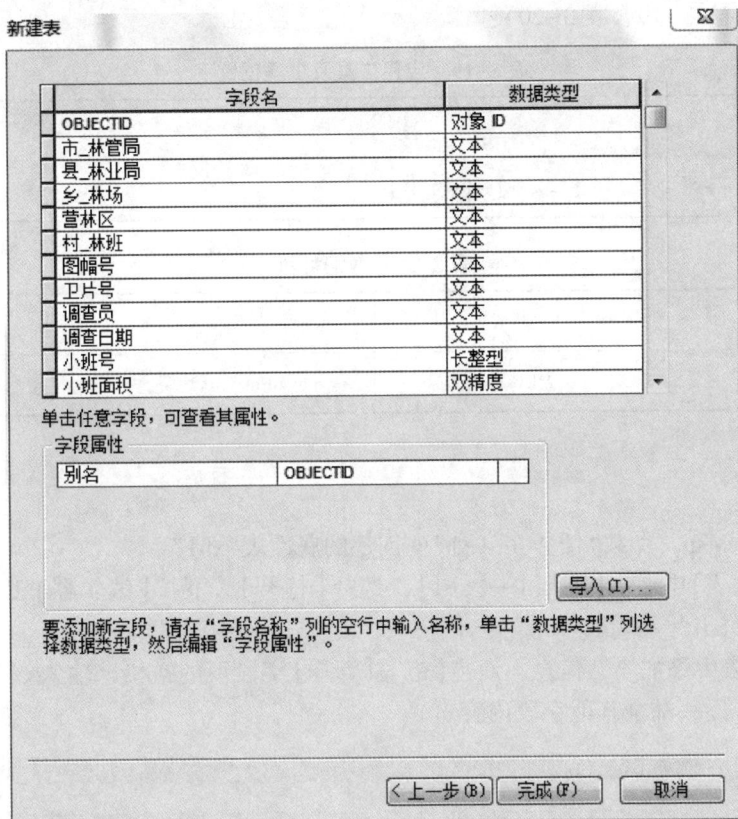

图 3-35　创建属性表字段界面

思考与练习

1. 打开【ArcCatolog】窗口，链接数据存储的路径。
2. 新建个人地理数据库。

任务 3-4-2　小班属性数据编辑

工作任务

任务描述：

在 ArcMap 中不仅可以对地理数据的几何信息进行编辑，同时也可以对其属性信息进行编辑。一般的属性表中包含了系统预设的一些字段和用户自定义的字段，而用户可编辑的只有用户自定义的字段。本任务根据要素是否已创建，调用不同的工具进行属性信息的添加、更改或删除，完成小班属性数据编辑。

任务分析：

1. 打开【ArcCatolog】窗口，链接数据存储的路径。
2. 使用【编辑器】工具，创建要素并编辑。

工具材料(表 3-19、表 3-20):

表 3-19　应用工具及工具位置

工具名称	工具位置
编辑器	【自定义】—【工具条】—【编辑器】

表 3-20　数据材料

名称	格式	坐标系	说明
xb1	MDB 格式	Unknow	属性数据的编辑

◎ 任务实施

①启动 ArcMap,加载"任务 3-4-1"中创建的属性表"xb1"。

②【内容列表】中右击【图层】—【xb1】,选择【打开】。下拉【编辑器】工具条的【编辑器】按钮,选择【开始编辑】。

③在属性表中添加属性信息,双击【市_林管局】字段下的空格,输入该字段内容,如图 3-36 所示,逐一补全其他字段内容。

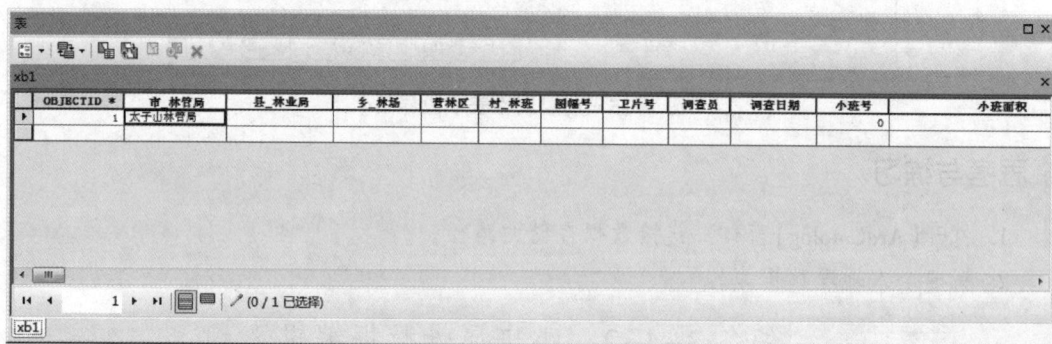

图 3-36　添加属性表数据

④修改属性信息,双击要修改的内容所在的表格,使该表格处于可编辑状态,输入修改后的内容,即可完成修改。

⑤删除某行属性数据,选中某一行数据(也可以选择多行),在选中数据的第一列位置上右击,选择【删除所选选项】,即可完成属性数据的删除。编辑结束后,下拉【编辑器】按钮,点击【保存编辑内容】保存编辑属性数据后的结果。

◎ 思考与练习

1. 打开【ArcCatolog】窗口,链接数据存储的路径。
2. 使用【编辑器】工具,创建要素并编辑。

任务 3-4-3　属性数据表的计算

○ 工作任务

任务描述：

1. 利用字段计算器对属性数据进行计算。
2. 对数据进行统计分析。

任务分析：

1. 打开【ArcCatolog】窗口，链接数据存储的路径。
2. 使用【编辑器】工具，创建要素并编辑。
3. 使用【汇总统计数据】工具，对数据进行统计。

工具材料（表 3-21、表 3-22）：

表 3-21　应用工具及工具位置

工具名称	工具位置
编辑器	【自定义】—【工具条】—【编辑器】
汇总统计数据	【分析工具】—【统计分析】—【汇总统计数据】

表 3-22　数据材料

名称	格式	坐标系	说明
xb1	MDB 格式	Unknow	属性数据的计算

○ 任务实施

①启动 ArcMap，加载"任务 3-4-2"中创建的属性表"xb1"。

②在【内容列表】中右击【图层】—【xb1】，选择【打开】。下拉【表选项】，选择【添加字段】，弹出【添加字段】对话框，输入字段名称以及字段类型，点击【确定】，如图 3-37 所示。

③下拉【编辑器】工具条的【编辑器】按钮，选择【开始编辑】，在字段【calculated】上右击，选择【字段计算器】。将某一字段的值批量赋予【calculated】字段，也可以给【calculated】字段批量赋值，为字符串的则一定要用英文输入法的双引号，也可将经过简单计算的值赋予【calculated】字段，此处将小班面积的 1/2 赋值给【calculated】字段，如图 3-38 所示。编辑结束后，下拉编辑器按钮，点击【保存编辑内容】保存编辑属性数据后的结果。

④汇总统计数据工具可实现对某一字段数据的总和、平均值、最大值、最小值、范围、标准差、计数、第一个和最后一个的统计运算，输出结果表将由包含

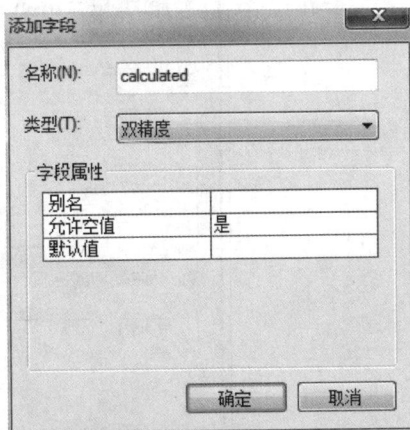

图 3-37　【添加字段】对话框

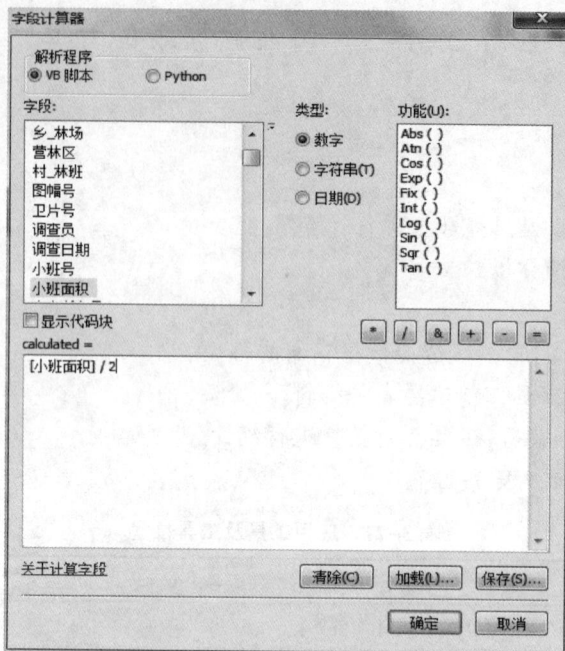

图3-38 【字段计算器】对话框

统计运算结果的字段组成，即创建以下字段：SUM_FIELD、MEAN_FIELD、MAX_FIELD、MIN_FIELD、RANGE_FIELD、STD_FIELD、COUNT_FIELD、FIRST_FIELD 和 LAST_FIELD，同时，还可以指定案例分组字段，将单独为每个唯一属性值计算统计数据，则每个案例分组字段值均有一条对应的记录。点击 ArcToolbox—【分析工具】—【统计分析】—【汇总统计数据】，打开【汇总统计数据】对话框，对"xb1"表的小班面积字段进行求和统计，如图 3-39 所示。点击【确定】生成统计结果表。

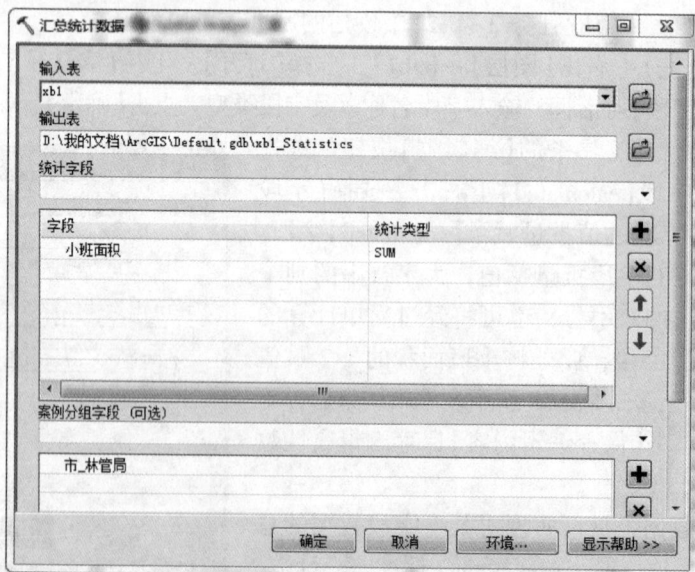

图3-39 【汇总统计数据】对话框

思考与练习

1. 在【ArcCatolog】窗口，链接数据存储的路径。
2. 使用【编辑器】工具，创建要素并编辑。
3. 使用【汇总统计数据】工具，对数据进行统计。

任务 3-4-4　连接小班属性数据表与其他数据表

工作任务

任务描述：

将小班属性数据按照公共属性字段进行合并，连接属性表与 Excel 表格。

任务分析：

1. 打开【ArcCatolog】窗口，链接数据库的路径，加载属性表。
2. 打开【连接】对话框，连接属性表与 Excel 表格。

工具材料（表 3-23）：

表 3-23　数据材料

名称	格式	坐标系	说明
xb1	MDB 格式	Unknow	存储有属性数据表的属性数据
xb1_statistics	XLS 格式	Unknow	用于连接属性表的 Excel 表

任务实施

①启动 ArcMap，加载"任务 3-4-2"中创建的属性表"xb1"。

②在【内容列表】中右击【xb1】，选择【连接和关联】—【连接】，如图 3-40 所示。

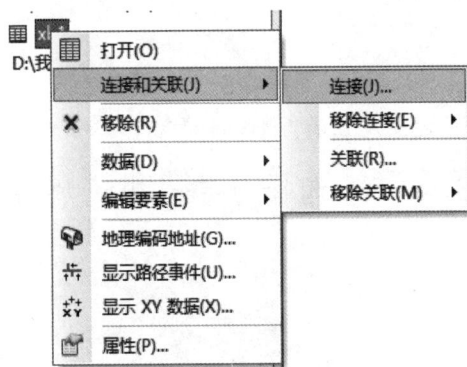

图 3-40　打开【连接】

③打开【连接数据】对话框，输入属性表，输入要连接的 Excel 表格中的 Sheet 表，连接字段为【市_林管局】，如图 3-41 所示。点击【确定】按钮完成属性表与 Excel 表格的连接。

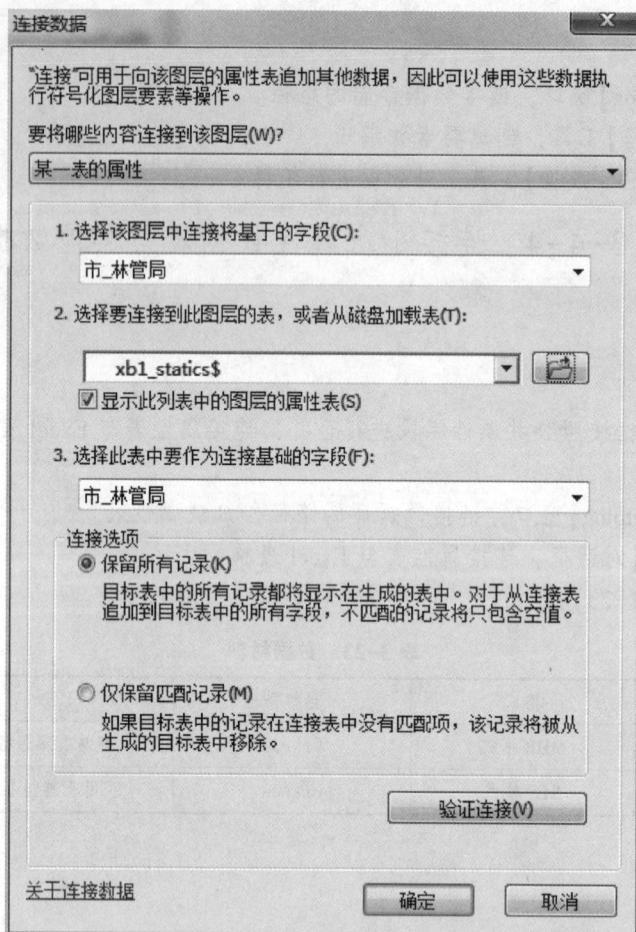

图 3-41 【连接数据】对话框

思考与练习

1. 在【ArcCatolog】窗口，链接数据库的路径，加载属性表。

2. 打开【连接】对话框，连接属性表与 Excel 表格。

任务 3-4-5 选择与导出小班属性数据

工作任务

任务描述：

利用【按属性选择】工具进行要素筛选，并将结果导出为表格。

任务分析：

1. 打开【ArcCatolog】窗口，链接数据库的路径，加载属性表。

2. 打开【属性表】对话框，对属性数据进行操作。

工具材料(表 3-24):

表 3-24　数据材料

名称	格式	坐标系	说明
xb1	MDB 格式	Unknow	存储有属性数据表的属性数据

任务实施

①启动 ArcMap,加载"任务 3-4-4"中创建的属性表"xb1"。

②【内容列表】中右击【xb1】,选择【打开】,打开属性表。

③打开【表选项】下拉列表,选择【按属性选择】,打开【按属性选择】对话框,输入筛选条件,点击【应用】按钮,可以筛选出想要的结果,如图 3-42 所示。

④打开【表选项】下拉列表,选择【导出】,打开【导出数据】对话框,在【导出】输入框中输入【所选记录】,选择输出表,点击【确定】导出筛选的数据,如图 3-43 所示。

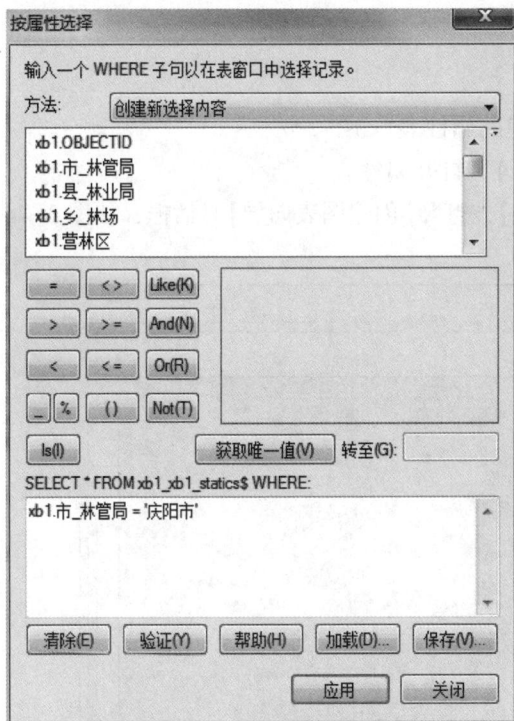

图 3-42　【按属性选择】对话框

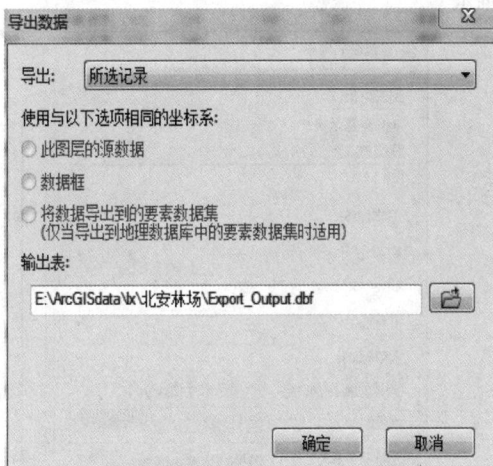

图 3-43　【导出数据】对话框

思考与练习

操作题

(1)在【ArcCatolog】窗口,链接数据库的路径,加载属性表。

(2)打开【属性表】对话框,对属性数据进行操作。

任务 3-4-6　小班数据图表的创建

○ 工作任务

任务描述：

在确定显示数据的数据趋势、关系、分布或比例之后，选用适合的类型创建图表。

任务分析：

1. 打开【ArcCatolog】窗口，链接数据库的路径，加载属性表。

2. 打开【属性表】对话框，对属性数据进行操作。

工具材料（表 3-25）：

表 3-25　数据材料

名称	格式	坐标系	说明
xb1	MDB 格式	Unknow	存储有属性数据表的属性数据

○ 任务实施

①启动 ArcMap，加载"任务 3-4-4"中创建的属性表"xb1"。

②在【内容列表】中右击【xb1】，选择【打开】，打开属性表。

③打开【表选项】下拉列表，选择【创建图表】，打开【创建图表向导】对话框，如图 3-44 所示。

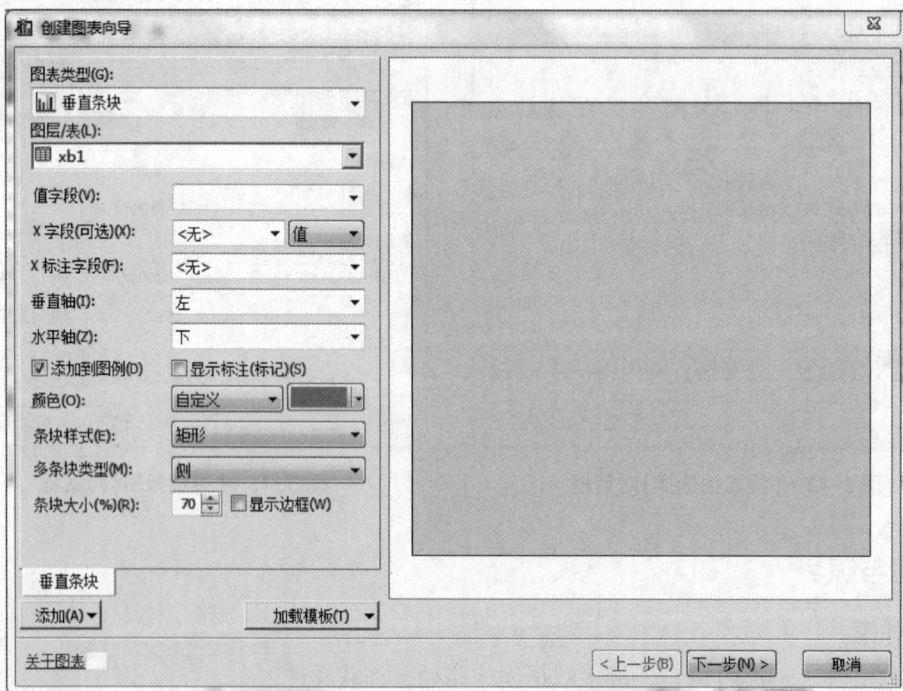

图 3-44　【创建图表向导】对话框

④选择【图表类型】为【垂直条块】，选择【图层/表】为"xb1"，选择【字段值】为"小班面积"，选择【x 标注字段】为"市_林管局"，【垂直轴】选择"左"，【水平轴】选择"下"，点击【下一步】，如图 3-45 所示。

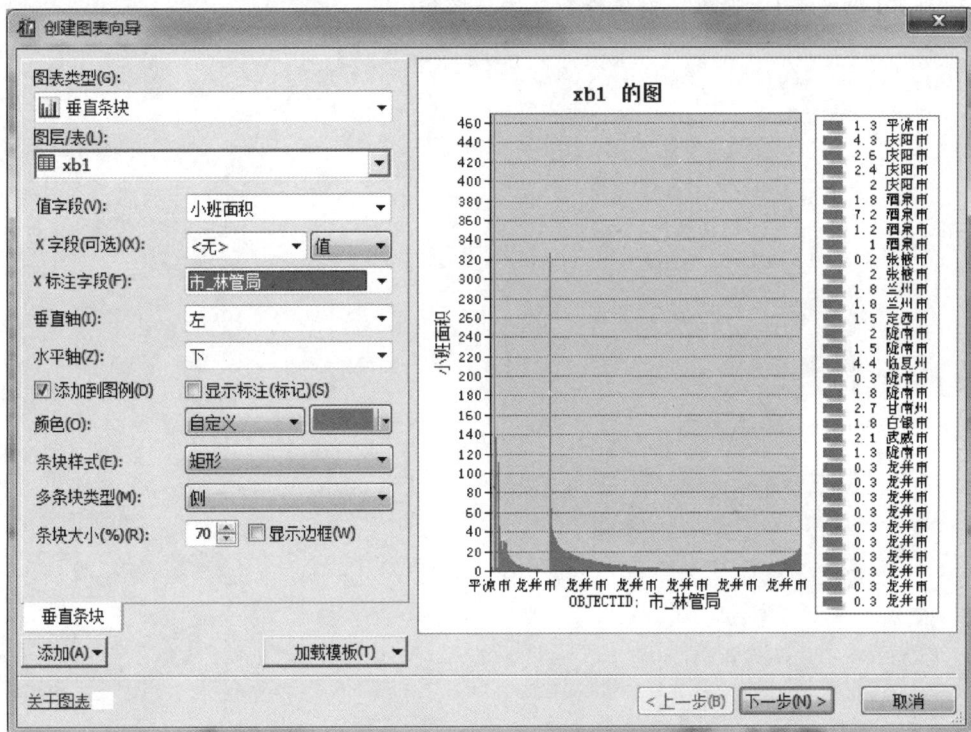

图 3-45　在【创建图表向导】对话框中输入参数

⑤设置图表标题，设置图例标题以及样式，点击【完成】按钮，完成图表创建，如图 3-46 所示。

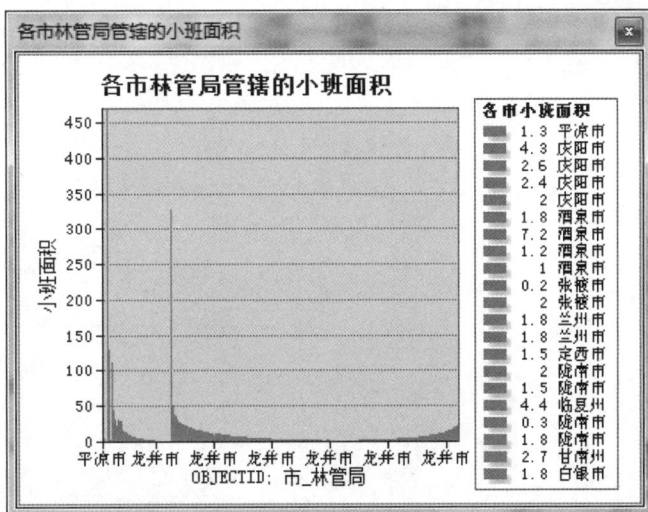

图 3-46　图表创建成果

○ 思考与练习

1. 在【ArcCatolog】窗口，链接数据库的路径，加载属性表。
2. 打开【属性表】对话框，对属性数据进行操作。

项目4 ArcGIS空间数据分析

〇 学习目标

知识目标：

1. 掌握缓冲区、坡度及坡向的概念。
2. 掌握矢量数据空间分析的内容。
3. 熟悉林业 GIS 数据空间分析的内容及应用。

技能目标：

1. 能够根据生产实际，进行提取分析，解决实际生产问题。
2. 能够进行缓冲区分析，并将其灵活应用于林业生产实际。
3. 能够进行二维数据的三维显示，改善地理信息的可视化效果。

素质目标：

1. 打造专业技术素养，培养精益求精的工匠精神。
2. 具备职业基础素养，培养实事求是的职业操守与严谨的工作态度。
3. 提升团队合作素养，培养积极向上的工作态度与团队合作意识。

〇 知识准备

1. 空间数据及其表达

空间数据(也称地理数据)是地理信息系统的一个主要组成部分。空间数据是指以地球表面空间位置为参照的自然、社会和人文经济景观数据，可以是图形、图像、文字、表格和数字等。它是 GIS 所表达的现实世界经过模型抽象后的内容，一般通过扫描仪、键盘、光盘或其他通信系统输入 GIS。

在某一尺度下，可以用点、线、面、体来表示各类地理空间要素。

有两种基本方法来表示空间数据：一是栅格表达；二是矢量表达。两种数据格式间可以进行转换。

2. 空间分析

空间分析是基于地理对象的位置和形态的空间数据的分析技术，其目的在于提取空间信息或者从现有数据派生出新的数据，是将空间数据转变为信息的过程。

空间分析是地理信息系统的主要特征。空间分析能力(特别是对空间隐含信息的提取和传输能力)是地理信息系统区别于一般信息系统的主要方面，也是评价一个地理信息系统的主要指标。

空间分析的基础是地理空间数据库。

空间分析运用的手段包括各种几何的逻辑运算、数理统计分析、代数运算等数学手段。

空间分析可以基于矢量数据或栅格数据进行，具体情况要根据实际需要确定。

根据要进行的空间分析类型的不同，空间分析的步骤也会有所不同。通常，所有的空间分析都涉及以下的基本步骤，在某个具体分析中，可以作相应的变化。空间分析的基本步骤：

①确定问题并建立分析的目标和要满足的条件；

②针对空间问题选择合适的分析工具；

③准备空间操作中要用到的数据；

④制订一个分析计划然后执行分析操作；

⑤显示并评价分析结果。

空间分析实际上是一个地理建模过程，它涉及问题的确定、使用哪些空间分析操作、评价数据、以合适的次序执行一系列的空间分析操作、显示及评价分析结果。

任务 4-1　提取分析

工作任务

任务描述：

GIS 数据集通常包含比实际需要更多的数据，实际生产中只想加载需要的数据时，可以通过【提取分析】工具完成。【提取分析】工具允许根据选择表达式、结构化查询语言(SQL)表达式从空间提取选择要素类或表中的要素和属性，输出的要素和属性将存储于要素类或表中。本任务将介绍 ArcMap【提取分析】工具提供的分割、筛选、表筛选、裁剪 4 种工具，要求掌握【提取分析】工具中各个工具的使用过程和原理。

任务分析：

1. 使用【编辑器】工具，创建分割要素。

2. 使用【分割】工具，分割林班数据。

3. 使用【筛选】工具，筛选林班数据。

4. 使用【表筛选】工具，对林班数据进行表筛选操作。

5. 使用【裁剪】工具，对林班数据进行裁剪操作。

工具材料(表 4-1、表 4-2)：

表 4-1　应用工具及工具位置

工具名称	工具位置
编辑器	【菜单栏】—【自定义】—【工具条】—【编辑器】
分割工具	【ArcToolbox】—【分析工具】—【提取分析】—【分割】
筛选工具	【ArcToolbox】—【分析工具】—【提取分析】—【筛选】

（续）

工具名称	工具位置
表筛选工具	【ArcToolbox】—【分析工具】—【提取分析】—【表筛选】
裁剪	【ArcToolbox】—【分析工具】—【提取分析】—【裁剪】

表 4-2　数据材料

名称	格式	坐标系	说明
林班	SHP 格式	Beijing_1954_GK_Zone_22N	数据提取分析操作使用

○ 任务实施

①启动 ArcMap，加载"林班"数据。

②打开【分割】工具，弹出【分割】工具对话框，输入分割参数，【分割要素】数据集必须是面，【分割字段】数据类型必须是字符，其唯一值生成输出要素类的名称，【目标工作空间】必须已经存在，如图 4-1 所示。

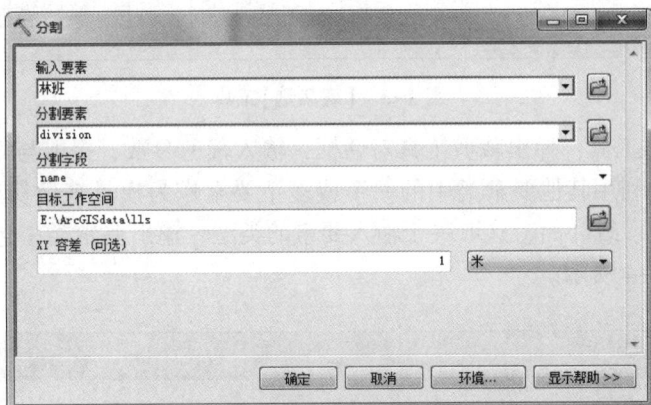

图 4-1　【分割】工具

③打开【筛选】工具，弹出【筛选】工具对话框，输入筛选参数，从输入要素类或输入要素图层中提取要素时，通常使用选择表达式或 SQL 表达式，并将其存储于输出要素类中（图 4-2），选择表达式或 SQL 表达式可使用查询构建器构建，也可直接输入。

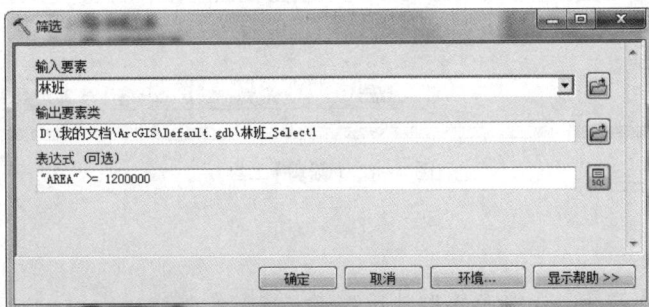

图 4-2　【筛选】工具

④打开【表筛选】工具，弹出【表筛选】对话框，输入表筛选参数，可筛选出与SQL表达式匹配的表记录并将其写入输出表，可以输入INFO、dBASE表或地理数据库表、要素类、表视图、VPF数据集。表达式参数可通过查询构建器进行创建或直接输入，如图4-3所示。

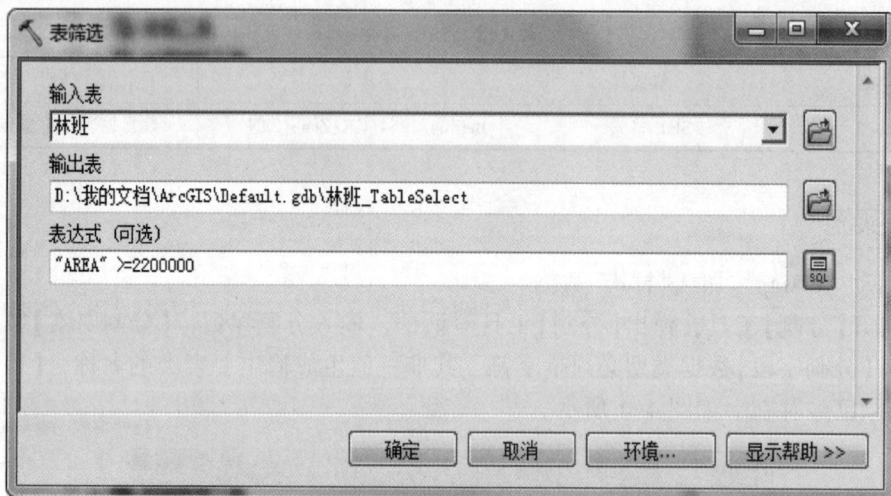

图4-3 【表筛选】工具

⑤打开【裁剪】工具，弹出裁剪工具对话框，输入裁剪参数，提取与裁剪要素重叠的输入要素。该工具可利用其他要素类中的一个或多个要素作为模具来剪切要素类的一部分，裁剪要素可以是点、线和面，这取决于输入要素的类型，输出要素类中包含输入要素类的所有属性，如图4-4所示。

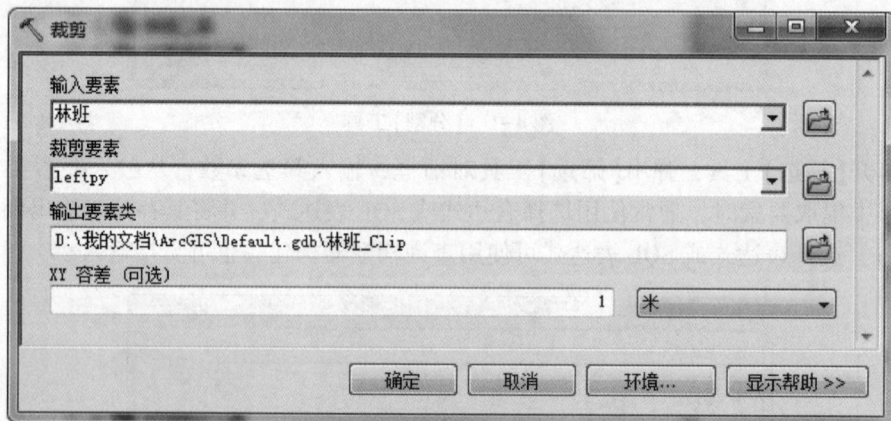

图4-4 【裁剪】工具

○ 思考与练习

1. 使用【分割】工具，按照乡镇对林班数据完成分割处理。

2. 使用【筛选】工具，筛选出指定村的林班数据。

3. 使用【裁剪】工具，按照村界对林班数据进行裁剪操作。

任务 4-2　叠置分析

○ 工作任务

任务描述：

【叠加分析】工具集中包含的工具可用于叠加多个要素类以合并、擦除、修改或更新空间要素，从而生成新要素类。将一个要素集合与另一个集合叠加时会产生新信息。叠加操作主要包含 6 种类型，它们都涉及将两组现有要素合并成一组要素，以识别输入要素间的空间关系。本任务将介绍【叠加分析】工具集中的各个工具，要求掌握其使用过程和原理。

任务分析：

1. 使用【编辑器】工具，创建分割要素。

2. 使用【擦除】工具，对林班数据进行擦除操作。

3. 使用【标识】工具，对林班数据进行标识操作。

4. 使用【相交】工具，对林班数据进行相交操作。

5. 使用【空间连接】工具，对林班数据进行空间连接操作。

6. 使用【交集取反】工具，对林班数据进行交集取反操作。

7. 使用【联合】工具，对林班数据进行联合操作。

8. 使用【更新】工具，对林班数据进行更新操作。

工具材料（表 4-3、表 4-4）：

表 4-3　应用工具及工具位置

工具名称	工具位置
编辑器	【菜单栏】—【自定义】—【工具条】—【编辑器】
交集取反工具	【ArcToolbox】—【分析工具】—【叠加分析】—【交集取反】
擦除工具	【ArcToolbox】—【分析工具】—【叠加分析】—【擦除】
更新工具	【ArcToolbox】—【分析工具】—【叠加分析】—【更新】
标识工具	【ArcToolbox】—【分析工具】—【叠加分析】—【标识】
相交工具	【ArcToolbox】—【分析工具】—【叠加分析】—【相交】
空间连接工具	【ArcToolbox】—【分析工具】—【叠加分析】—【空间连接】
联合工具	【ArcToolbox】—【分析工具】—【叠加分析】—【联合】

表4-4　数据材料

名称	格式	坐标系	说明
林班	SHP 格式	Beijing_1954_GK_Zone_22N	数据叠置分析操作使用

○ **任务实施**

①启动 ArcMap，加载"林班"数据。

②打开【交集取反】工具，弹出【交聚取反】工具对话框，输入交集取反参数(图4-5)，需注意输入要素和更新要素中不叠置的要素部分将被写入输出要素类中，输入和更新要素必须具有相同的集合类型，输入要素的属性值将被复制到输出要素。

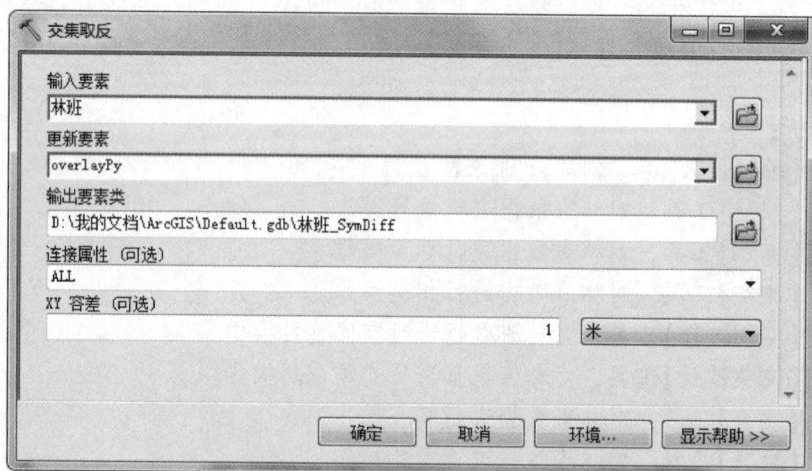

图4-5　【交集取反】工具

③打开【擦除】工具，弹出【擦除】工具对话框，输入擦除参数(图4-6)，该工具通过将输入要素与擦除要素的多边形相叠加来创建要素类，只将输入要素处于擦除要素外部边界之外的部分复制到输出要素类。

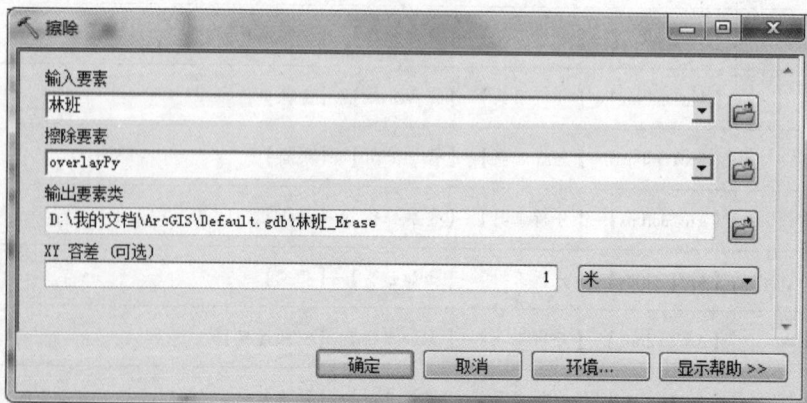

图4-6　【擦除】工具

④打开【更新】工具，弹出【更新】工具对话框，输入表更新参数（图 4-7），计算输入要素和更新要素的几何交集时，输入要素的属性和几何根据输出要素类中的更新要素来进行更新，输入要素必须是面，更新要素必须是面，输入要素类与更新要素类的字段名称必须保持一致。

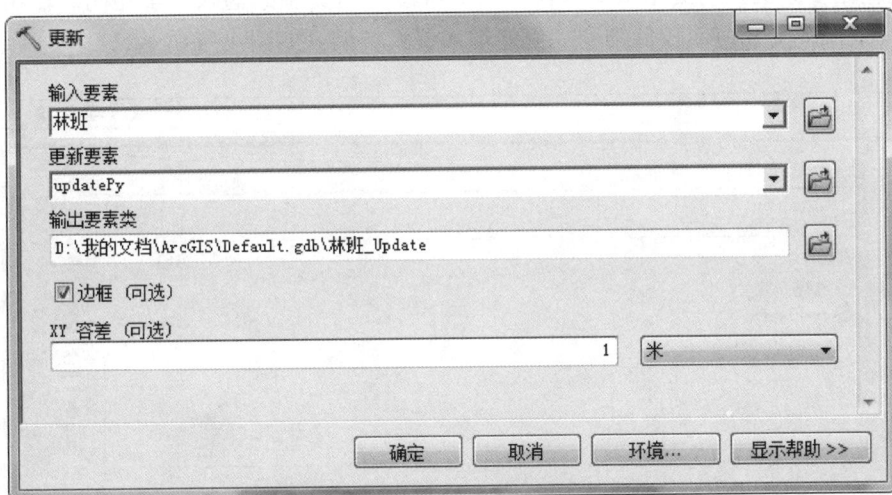

图 4-7　【更新】工具

⑤打开【标识】工具，弹出【标识】工具对话框，输入标识参数（图 4-8），计算输入要素和标识要素的几何交集时，与标识要素重叠的输入要素或输入要素的一部分将获得这些标识要素的属性。需注意输入要素可以是点、多点、线或面，注记要素、尺寸要素或网格要素不能作为输入要素，而标识要素必须是面要素，或与输入要素的几何类型相同。

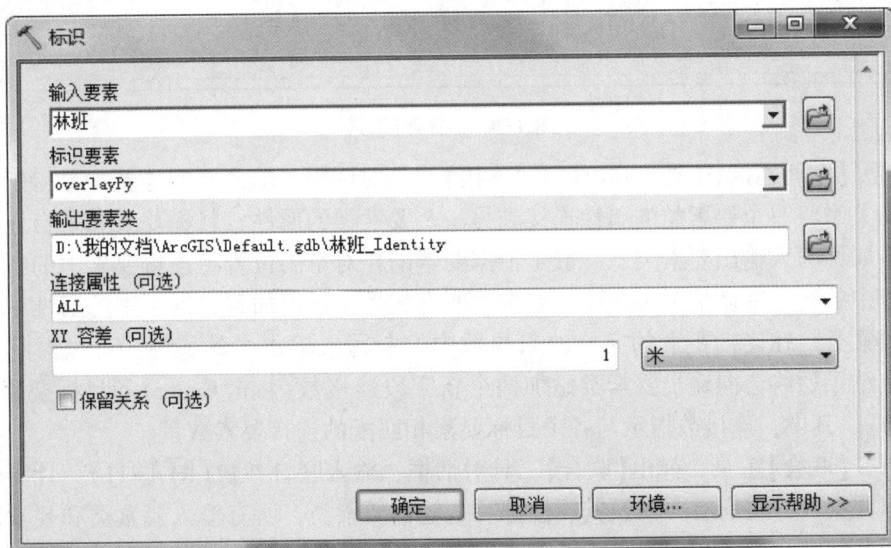

图 4-8　【标识】工具

⑥打开【相交】工具，弹出【相交】工具对话框，输入相交参数(图4-9)，计算输入要素的几何交集时，所有图层和/或要素类中想叠置的要素或要素的各部分将被写入输出要素类中。输入要素必须是简单要素，如点、多点、线或面，不能是复杂要素，如注记要素、尺寸要素或网格要素。如果输入要素类具有不同几何类型(即面上的线、线上的点等)，则输出要素类几何类型默认与具有最低维度几何类型的输入要素相同。输出类型可以是具有最低维度几何或较低维度几何的输入要素类型，如图4-9所示。

图4-9 【相交】工具

⑦打开【空间连接】工具，弹出【空间连接】工具对话框，输入空间连接参数(图4-10)，根据空间关系将一个要素类的属性连接到另一个要素类的属性，目标要素和来自连接要素的被连接属性写入输出要素类，一般是根据要素的相对空间位置将连接要素中的行匹配到目标要素中的行。默认情况下，连接要素的所有属性会被追加到目标要素的属性中并复制到输出要素类。在连接要素的字段映射参数中控制写入输出中的属性，可以对其进行定义。连接结果始终会向输出要素类添加两个新字段连接数(Join_Count)和目标要素(TAR-GET_FID)。其中，连接数指示与各个目标要素相匹配的连接要素数量。

⑧打开【联合】工具，弹出【联合】工具对话框，输入联合参数(图4-11)，计算输入要素的几何并集时，将所有要素及其属性都写入输出要素类，所有输入要素类和要素图层都必须有面几何。

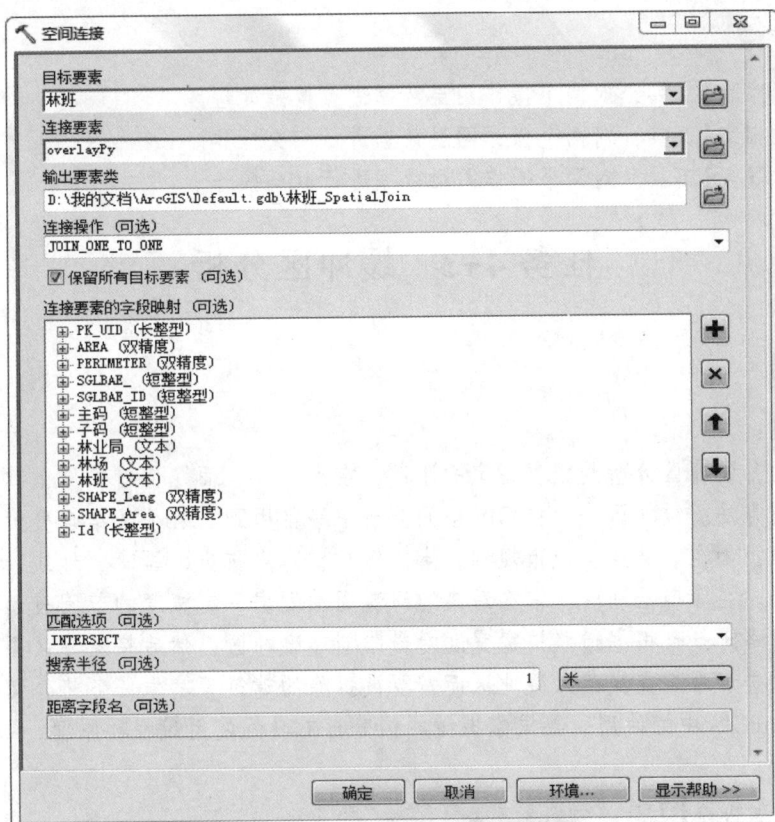

图 4-10 【空间连接】工具

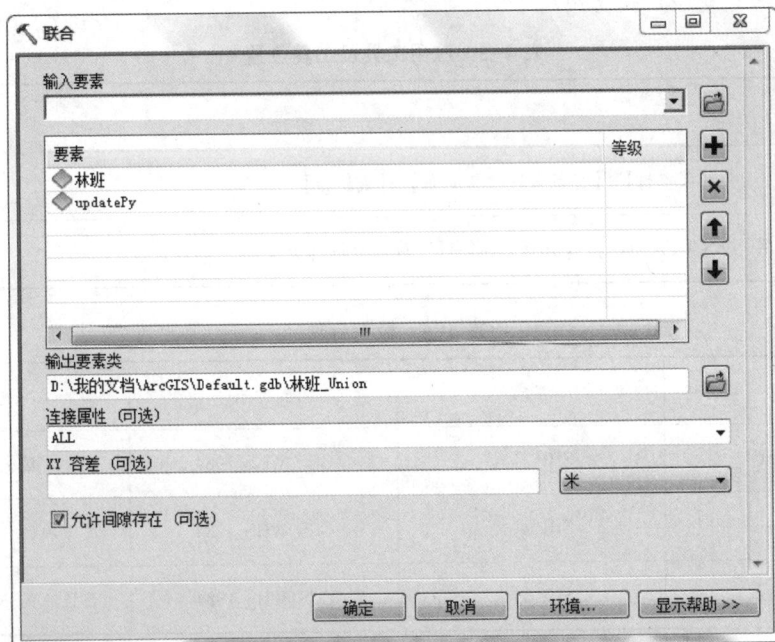

图 4-11 【联合】工具

思考与练习

1. 使用【擦除】工具，对两个操作图层数据进行擦除处理。
2. 使用【相交】工具，对两个操作图层数据进行相交操作。
3. 使用【联合】工具，对两个操作图层数据进行联合操作。

任务 4-3　缓冲区分析

工作任务

任务描述：

在 GIS 中，缓冲区分析是根据指定的距离，在点、线、面几何对象周围建立一定宽度的区域的分析方法。缓冲区分析在 GIS 空间分析中经常用到，且往往结合叠加分析来共同解决实际问题，如在农林业、城市规划、生态保护、防洪抗灾、军事、地质、环境等诸多领域都有应用。在环境治理时，常在污染的河流周围划出一定宽度的范围表示受到污染的区域；扩建道路时，可根据道路扩宽宽度对道路创建缓冲区，然后将缓冲区图层与建筑图层叠加，通过叠加分析查找落入缓冲区而需要被拆除的建筑等。本任务将介绍缓冲区分析原理及其在 ArcGIS 中的使用，要求掌握缓冲区分析工具的使用过程和原理。

任务分析：

1. 使用【编辑器】工具，编辑要素。
2. 使用【缓冲区】工具，对数据进行缓冲区分析操作。

工具材料(表4-5、表4-6)：

表 4-5　应用工具及工具位置

工具名称	工具位置
编辑器	【菜单栏】—【自定义】—【工具条】—【编辑器】
缓冲区分析工具	【ArcToolbox】—【分析工具】—【邻域分析】—【缓冲区】

表 4-6　数据材料

名称	格式	坐标系	说明
BF_point	SHP 格式	GCS_WGS_1984	点缓冲区分析操作使用
BF_line	SHP 格式	GCS_WGS_1984	线缓冲区分析操作使用
BF_polygon	SHP 格式	GCS_WGS_1984	面缓冲区分析操作使用

任务实施

①启动 ArcMap，加载数据"BF_point""BF_line""BF_polyg"，使用【缓冲区】工具，对数据进行缓冲区分析操作。

②点缓冲区分析。点的缓冲区是以点对象为圆心，以给定的缓冲距离为半径生成的圆形区域。当缓冲距离足够大时，两个或多个点对象的缓冲区可能有重叠。选择合并缓冲区时，重叠部分将被合并，最终得到的缓冲区是一个复杂的面对象，点缓冲区分析设置如图 4-12 所示。

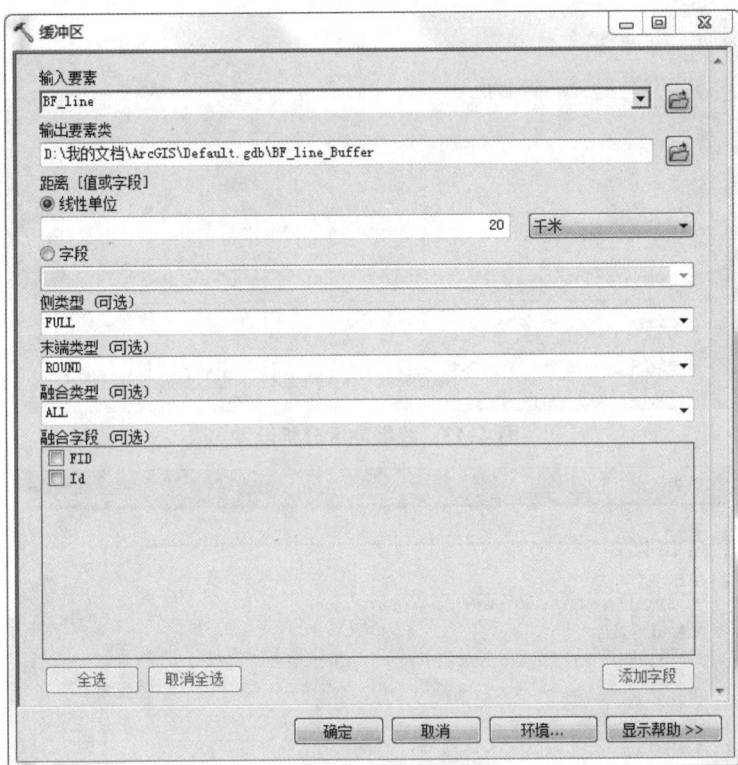

图 4-12　点缓冲区分析设置

③线缓冲区分析。线的缓冲区是沿线对象的法线方向，分别向线对象的两侧平移一定的距离而得到两条线，并与在线端点处形成的光滑曲线（或平头）接合形成的封闭区域。同样，当缓冲距离足够大时，两个或多个线对象的缓冲区可能有重叠。合并缓冲区的效果与点的合并缓冲区相同。当线数据的缓冲类型设置为平头缓冲时，线对象两侧的缓冲宽度可以不一致，从而生成左右不等缓冲区；也可以只在线对象的一侧创建单边缓冲区。线缓冲区分析设置如图 4-13 所示。

④面缓冲区分析。面的缓冲区生成方式与线的缓冲区类似，区别是面的缓冲区仅在面边界的一侧延展或收缩。当缓冲半径为正值时，缓冲区向面对象边界的外侧扩展；为负值时，向边界内收缩。同样，当缓冲距离足够大时，两个或多个线对象的缓冲区可能有重叠；也可以选择合并缓冲区，其效果与点的合并缓冲区相同。面缓冲区分析设置如图 4-14 所示。

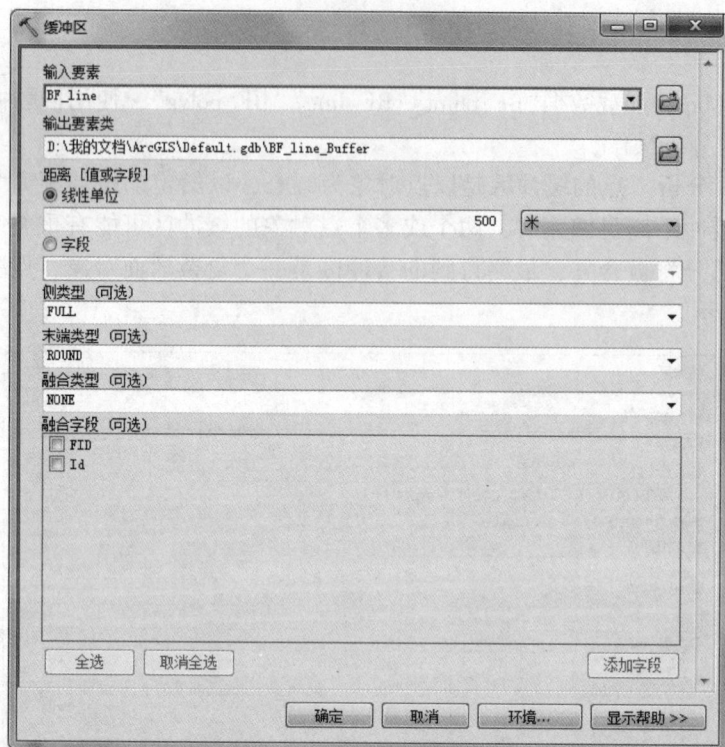

图 4-13　线缓冲区分析设置

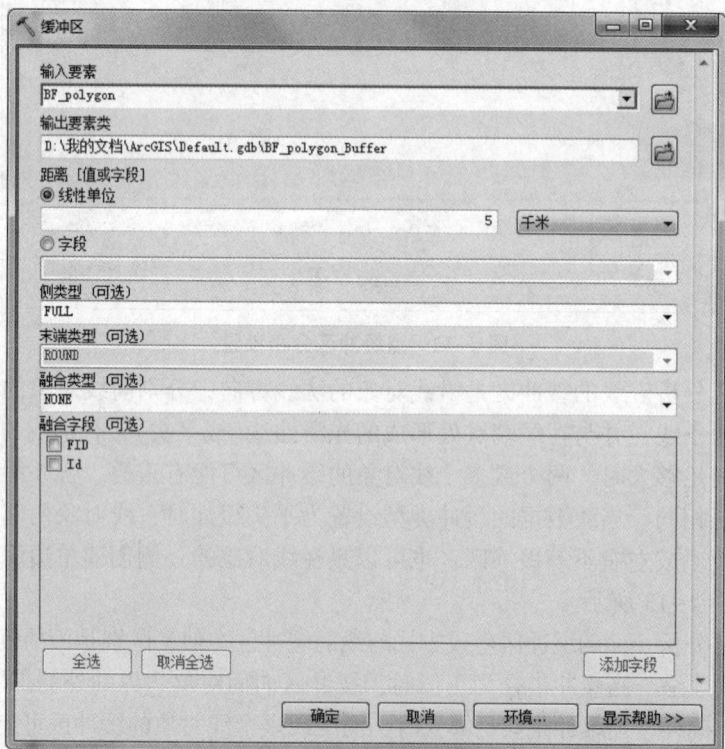

图 4-14　面缓冲区分析设置

思考与练习

使用【缓冲区】工具，对数据进行缓冲区分析操作。

任务 4-4　其他空间分析

工作任务

任务描述：

在 GIS 应用中，空间分析除了任务 4-1 至 4-4 中学习的常用分析外，还会遇到要计算一个要素类中的某一个要素与另一个要素类中距离最近的要素的距离的情况。这时就要用到近邻分析来解决此类问题。本节任务将介绍近邻分析原理及在 ArcGIS 中的使用，要求掌握【近邻分析】工具的使用过程和原理。

任务分析：

1. 使用【编辑器】工具，编辑要素。

2. 使用【近邻分析】工具，对数据进行缓冲区分析操作。

工具材料(表 4-7、表 4-8)：

表 4-7　应用工具及工具位置

工具名称	工具位置
编辑器	【菜单栏】—【自定义】—【工具条】—【编辑器】
近邻分析工具	【ArcToolbox】—【分析工具】—【邻域分析】—【近邻分析】

表 4-8　数据材料

名称	格式	坐标系	说明
BF_point	SHP 格式	GCS_WGS_1984	进行近邻分析的点数据
BF_line	SHP 格式	GCS_WGS_1984	进行近邻分析的线数据

任务实施

①启动 ArcMap，加载数据"BF_point""BF_line"。

②近邻分析，即计算输入要素与其他图层或要素类中的最近要素之间的距离和其他邻近性信息，其计算原理如图 4-15 所示。打开【近邻分析】对话框，输入分析参数，输入要素和邻近要素均可为点、多点、线或面，邻近要素可包括不同形状类型(点、多点、线或面)的一个或多个要素类，如图 4-16 所示。如果有多个邻近要素与输入要素之间有相同的最短距离，则随机选择其中一个邻近要素作为最近要素。如果选中"位置"参数，则字段"NEAR_X"(邻近要素中距离输入要素最近位置的 x 坐标，如果未发现邻近要素，则该值

为-1)、"NEAR_Y"(邻近要素中距离输入要素最近位置的 y 坐标,如果未发现邻近要素,则该值为-1)将被添加到输入要素中,如果字段已存在,将更新字段值。如果选中"角度"参数,则字段"NEAR_ANGLE"(连接输入要素和邻近要素的位于"FROM_X"和"FROM_Y"位置的线的角度,如果未发现邻近要素或邻近要素与输入要素相交,则该值为0)将被添加到输入要素中,如果字段已存在,将更新字段值。

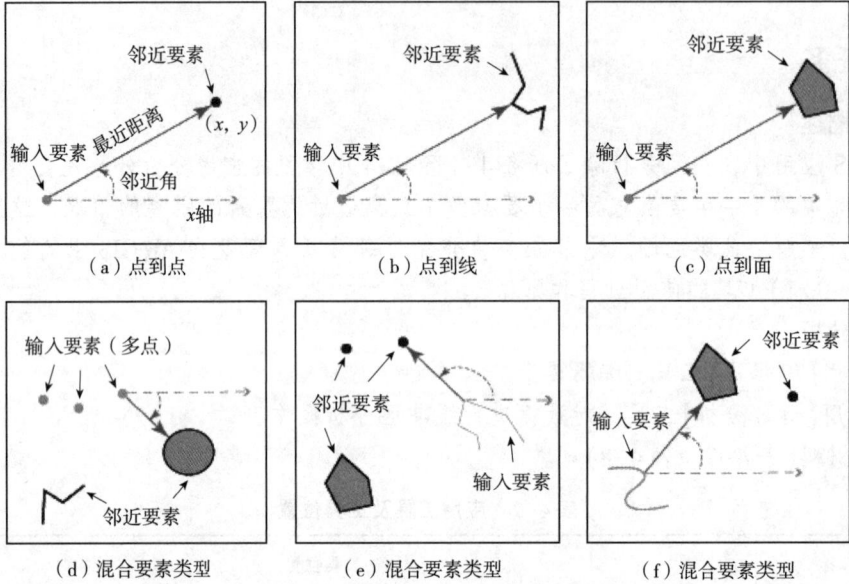

（a）点到点　　　　　　　　（b）点到线　　　　　　　　（c）点到面

（d）混合要素类型　　　　　（e）混合要素类型　　　　　（f）混合要素类型

图 4-15　近邻分析原理示意图

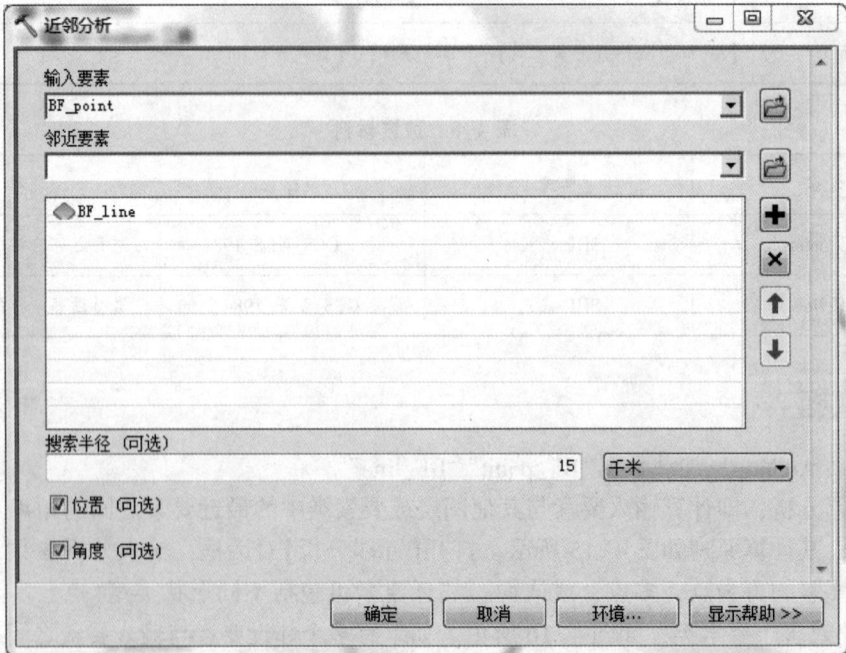

图 4-16　【近邻分析】工具对话框

思考与练习

使用【近邻分析】工具，对数据进行缓冲区分析操作。

任务 4-4-1　TIN 及 DEM 的生成

工作任务

任务描述：

在 GIS 应用中，对高程点进行分析，可生成数字高程模型(DEM)。DEM 是对地形地貌的一种离散的数字表达，是对地面特性进行空间描述的一种数字方法、途径。通过对本次任务的学习，应加深对不规则三角网模型(TIN)建立过程的原理、方法的认识；熟练掌握 ArcGIS 中建立 DEM、TIN 的技术方法。

任务分析：

1. 使用【创建 TIN】工具，生成 TIN 数据。
2. 使用【TIN 转栅格】工具，由 TIN 数据转换成 DEM。

工具材料(表 4-9、表 4-10)：

表 4-9　应用工具及工具位置

工具名称	工具位置
创建 TIN 工具	【ArcToolbox】—【3D Analyst 工具】—【数据管理】—【TIN】—【创建 TIN】
TIN 转栅格工具	【ArcToolbox】—【3D Analyst 工具】—【转换】—【由 TIN 转出】—【TIN 转栅格】

表 4-10　数据材料

名称	格式	坐标系	说明
L14_project	SHP 格式	WGS_1984_Web_Mercator_Auxiliary_Sphere	麦积区高程点数据

任务实施

①启动 ArcMap，加载数据"L14_project"。

②打开【创建 TIN】工具，创建一个 TIN 数据集，用于表面建模的 TIN 应使用投影坐标系构造。输入创建参数，点击【确定】完成 TIN 创建，如图 4-17 所示。

③打开【TIN 转栅格】工具，在指定采样距离处插入创建好的 TIN 高程值中的栅格像元值以创建栅格。输入转换参数，点击【确定】完成转换，如图 4-18 所示。

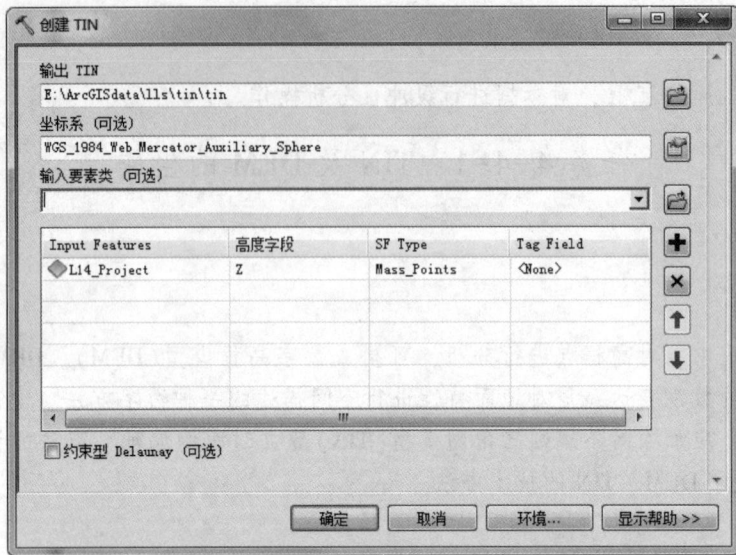

图 4-17 【创建 TIN】工具对话框

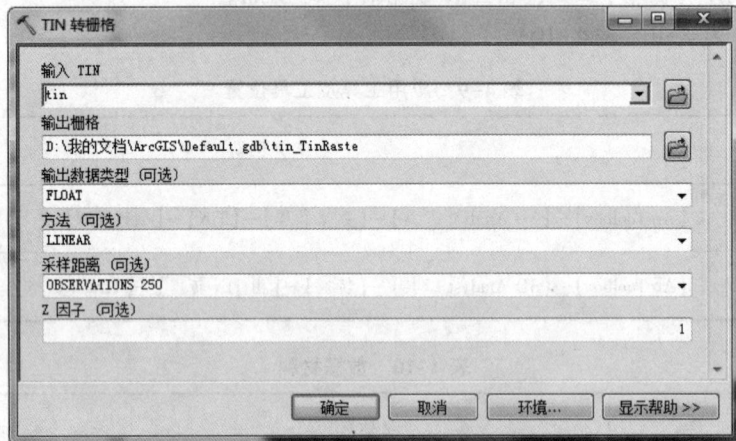

图 4-18 【TIN 转换栅格】工具对话框

○ 思考与练习

1. 使用【创建 TIN】工具，生成 TIN 数据。
2. 使用【TIN 转栅格】工具，由 TIN 数据转换成 DEM。

任务 4-4-2　由 DEM 生成高程点

○ 工作任务

任务描述：

在具备栅格高程数据时，往往需要访问【表面三角化】工具提供的实用功能，此时可以先通过栅格数据提取点要素类，将栅格像元中心转换为 3D 多点要素(其 z 值反映栅格像元值）。本任务将介绍栅格转多点原理及在 ArcGIS 中的使用，要求掌握栅格转多点工具的使用过程和原理。

任务分析：

使用【栅格转多点】工具，生成高程点要素类。

工具材料（表 4-11、表 4-12）：

表 4-11 应用工具及工具位置

工具名称	工具位置
栅格转多点	【ArcToolbox】—【3D Analyst 工具】—【转换】—【由栅格转出】—【栅格转多点】

表 4-12 数据材料

名称	格式	坐标系	说明
tin_TinRaster	栅格格式	WGS_1984_Web_Mercator_Auxiliary_Sphere	麦积区 DEM 数据

任务实施

①启动 ArcMap，加载数据"tin_TinRaster"。

②打开【栅格转多点】工具，输入转换参数，当输入栅格的大小过大时，应考虑应用细化方法减少导出至多点要素类的像元数；当保留垂直精度很重要时，使用 Z 容差细化方法；当控制水平采样距离很重要时，使用核细化方法；当生成的多点主要应用于可视化应用程序时，使用 VIP 细化方法。参数输入完成点击【确定】，如图 4-19 所示。

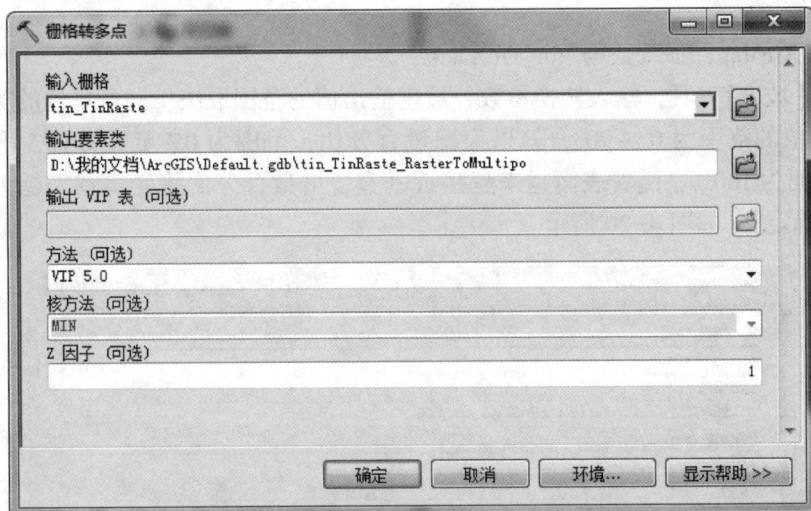

图 4-19 【栅格转多点】工具对话框

思考与练习

使用【栅格转多点】工具，生成高程点要素类。

任务 4-4-3　由 DEM 生成坡度栅格

○ 工作任务

任务描述：

通过 DEM 提取坡度，是 ArcGIS 中 DEM 的主要应用之一。坡度是指各项元中 z 值的最大变化率，通过坡度可以了解栅格表面各像元的梯度最大变化状况。本任务将介绍在 ArcGIS 中如何通过 DEM 提取坡度，要求掌握坡度的生成过程。

任务分析：

使用【坡度】工具，提取坡度数据。

工具材料（表 4-13、表 4-14）：

表 4-13　应用工具及工具位置

工具名称	工具位置
坡度工具	【ArcToolbox】—【3D Analyst 工具】—【栅格表面】—【坡度】

表 4-14　数据材料

名称	格式	坐标系	说明
tin_TinRaster	栅格格式	WGS_1984_Web_Mercator_Auxiliary_Sphere	麦积区 DEM 数据

○ 任务实施

①启动 ArcMap，加载数据 "tin_TinRaster"。

②打开【坡度】工具，输入转换参数，坡度输出值的范围取决于测量单位的类型，如果为度，坡度值的范围为 0°～90°，如果为增量百分比，范围为 0% 至无穷大，平坦表面为 0%，45°表面为 100%，随着表面越来越接近垂直，增量百分比将变得越来越大。输入完参数点击【确定】，如图 4-20 所示。

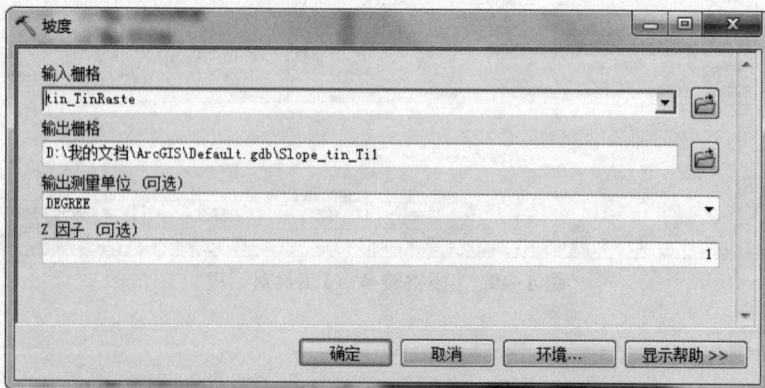

图 4-20　【坡度】工具对话框

思考与练习

使用【坡度】工具，提取坡度数据。

<h2 style="text-align:center">任务 4-4-4　DEM 生成坡向栅格</h2>

工作任务

任务描述：

在 ArcGIS 中，可通过 DEM 获得栅格表面的坡向。坡向可以被视为坡度方向，用于识别从每个像元到其相邻像元方向上值的变化率最大的下坡方向。输出栅格的值将是坡向的罗盘方向。本任务将介绍 ArcGIS 中如何通过 DEM 提取坡向的，要求掌握坡向的生成过程。

任务分析：

使用【坡向】工具，提取坡度数据。

工具材料(表 4-15、表 4-16)：

表 4-15　应用工具及工具位置

工具名称	工具位置
坡向工具	【ArcToolbox】—【3D Analyst 工具】—【栅格表面】—【坡向】

表 4-16　数据材料

名称	格式	坐标系	说明
tin_TinRaster	栅格格式	WGS_1984_Web_Mercator_Auxiliary_Sphere	麦积区 DEM 数据

任务实施

①启动 ArcMap，加载数据"tin_TinRaster"。

②打开【坡向】工具，输入转换参数，计算栅格各像元的坡向，如果有任何邻域像元为无数据(NoData)，则首先会向这些像元分配中心像元的值，然后计算坡向。参数输入完成点击【确定】，如图 4-21 所示。

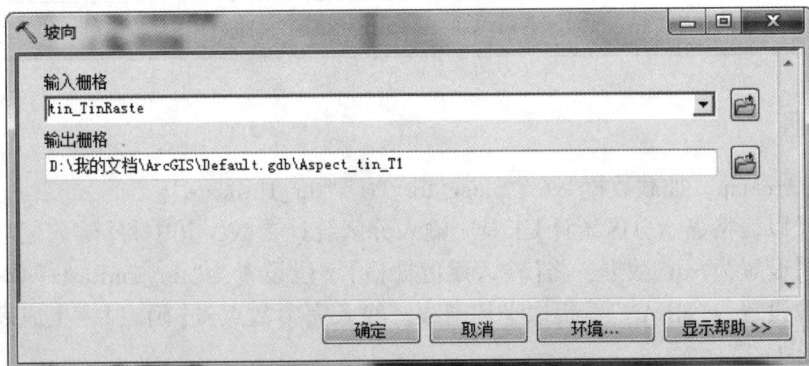

图 4-21　【坡向】工具对话框

○ 思考与练习

使用【坡向】工具，提取坡度数据。

任务 4-4-5 小班平均高程和坡度的提取

○ 工作任务

任务描述：

了解一个小班的平均高程，不仅有利于更加了解这个地方的地形，更主要的是能在需要掌握小班的植被种类分布时，提供所需要地区的平均高程。本任务将介绍小班平均高程的提取以及坡度的提取，要求掌握小班平均高程提取的流程以及原理。

任务分析：

1. 使用【要素转点】工具，将小班面要素转为点要素，以便提取坡度。
2. 使用【以表格显示分区统计】工具，提取各小班的平均高程和坡度。
3. 根据小班属性数据创建"平均高程""坡度"字段，将生成的"平均高程表""坡度表"与之关联。

工具材料(表 4-17、表 4-18)：

表 4-17 应用工具及工具位置

工具名称	工具位置
要素转点工具	【ArcToolbox】—【数据管理工具】—【要素】—【要素转点】
以表格显示分区统计工具	【ArcToolbox】—【Spatial Analyst 工具】—【区域分析】—【以表格显示区域统计】

表 4-18 数据材料

名称	格式	坐标系	说明
tin_TinRaste	栅格格式	WGS_1984_Web_Mercator_Auxiliary_Sphere	DEM 数据
Slope_tin_Ti1	栅格数据	WGS_1984_Web_Mercator_Auxiliary_Sphere	坡度数据
xb	SHP 格式	WGS_1984_Web_Mercator_Auxiliary_Sphere	模拟部分小班数据

○ 任务实施

①启动 ArcMap，加载数据"xb""Slope_tin_Ti1""tin_TinRaste"。

②打开【以表格显示分区统计】工具，输入分区统计参数，其中将【输入栅格数据或要素区域数据】设置为"xb"数据，将【输入赋值栅格】字段设置为"tin_TinRaste"数据，将【统计类型】字段设置为"MEAN"，提取平均高程。输入完参数点击【确定】，生成表"ZonalSt_shp1"，如图 4-22 所示。

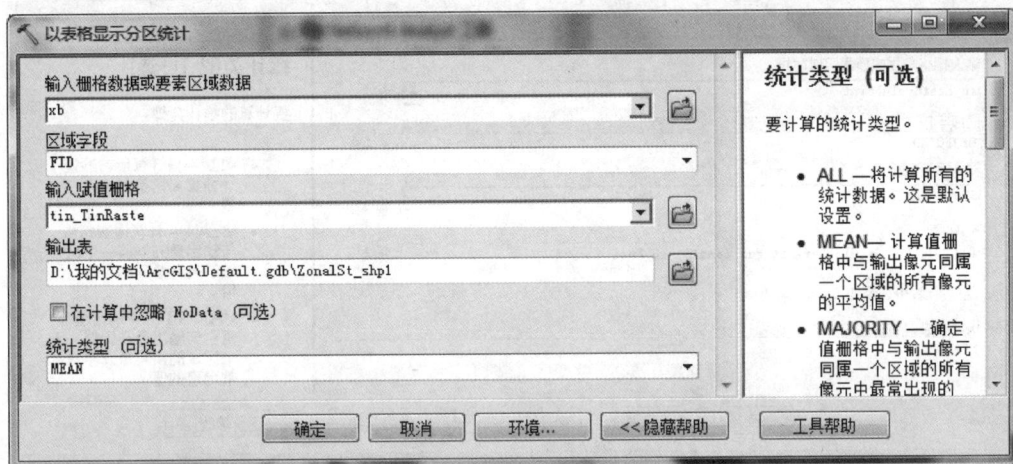

图 4-22　【以表格显示分区统计】工具提取平均高程对话框

③"xb"数据的属性表与生成的表"ZonalSt_shp1"根据字段"FID"进行关联,将平均高程数据添加到"xb"属性表中。

④打开【要素转点】工具,在【输入要素】栏输入"xb"数据,勾选【内部】,点击【确定】,如图 4-23 所示。

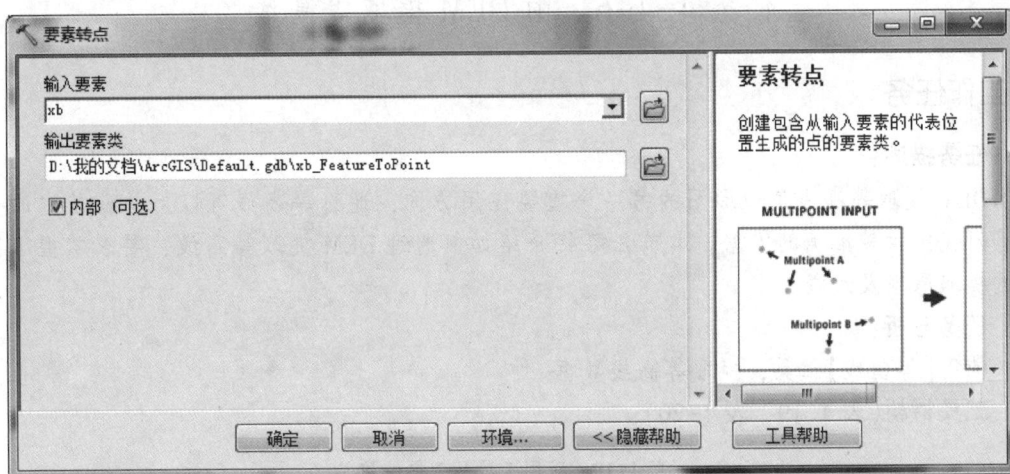

图 4-23　【要素转点】工具对话框

⑤打开【以表格显示分区统计】工具,输入分区统计参数,将【输入栅格数据或要素区域数据】设置为要素转点操作生成的点数据,将【输入赋值栅格】字段设置为坡度数据,将【统计类型】字段设置为"MEAN",提取坡度。输入完参数点击【确定】,生成表"ZonalSt_xb_Feat",如图 4-24 所示。

⑥"xb"数据的属性表与生成的表"ZonalSt_xb_Feat"根据字段"OBJECTID"进行关联,将坡度添加到"xb"属性表中。至此,小班提取平均高程和坡度的操作已完成。

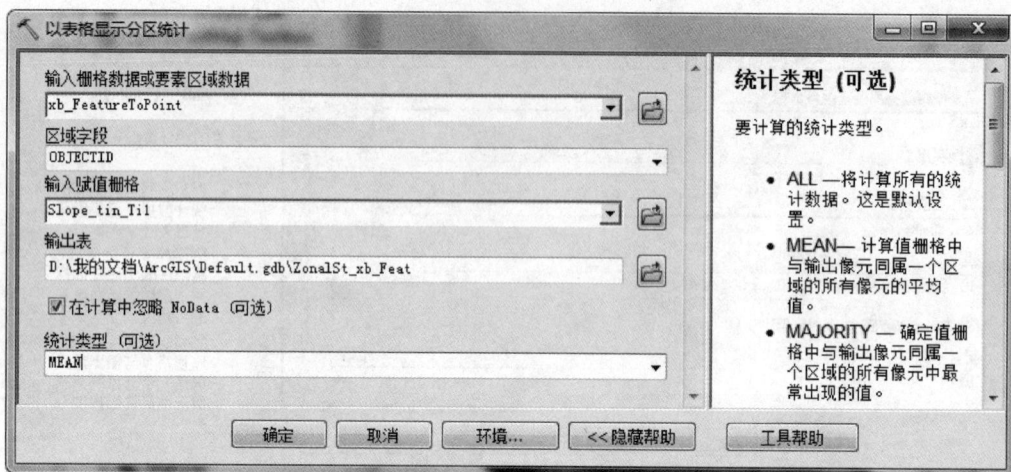

图 4-24 【以表格显示分区统计】工具提取坡度对话框

思考与练习

(1)使用【要素转点】工具，将小班面要素转为点要素，以便提取坡度。

(2)使用【以表格显示分区统计】工具，提取各小班的平均高程和坡度。

任务 4-4-6　由 DEM 提取等高线

工作任务

任务描述：

DEM 提取等高线是地形图的另一个重要应用方向，通过等高线可以对林业苗木的分布等研究提供较准确的依据。本节任务将介绍如何通过 DEM 提取等高线，要求掌握等高线的提取原理及过程。

任务分析：

使用【等值线】工具，提取等高线数据。

工具材料(表 4-19、表 4-20)：

表 4-19　应用工具及工具位置

工具名称	工具位置
等值线工具	【ArcToolbox】—【3D Analyst 工具】—【栅格表面】—【等值线】

表 4-20　数据材料

名称	格式	坐标系	说明
tin_TinRaster	栅格格式	WGS_1984_Web_Mercator_Auxiliary_Sphere	麦积区 dem 数据

任务实施

①启动 ArcMap，加载数据"tin_TinRaster"。

②打开【等值线】工具，输入转换参数，在对话框中输入栅格数据，输出等折线要素数据，然后输入等值线间距，用以控制等高线疏密，这里输入"100"，其他两项保持默认。输入完成点击【确定】，如图 4-25 所示。

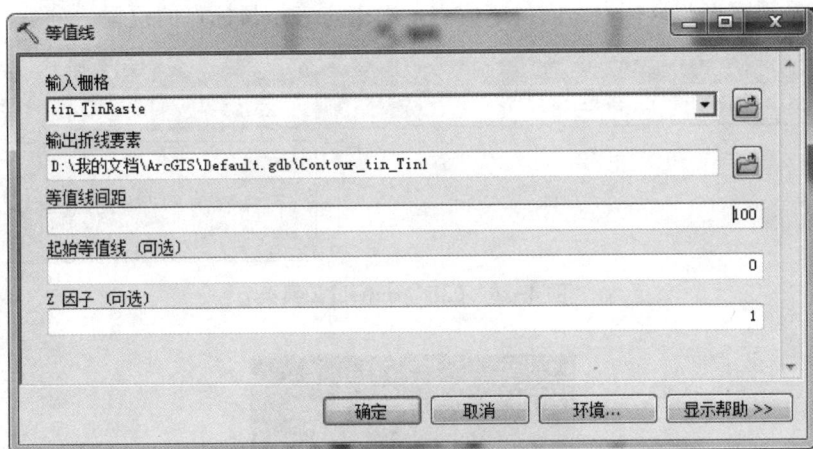

图 4-25 【等值线】工具对话框

思考与练习

使用【等值线】工具，提取等高线数据。

任务 4-4-7 DEM 可视化分析

工作任务

任务描述：

通过高程 DEM 数据，可以做很多附加的分析处理，如通过 ArcGIS 进行可视化分析，分析信号是否有遮挡、视线是否通畅等。本任务要求掌握 DEM 可视化分析的原理及相关步骤。

任务分析：

1. 使用【3D Analyst】工具，对 DEM 进行可视化分析。

2. 使用【视域】工具，对 DEM 进行可视区域分析。

工具材料(表 4-21)：

表 4-21 数据材料

名称	格式	坐标系	说明
tin_TinRaster	栅格格式	WGS_1984_Web_Mercator_Auxiliary_Sphere	麦积区 DEM 数据

○ 任务实施

①启动 ArcScene，加载数据"tin_TinRaster"。

②可视化分析。打开【3D Analyst】工具，在出现的工具条上点击 （创建视线）按钮（图 4-26），然后在地图上画线，指定起点和终点。视线效果如图 4-27 所示，图中浅色的线段代表观察点可见的区域，深色的线段代表观察点阻碍的区域，左下点代表观察点的位置，中间点是观察点与目标点之间的障碍点，右上点表示目标点的位置。

图 4-26 【3D Analyst】工具条

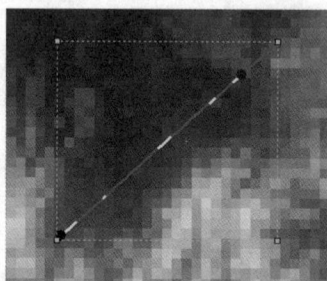

图 4-27 视线效果

③可视区域分析。打开【视域】工具对话框，输入视域参数，点击【确定】，如图 4-28 所示。结果图中深色为不可见区域，浅色为可见区域，如图 4-29 所示。至此完成 DEM 的可视化分析。

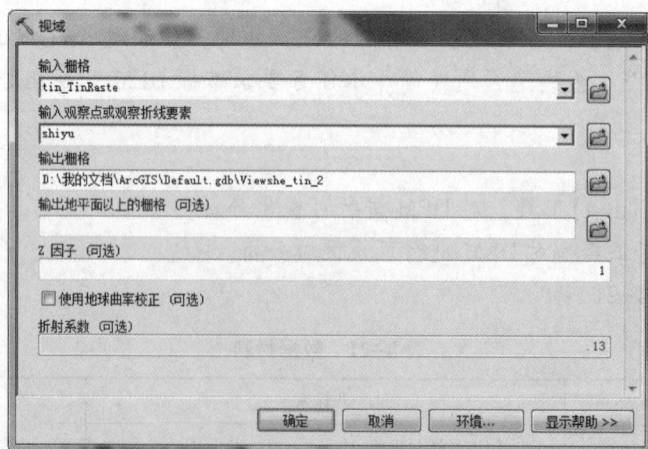

图 4-28 【视域】工具对话框

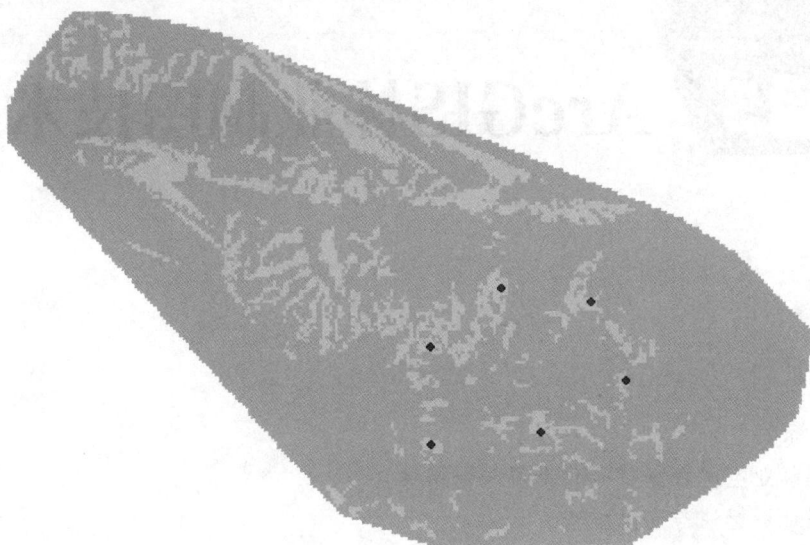

图 4-29　视域分析结果

思考与练习

1. 使用【3D Analyst】工具，对 DEM 进行可视化分析。
2. 使用【视域】工具，对 DEM 进行可视区域分析。

项目5 ArcGIS林业制图技术实践

学习目标

知识目标：

1. 掌握林业空间数据符号化设置与使用方法。
2. 掌握地图标注与注记方法。
3. 掌握地图标注的内容与方法。
4. 掌握林业专题制图的版面修饰要素内容与方法。
5. 熟悉林业专题地图制图的输出与打印。

技能目标：

1. 会进行林业地图数据符号化处理。
2. 能够进行符号的设置、修改及创建工作，并将其灵活应用于林业生产实际。
3. 会使用 ArcGIS 中的样式管理器。
4. 会制作点状符号、线状符号、面状符号。
5. 会制作林业图式符号。
6. 会进行林业地图的注记。
7. 能够根据生产实际，创建所需的样式符号库，解决实际生产问题。
8. 能够进行地图标注，改善地理信息的可视化效果。
9. 能够进行地图的版面设计，并打印输出。

素质目标：

培养学生正确的工作态度和对工作的责任心。

知识准备

地图是用来表达地理要素信息的，但有时候只将要素显示在地图上，或者用各种符号来表示地理要素还不能够完整地表达要素信息，这就需要使用文字、图表等方式来对地图进行补充说明，以便更加有效地进行地图信息的传输或表达。地图中地理要素的文字或其他说明被称为标注(lable)。

1. 标注基本概念

标注是在地图中显示要素放置的描述性文本信息，标注可以帮助使用者更好地理解地图。如何标注地图取决于显示数据的类型及标注的要素和用途。

(1)什么是标注

一般来说，标注是将描述性文本放置在地图中的要素上或要素旁的过程。在 ArcGIS 中，标注特指自动生成和放置地图要素的描述文本的过程。标注是动态放置于地图上并且字符串内容是从一个或多个要素获得的文本信息。

(2)标注的特点

在 ArcGIS 中，标注有如下特点：

①标注位置是自动生成的；

②标注不可选；

③不能编辑单个标注的显示属性。

对于许多要素，标注在将描述性文本添加到地图的过程中非常有用。标注是一种向地图添加文本的快速方法，并且它可免除为每个要素手动添加文本的麻烦。另外，ArcMap 的标注过程将动态生成和放置文本。在数据可能发生更改或将以不同的比例创建地图的情况下，标注会非常有用。

2. 样式的基本概念

样式是 ArcGIS 提供的用于管理、存储、组织和共享符号的一种容器，它将点、线、面和文本符号组织成一个样式文件(* . style)，以便于在不同的地图文档中共享符号库。样式管理器用于对不同类别的地图要素、标注类型、色彩方案等进行统一管理。

根据符号绘制的几何类型，可将样式分为 4 类：标记、线、填充和文本。

标记符号：用于显示点位置或装饰其他符号类型。

线符号：用于显示线性要素边界。

填充符号：用于填充面或其他区域。

文本符号：用于设置标注和注记的字体、字号、颜色及其文本属性。

当所选符号不满足要求时，可以修改符号属性，但不会改变样式文件中原有属性。如果需要将修改过的符号重复使用或在别的地图文档中共享使用，需另存为样式符号。

3. 地图数据符号化

地图数据符号化处理是针对空间数据以图形方式对地图中的地理要素、标注、注记进行描述、分类和排列，以找出并显示定性和定量关系的过程。

无论什么要素都可以通过要素的属性特征采取单一符号化、定性符号化、定量符号化、统计图表符号化、组合符号化等表示方法实现数据的符号化。

(1)单一符号化

单一符号化采用统一大小、统一形状、统一颜色的符号来表达同一个要素类的所有要素而不管要素本身在质量、数量和大小方面的差异。但单一符号化不能反映地图要素的数量差异。

(2)定性符号化

定性符号化是对属性值为字符型、整数型的属性进行分类，有相同的属性值的要素应用相同的符号，属性值不同的要素使用不同的符号。

定性符号化包括：唯一值，唯一值多字段，与样式中的符号匹配。

①唯一值。根据属性值的不同，给每个唯一值指定不同的符号。

②唯一值多字段。使用多个字段的唯一值的组合来指定要素的符号。

③与样式中的符号匹配。将图层类别字段值与所引用的样式中的符号名称进行匹配，匹配成功后的符号用来符号化相应的类别。

（3）定量符号化

定量符号化针对属性表中的数值字段，特别是连续的属性值进行分类显示。定量符号化包括以下4类。

①分级色彩。将要素属性值按照一定的分类方法分成若干类，然后用不同的颜色表示不同的类，特别适用于面要素。

②分级符号。将面要素属性值按照一定的分类方法分成若干类别，然后用不同的符号表示不同的类别。

③比例符号。不进行分类，而是根据属性值调节每个符号的大小来描述属性，即按照一一对应的比例关系来确定与制图要素属性值相对应的符号大小。

④点密度。应用一定大小的点状符号表示一定数量的制图要素，或表示一定范围内的密度数值，即数值较大的区域点值符号较多，数值较小的区域点值符号较小。

（4）统计图表符号化

统计图表符号化用于表示制图要素的多项属性。常用的统计图表有：饼图，用于表示制图要素整体属性与组成部分之间的比例关系；条形图、柱状图，用于表示制图要素的多项可比较属性或者表示变化趋势；堆叠图，可显示不同类别的数量。

（5）组合符号化

组合符号化即利用不同的符号参数来表示同一地图要素的不同属性信息。

任务 5-1　林业空间数据符号化

○ 工作任务

任务描述：

地图数据的符号化显示可以将地图表现得更具有专业性、直观性等，方便地图使用者利用地图解决日常工作中的问题。

本任务将详细讲解 ArcMap 中的【图层属性】功能，要求掌握不同符号化处理的方法。

任务分析：

1. 启动【图层属性】窗口。

2. 切换至【符号系统】标签，选择符号化类型。

3. 在【符号系统】窗口的【显示】框中选择要设置的相应符号化图层属性字段，并设置完成相应符号化处理。

工具材料(表 5-1、表 5-2)：

表 5-1　应用工具及工具位置

工具名称	工具位置
图层属性	【鼠标双击操作处理图层】或鼠标右键单击【操作图层】选择列表【属性命令】
符号系统	【图层属性】—【符号系统】
符号化类型	【符号系统】—【显示】列表

表 5-2　数据材料

名称	格式	坐标系	说明
Data	SHP/GDBG 格式等	Xi'an80	点、线、面等要素图层

○ 任务实施

1. 单一符号显示

①在 ArcMap 中打开地图文档，右键单击内容列表中要使用单一符号绘制的图层，然后在弹出的快捷菜单中单击【属性】，弹出【图层属性】对话框，如图 5-1 所示。

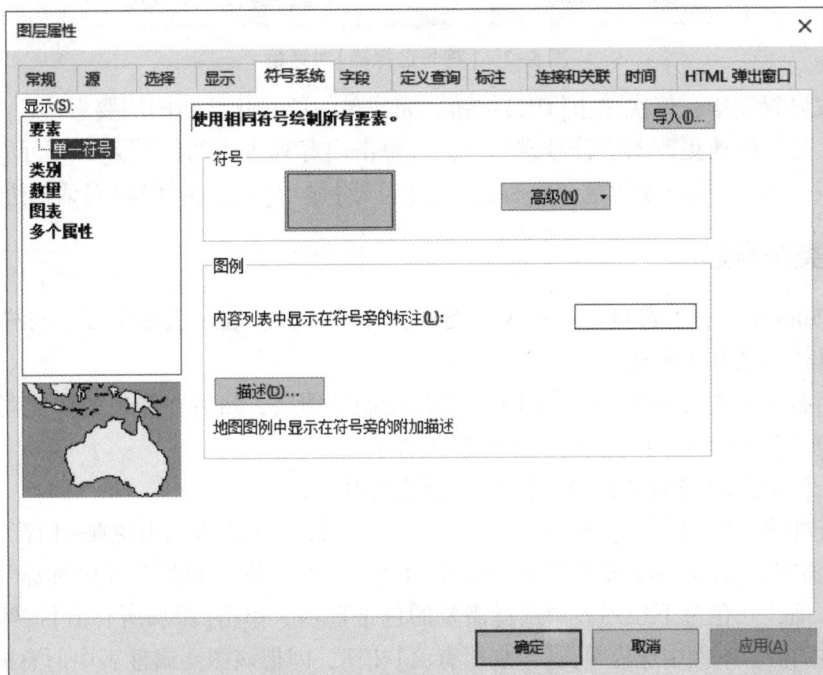

图 5-1　【图层属性】对话框

②单击【图层属性】对话框中的符号系统选项卡。

③单击对话框左侧【显示】框中的【要素】—【单一符号】，则对话框内出现单一符号化界面，单击【符号】栏目下方的▭(符号图形)按钮，如图 5-1 所示。

④在弹出的【符号选择器】中选择相应的符号，如图 5-2 所示，并可以通过修改右侧的参数来设置符号的显示效果。

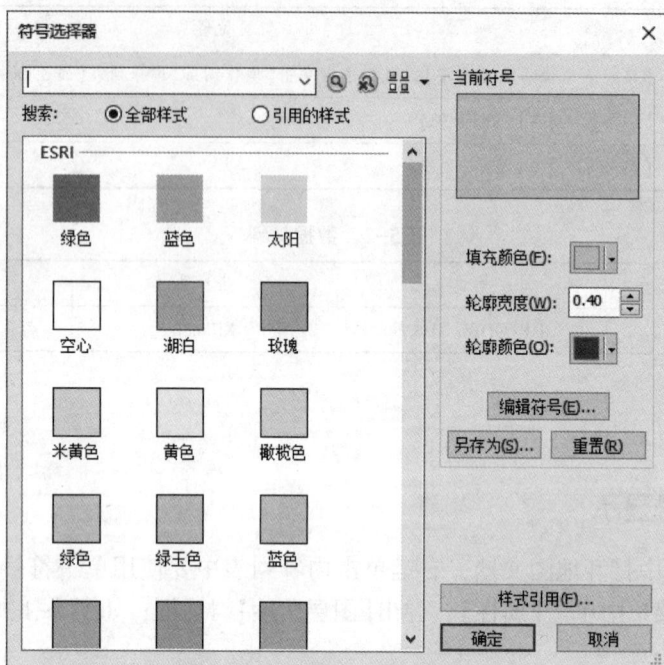

图 5-2 【符号选择器】对话框

⑤参数设置完毕，依次单击【OK】按钮，完成单一符号化绘制图层要素。

提示：想要快速更改图层符号或颜色，可单击内容列表中的【符号】以显示【符号选择器】对话框；如果只想更改颜色，可右键单击【符号】显示【颜色选择器】对话框进行修改。

2. 分类符号显示

在 ArcMap 中，分类符号显示有 3 种类别，即唯一值、唯一值多字段、与样式中的符号匹配。具体方法和步骤如下。

①在内容列表中右键单击要使用单一符号绘制的图层，然后在弹出的快捷菜单中单击【属性】，弹出【图层属性】对话框，如图 5-3 所示。

②单击【图层属性】对话框中的【符号系统】选项卡。

③单击对话框左侧【显示】框中的【类别】—【唯一值】，则对话框内出现唯一值符号化界面。

④在【值字段】下拉列表框中选择一个作为唯一值的字段，如图 5-3 中选择"NAME"字段作为唯一值，在色带下拉列表中选择需要的色带选项。单击【添加所有值】按钮为分类添加划分的类别值。本例中选择单击【添加所有值】按钮，即把该图层属性表中所有的"NAME"字段的取值全部作为分类基础进行唯一值分类。

⑤可以根据需要自定义设置不同分类的标注名称，并且显示不同类别下的要素计数。若想改变显示标注名称，单击某一类型的标注名称，则该标注高亮显示，输入待显示的名称即可，如图 5-4 所示。

图 5-3　【图层属性】对话框

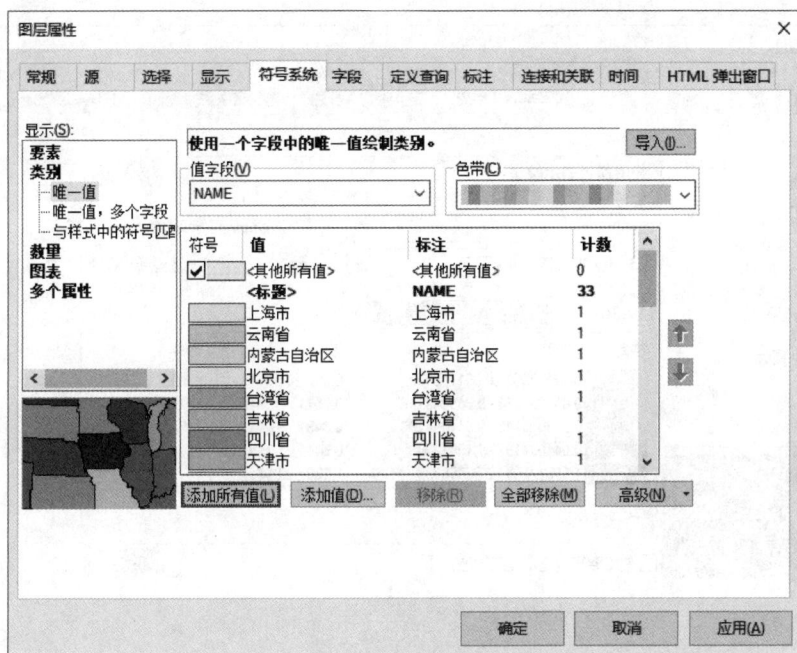

图 5-4　注记名称修改

3. 分类显示

在 ArcMap 中要显示地图中某种事物的数量时，需要对要素使用与数量相关的度量。要素的数值属性可用于显示图层的数量。在图层显示中使用的数值测量值可表示数、比率（如百分比）、等级（如高、中或低）等内容。在地图中可通过多种方法在地图上表示数量，如使用颜色分级、分级符号、比例符号、点密度或图表。

（1）颜色分级

①在内容列表中，右键单击待进行类别组合的图层，在弹出的菜单中点击【属性】。

②在弹出的【图层属性】对话框中单击【符号系统】标签，进入【符号系统】选项卡。

③在【显示】框中，单击【数量】—【渐变色】选项，如图 5-5 所示。

④在【字段】栏目下方的【值】下拉列表框中选择用来分级的字段。

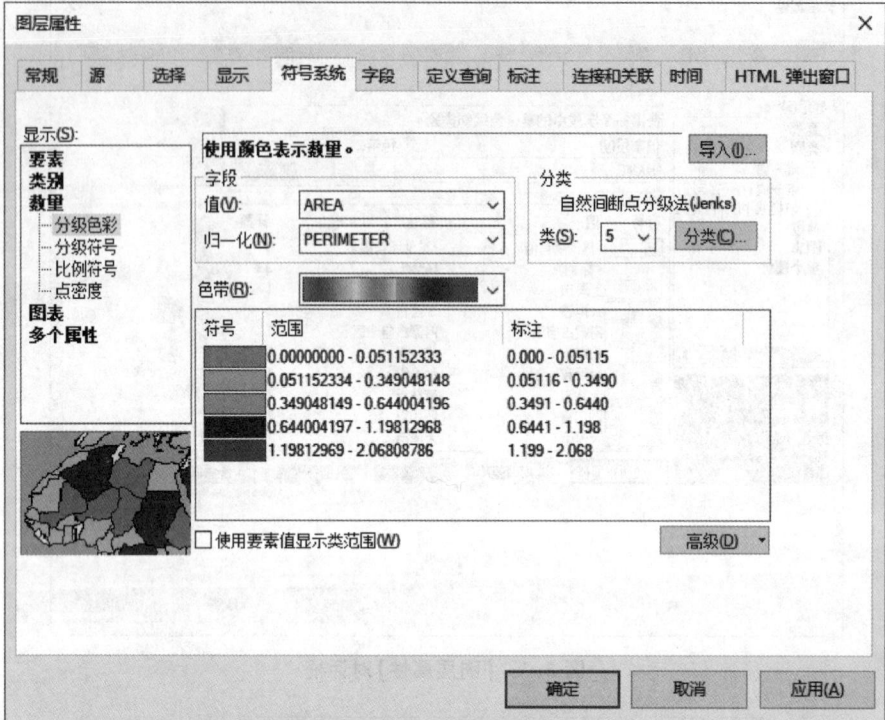

图 5-5 【渐变色】选项

⑤如果需要对数据进行标准化，则在【归一化】下拉列表框中选择合适的字段。

⑥在【色带】下拉列表框中选择所需要的颜色序列。

⑦在【分类】栏目下方的【类】下拉列表中选择要分类的类别数，默认情况下为"5"。

⑧如果需要对分级的方法进行调整，可以单击【分类】按钮，在弹出的【分类】对话框中进行调整，如图 5-6 所示。

⑨在【分类】对话框中的【分类】栏目下方的【方法】下拉列表中可以选择分级的方法，选择好分级方法后，单击【OK】按钮，完成分级方法的设置。

⑩单击【确定】按钮，完成数量的颜色分级。

（2）分级符号

分级符号渲染器是用于表示定量信息的常见渲染器类型之一。使用分级符号渲染器可将字段的定量值分组为已排序类。在一个类中，所有要素都使用相同的符号进行绘制。系统会按从小到大的顺序为每个类分配分级符号。

对图层使用分级符号时，对数值数据进行分类是一个非常关键的设计步骤。下面介绍分级符号使用方法和步骤。

①在内容列表中，右键单击待进行类别组合的图层，在弹出的菜单中点击【属性】。

②在弹出的【图层属性】对话框中单击【符号系统】标签，进入符号系统选项卡。

③在【显示】框中，单击【数量】—【分级符号】选项，如图 5-7 所示。

④在【字段】栏目下方的【值】下拉列表框中选择用来分级的字段。

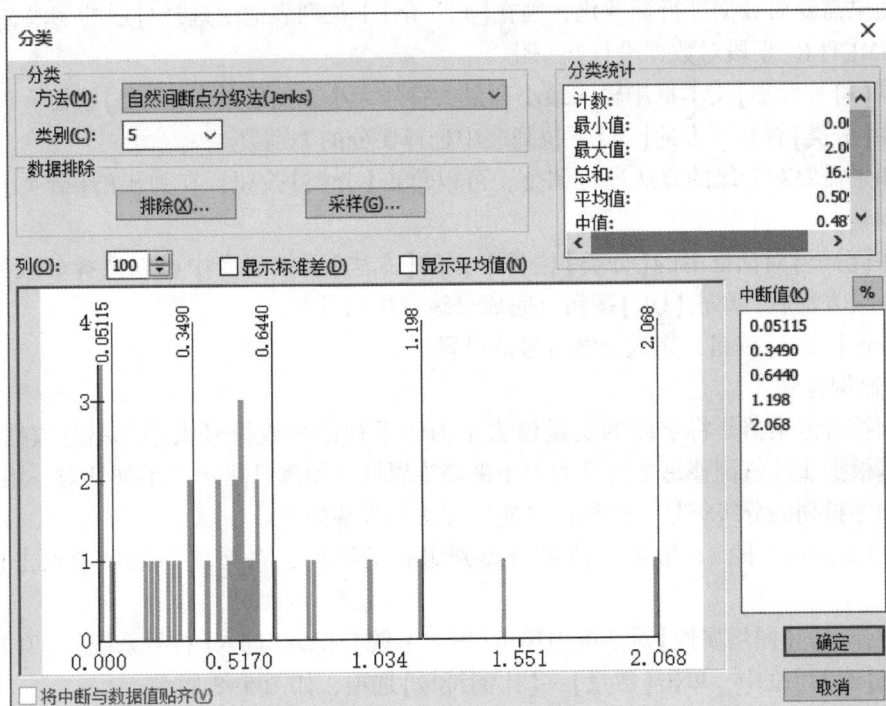

图 5-6　【分类】对话框

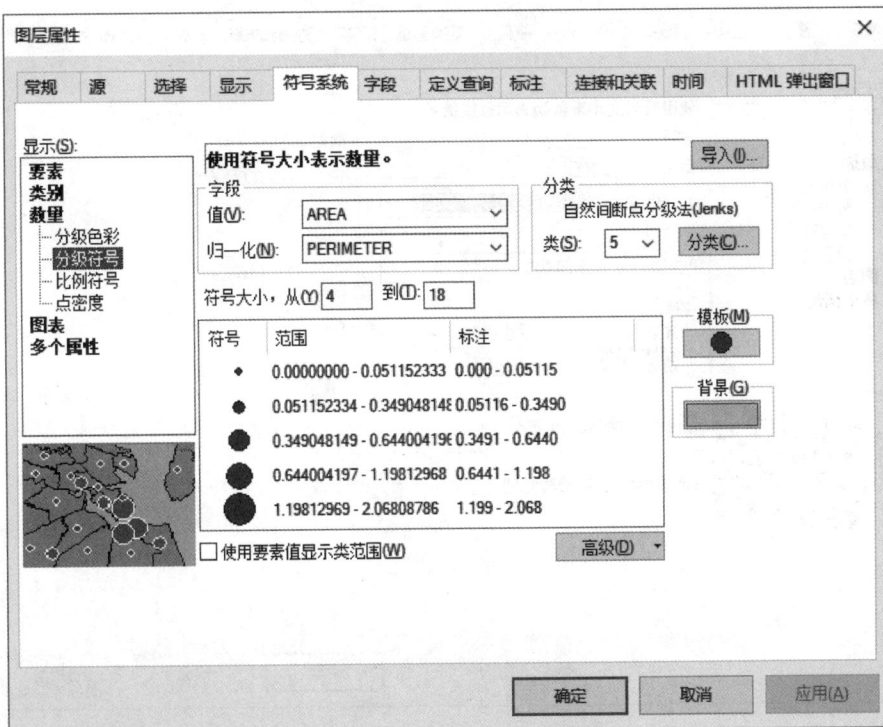

图 5-7　【分级符号】选项

⑤如果需要对数据进行标准化，则在【归一化】下拉列表框中选择合适的字段，此处选择"PERIMETER"字段对数据进行归一化。

⑥在【符号大小】文本框中输入最小和最大符号大小，然后单击【分类】按钮。

⑦在【分类】栏目下方的【类】下拉列表中选择要分的类别数。

⑧如果需要对分级的方法进行调整，可以单击【分类】按钮，在弹出的【分类】对话框中进行调整。

⑨在【分类】对话框中的【分类】栏目下方的【方法】下拉列表中可以选择分级的方法，选择好分级方法后，单击【OK】按钮，完成分级方法的设置。

⑩单击【确定】按钮，完成分级符号的设置。

（3）比例符号

比例符号渲染器是将字段的定量值表示为一系列的分级符号大小。不对数据进行分类，而是根据属性值调整每个符号的大小来描绘属性。图例可显示一系列针对一组值以从小到大顺序排列的分级符号。比例符号使用方法和步骤如下。

①在内容列表中，右键单击待进行类别组合的图层，在弹出的菜单中点击【属性】命令。

②在弹出的【图层属性】对话框中单击【符号系统】标签，进入【符号系统】选项卡。

③在【显示】框中，单击【数量】—【比例符号】选项，如图5-8所示。

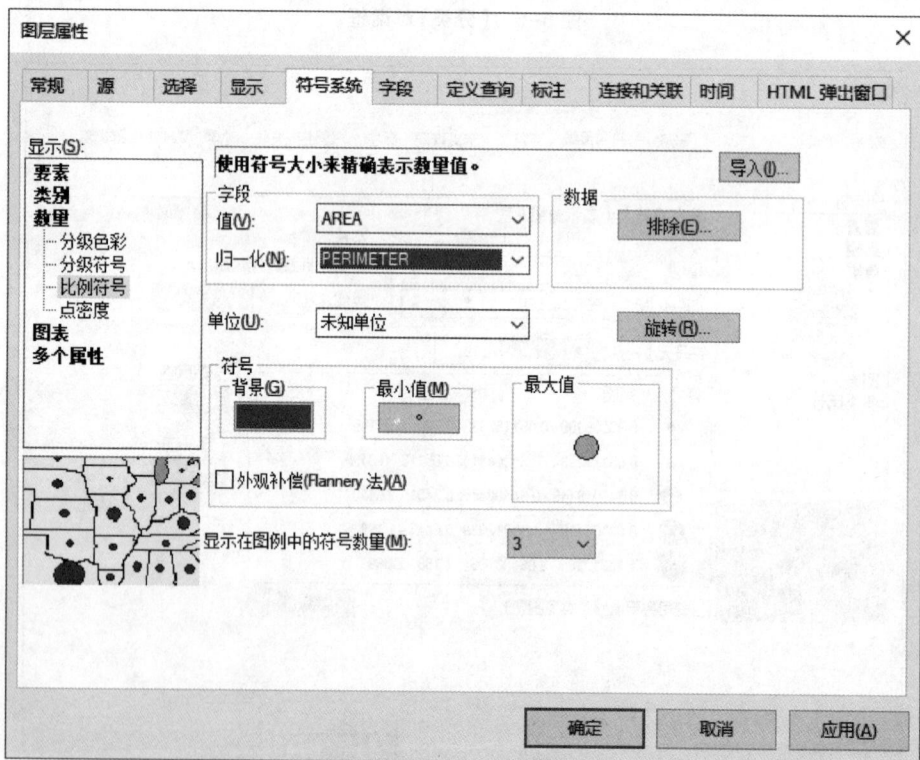

图5-8 【比例符号】选项

④在【字段】栏目下方的【值】下拉列表框中选择用来分级的字段。

⑤如果需要对数据进行标准化，则在【归一化】下拉列表框中选择合适的字段，此处选择"PERIMETER"字段对数据进行归一化。

⑥如果单位是未知单位，则可以通过【符号】—【背景】按钮██████和【符号】—【最小值】按钮████选择，如图 5-8 所示。在弹出的【符号选择器】对话框中设定符号的背景色和最小符号，如图 5-9 所示。未知单位可用于为最小值设置最小符号大小，以根据最小值符号大小和字段值计算最大值符号大小。

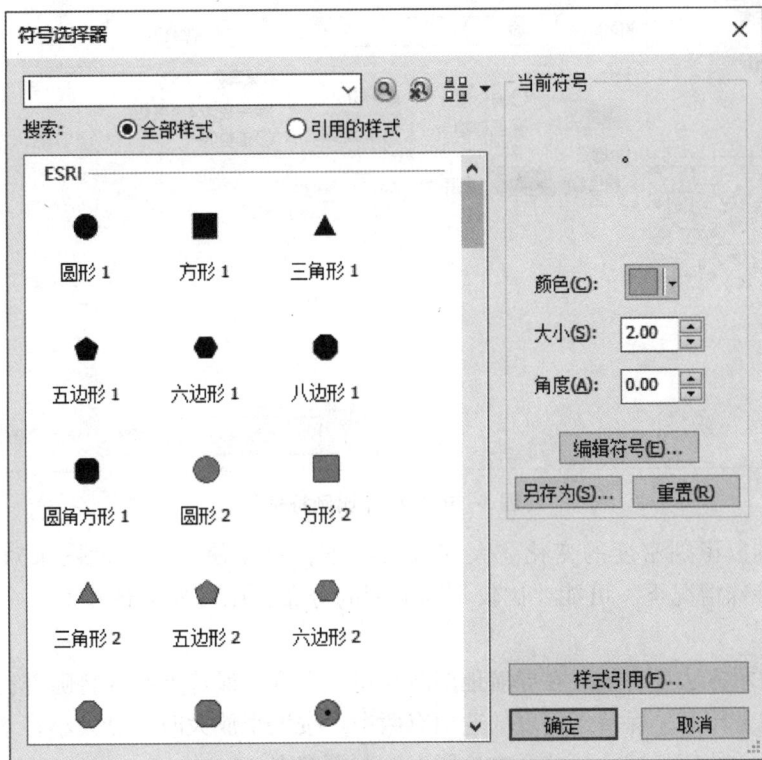

图 5-9　【符号选择器】对话框

⑦如果单位是米等已知单位，则符号的选择只能是方块或者圆圈，但却增加了对外轮廓的设置；还可以通过数据表示下方勾选项选择数据代表的是距离还是面积，如图 5-10 所示，并设置用于调整比例符号大小的单位。系统会将单位乘以字段值来设置符号大小（以地图单位为符号设置依据）。

⑧单击【确定】按钮，完成比例符号的设置。

（4）点密度

点密度渲染器基于每个面的字段值将字段的定量值表示为一系列图案填充。不对数据进行分类，而是会基于字段值，用点来填充各个面，每个点都代表一个特定值。

创建点密度图时，可以指定每个点所表示的要素数量以及点的大小。我们可能需要尝试很多不同的数量和大小组合，以便找到最适合显示该图案的组合。通常，应当选取合适的值，以确保在形成固体区域时，这些点不会太接近以致图案变得模糊，也不会相

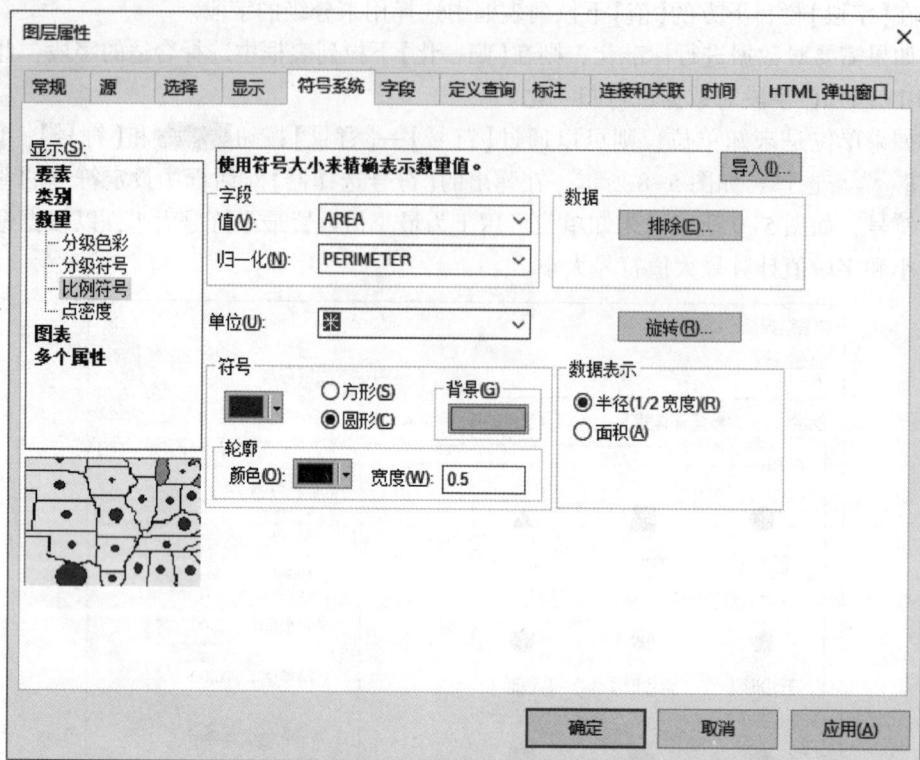

图 5-10 设置【比例符号】

隔太远以致难以识别密度的变化。大多数情况下,只需使用点密度图来对一个字段绘图。在一些特殊情况下,可能要比较不同类型的分布,则可能会选择对 2 个或 3 个字段绘图。

指定点表示方法后,最好在导航地图时保持点密度。保持点密度将随着比例的变化来保留地图的视觉印象。保持点密度的选项有两个:按大小放大时,点大小将增大;按值放大时,由点表示的值将减小,并会在地图上绘制更多点。

保持密度选项是与比例相关的。如果选择保持密度,则会对地图的当前比例进行更改。可以使用【图层属性】对话框中的【符号系统】选项卡来指定如何通过点密度渲染器来显示图层。点密度符号设置的方法和步骤如下。

①在内容列表中,右键单击待进行类别组合的图层,在弹出的菜单中点击【属性】。

②在弹出的【图层属性】对话框中单击【符号系统】标签,进入符号系统选项卡。

③在显示列表框中,单击【数量】—【点密度】符号选项,如图 5-11 所示。

④在【字段选择】列表框中选择用来分级的字段,将其设置为点密度字段,然后点击右侧的【向右】按钮 > ,添加该字段到右边的符号列表框中。可以添加多个字段来设置密度字段,如图 5-11 所示。

⑤在左下角可以看到密度的预览图,双击右侧【符号】列表框中的符号,将弹出【符号选择器】对话框,在该对话框中可以设置符号的样式、大小、颜色等参数。

⑥在【密度】栏目下方的【点大小】文本框中输入点的大小,在点值文本框中输入单点

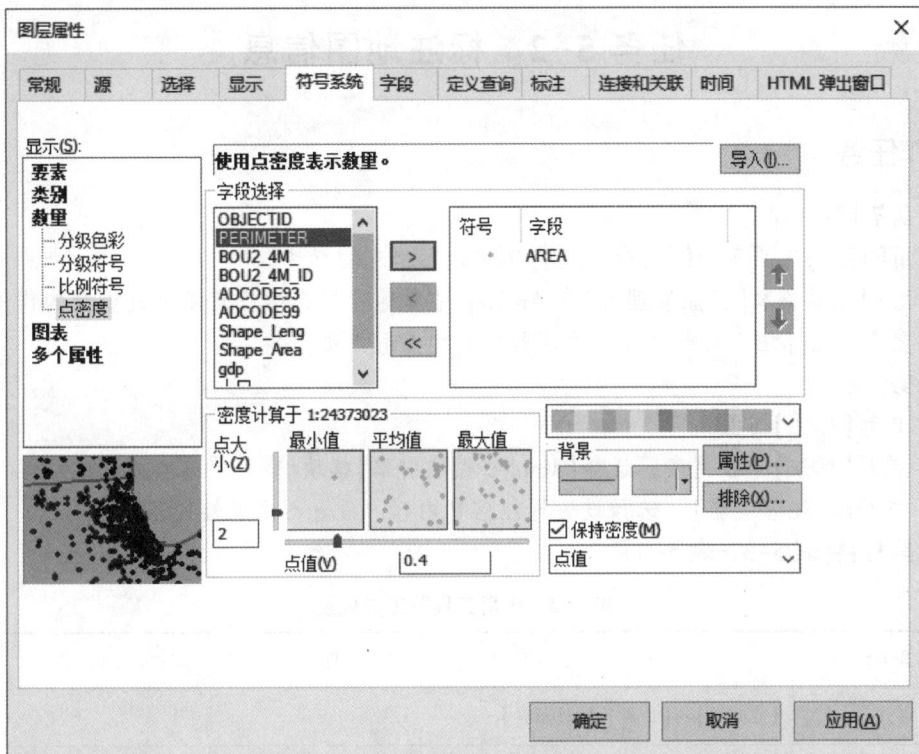

图 5-11　设置【点密度】

所代表的数值。本图例中选择默认值，点的大小是"2"，单点所代表的数值是"20 万"，如图 5-11 所示。

⑦勾选【保持密度】复选框，则在地图中进行放大缩小操作时，点的大小会随着窗口的变化而变化。

⑧单击背景——▬▬▬（下拉外轮廓）按钮，则弹出【符号选择】对话框，在该对话框中可以设置要素外轮廓颜色和宽度。

⑨单击背景——▭▾（下拉颜色）按钮，则弹出【颜色选择】对话框，在该对话框中可以设置背景颜色。

⑩单击【确定】按钮，完成点密度图的设置。

○ 思考与练习

1. 什么是地图数据的符号化？

2. 在 ArcMap 系统中如何实现地图数据的单一符号显示和分类符号显示？

3. 以实训数据为例阐述实现数量的颜色分级步骤。

4. 以实训数据为例如何实现点密度图的创建？

5. 设置图层透明度的作用是什么？以实训数据为例加以说明。

6. 简单说明设置参考比例尺在 ArcMap 系统中的作用。

任务 5-2　标注地图信息

工作任务

任务描述：

使用【标注】工具条和【标注管理器】实现地图信息的标注。

【标注】工具条和【标注管理器】在 ArcMap 中对地理信息标注有着至关重要的作用，本节任务重点介绍标注工具条和标注管理器功能和使用方法。

任务分析：

1. 启动【标注】工具条。
2. 展开【标注】下拉列表，选择【Maplex 标注引擎】模块。
3. 打开【标注管理器】，选择设置标注信息内容，设置图层属性内容标注。

工具材料（表 5-3、表 5-4）：

表 5-3　应用工具及工具位置

工具名称	工具位置
标注	【自定义】—【工具条】—【标注】
Maplex 标注引擎	【标注】工具条—【标注】下拉列表
标注管理器	【标注】工具条—【标注管理器】按钮

表 5-4　数据材料

名称	格式	坐标系	说明
Data	SHP/GDBG 格式等	西安 80	点、线、面等要素图层

任务实施

1. 打开标注工具

①【标注】工具条中包含多个可用于控制 ArcMap 中标注的按钮，打开【标注】工具条的操作如下：在 ArcMap 主菜单中，选择【自定义】—【工具条】—【标注】；打开 Labeling 标注工具条，如图 5-12 所示。

图 5-12　【标注】工具条

②【标注管理器】对话框中同时可以管理数据组中的多个图层，可以创建和管理地图中的标注分类，也可以查看和更改地图中所有标注分类的标注属性（图 5-13），无须反复查看【图层属性】对话框。

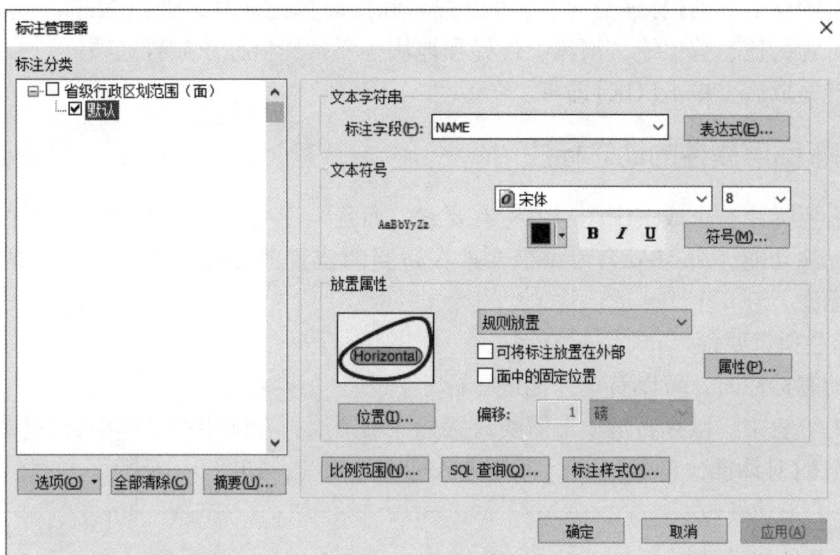

图 5-13　【标注管理器】对话框

2. 标注设置的基本方法

①单击【标注】工具条上【标注】后的下拉箭头，选择
【使用 Maplex 标注引擎】，激活 Maplex 标注引擎，如图 5-14
所示。打开【标注管理器】对话框，如图 5-15 所示。

②选中要标注的图层，可以通过为标注分类指定名
称或从图层的符号系统为地图中的图层创建标注分类，
也可以选择默认的标注分类。

图 5-14　【标注】工具条

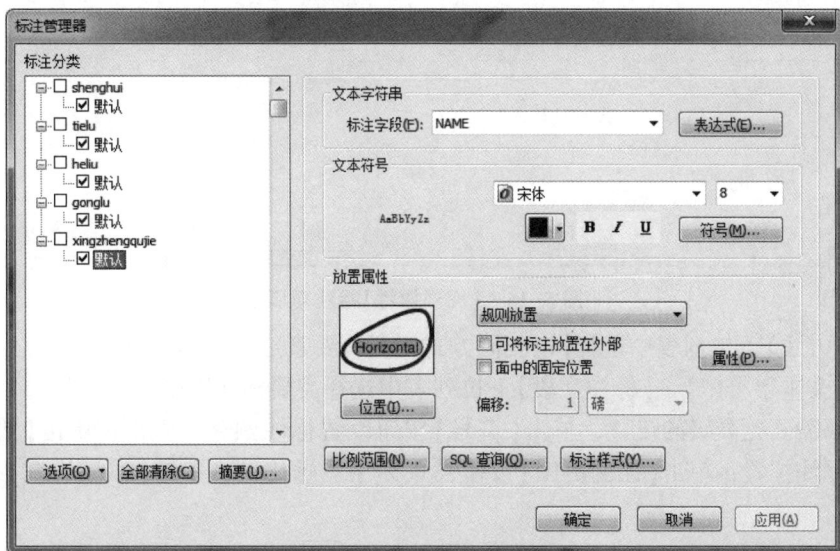

图 5-15　打开【标注管理器】

③单击图层下方的【标注分类】，可以查看和修改标注属性，通过 Maplex 标注引擎参数启用，可为街道、等值线、河流、边界和地块等要素提供标注放置选项。

④设置完成后，单击【OK】即可。

3. 基于图层属性的动态标注

如果需要标注一个或多个图层的所有要素，而且标注的内容包含在属性表中，就可以使用动态标注功能，ArcMap 会为每个要素在适当的位置放置标注，也可以只显示图层要素子集的标注。

(1)标注指定要素

进行动态标注时，可以有选择地进行标注。

①在内容表中，鼠标右键单击需要放置标注的图层，在弹出的菜单中选择【属性】，打开【图层属性】对话框，单击【标注】标签进入标注选项卡，如图 5-16 所示。

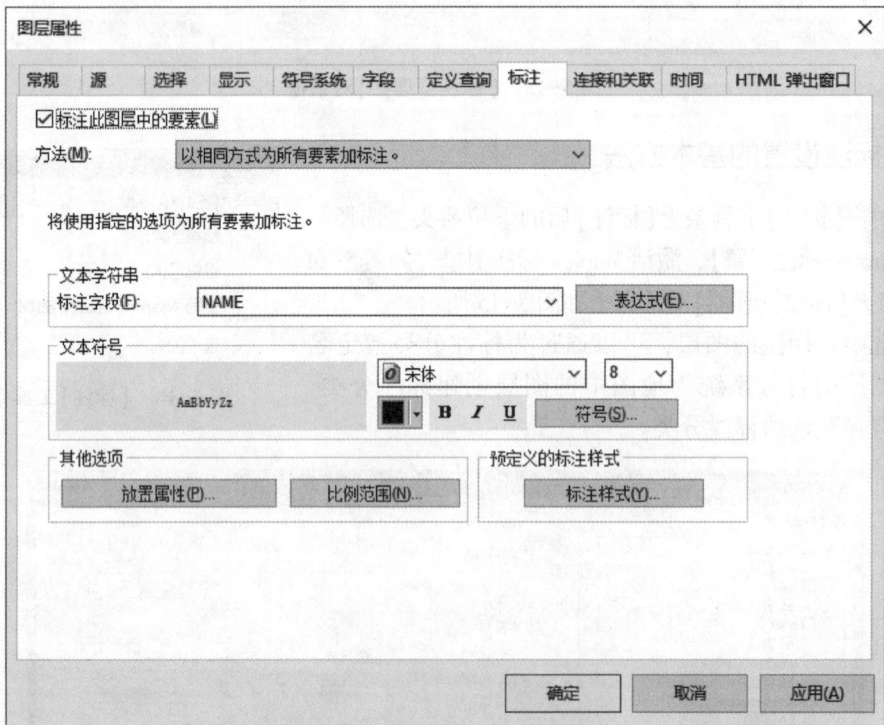

图 5-16 【图层属性】标注窗口

②在【方法】下拉列表中选择【以相同方式为所有要素加标注。】选项。

③在【文本字符串】—【标注字段】下拉列表中选择需要标注字段。

④如果需要更高级的设置，单击【符号】按钮设置标注颜色、大小；单击【放置属性】按钮设置标注位置；单击【比例范围】按钮设置标注显示比例；单击【标注样式】按钮设置标注字体。

⑤启动【绘图】工具条，在【绘图】工具栏，单击 **A ▾**（文本）按钮，选择 **A** 文本（文本样式）选项，如图 5-17 所示。

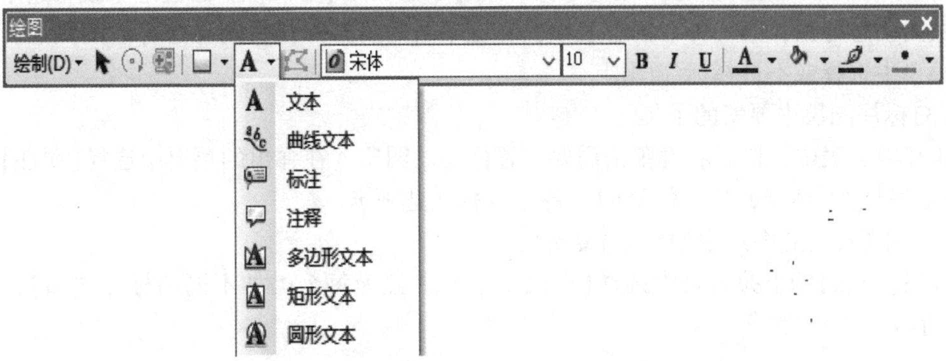

图 5-17　文本样式选择列表

⑥点击【标注样式】按钮，在弹出的【标注样式选择器】对话框中选择适合的标注样式，如图 5-18 所示。

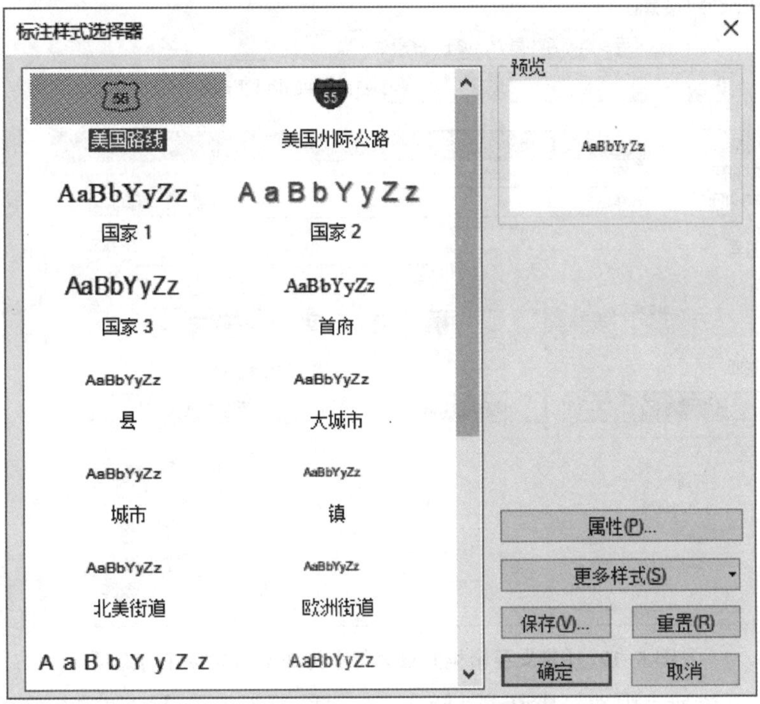

图 5-18　【标注样式选择器】对话框

（2）动态标注图层中的全部要素

①在内容列表中，鼠标右键单击需要放置标注的图层，在弹出的菜单中选择【属性】，打开【图层属性】对话框，单击【标注】标签进入【标注】选项卡。

②选中【标注此图层中的要素】复选框。

③在【方法】下拉列表中选择【以相同方式为所有要素加标注。】选项，如图 5-16 所示。

④在【文本字符串】—【标注字段】下拉列表中选择需要标注的字段。ArcMap 会自动标注该图层所有要素。

打开关闭动态标注有两种方法：第一种在【图层属性】对话框中通过选中或不选中来打开或关闭动态标注；第二种在内容表中，右键单击需要打开或关闭动态标注的图层，在弹出的菜单中选择或不选择标注图层。

（3）标注图层中要素的子集

①在内容表中，鼠标右键单击需要放置标注的图层，在弹出的菜单中选择【属性】，打开【图层属性】对话框，单击【标注】标签进入标注选项卡。

②选中【标注此图层中的要素】复选框。

③在【方法】的下拉列表中选择【定义要素类并且为每个类加不同的标注选项】，如图5-19所示。

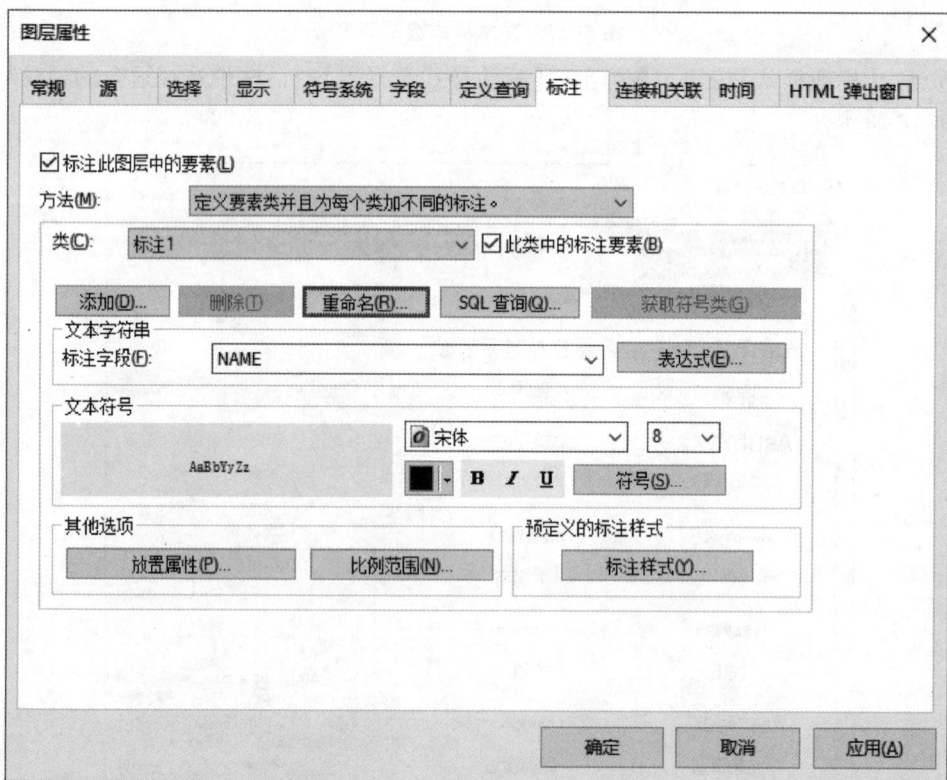

图5-19 【定义要素类并且为每个类加不同的标注。】选项

④在【类】下拉列表中选择默认类"标注1"，通过【重命名】按钮进行名称的修改，同时点击【SQL查询】按钮，在打开的【SQL查询】窗口中设置标注要素满足的条件表达式，如图5-20所示。

⑤在【文本字符串】—【标注字段】下拉列表中选择需要标注字段。

⑥如果需要更高级的设置，单击【符号】按钮设置标注颜色、大小；单击【放置属性】按钮设置标注位置；单击【比例范围】按钮设置标注显示比例；单击【标注样式】按钮设置标注字体。

⑦通过【添加】按钮，继续创建新类，并为每个新类输入标注条件，设置标注字段，以此实现不同要素不同标注效果。

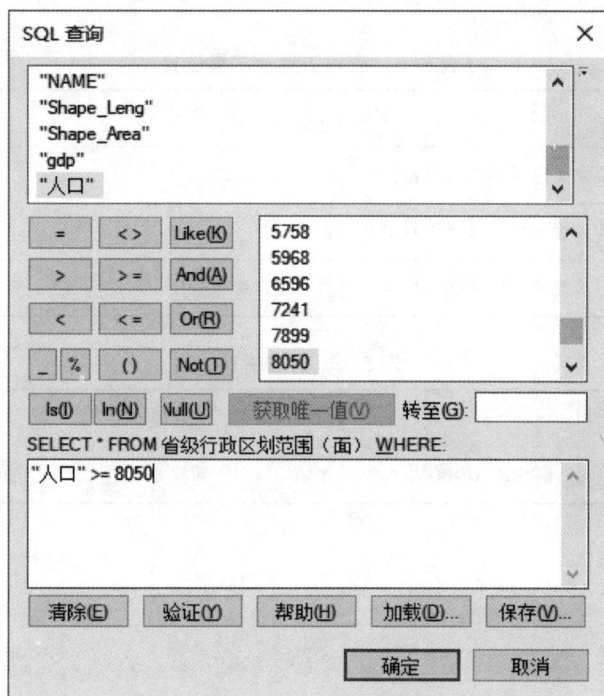

图 5-20　【SQL 查询】窗口

○ 思考与练习

1. 什么是标注?
2. 地图标注有哪些方式?
3. 【标注管理器】的作用是什么?
4. 在 ArcMap 系统有几种标注放置方式? 分别是什么?
5. 在数据视图中, 如何编辑注记要素的字体、颜色?

任务 5-3　林业地图符号的制作与管理

○ 工作任务

任务描述:
1. 对现有符号进行修改, 并保存到样式中以供重复使用。
2. 使用【样式管理器】对话框在相应的样式中(除系统自带样式)直接创建符号。

任务分析:
1. 点击菜单栏上的【自定义】下拉菜单。
2. 选择【样式管理器】。
3. 在【样式管理器】对话框点击【样式】按钮, 弹出【样式引用】窗口, 选择【创建新样式】。

工具材料(表5-5、表5-6):

表5-5 应用工具及工具位置

工具名称	工具位置
样式管理器	【自定义】—【样式管理器】
创建新样式	【样式管理器】—【样式】—【创建新样式】
符号属性编辑器	【样式管理器】—【标记符号】—【符号属性编辑器】

表5-6 数据材料

名称	格式	坐标系	说明
Data	SHP/GDBG 格式等	西安80	点、线、面等要素图层

○ 任务实施

1. 点符号制作

①打开 ArcMap,在菜单栏中,单击【自定义】—【样式管理器】,如图5-21所示。

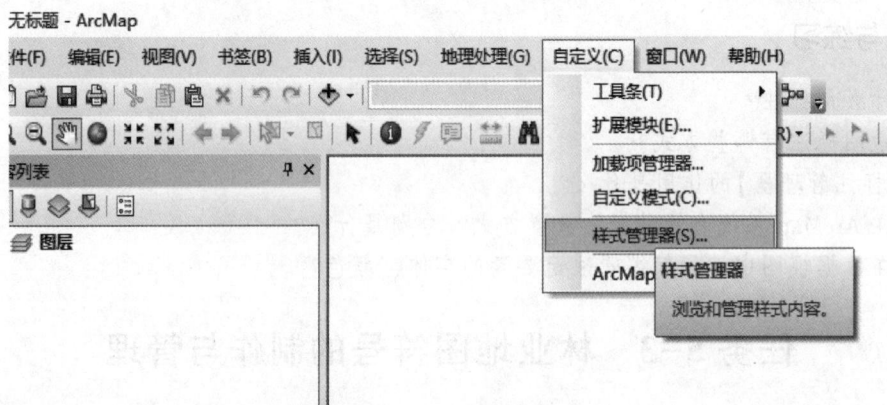

图5-21 打开【样式管理器】

②弹出【样式管理器】对话框,如图5-22所示。

③选中【样式管理器】对话框右侧列表中的【标记符号】文件夹,在【名称】列表中右击,弹出【新建】—【标记符号】,如图5-23所示。

④单击【标记符号】,弹出【符号属性编辑器】对话框,如图5-24所示。

⑤在【类型】下拉列表框中有多种类型的标记符号,可以根据自己的需求选择,如图5-25所示。

标记符号有以下4种标准类型:

简单标记符号是由一组具有可选轮廓的快速绘制基本符号模式组成的标记符号。

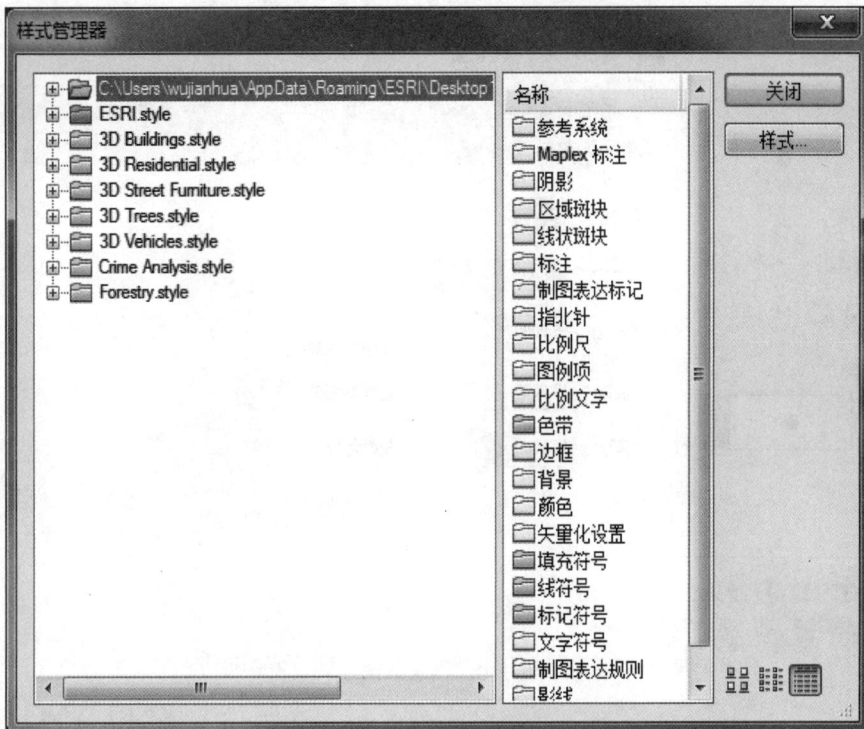

图 5-22　【样式管理器】对话框

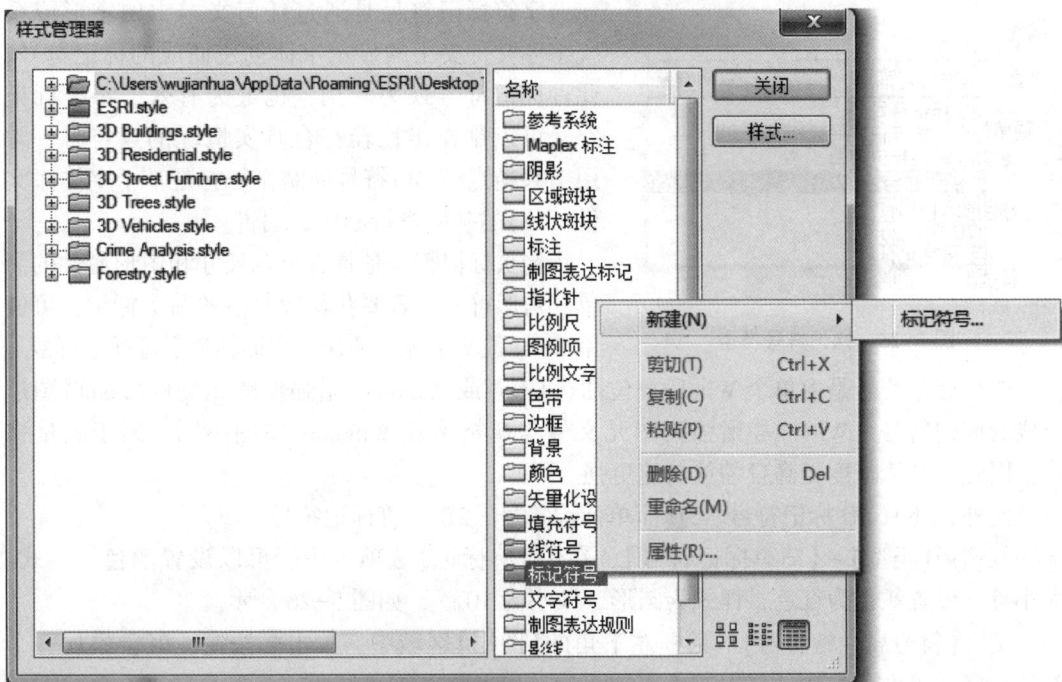

图 5-23　新建标记符号

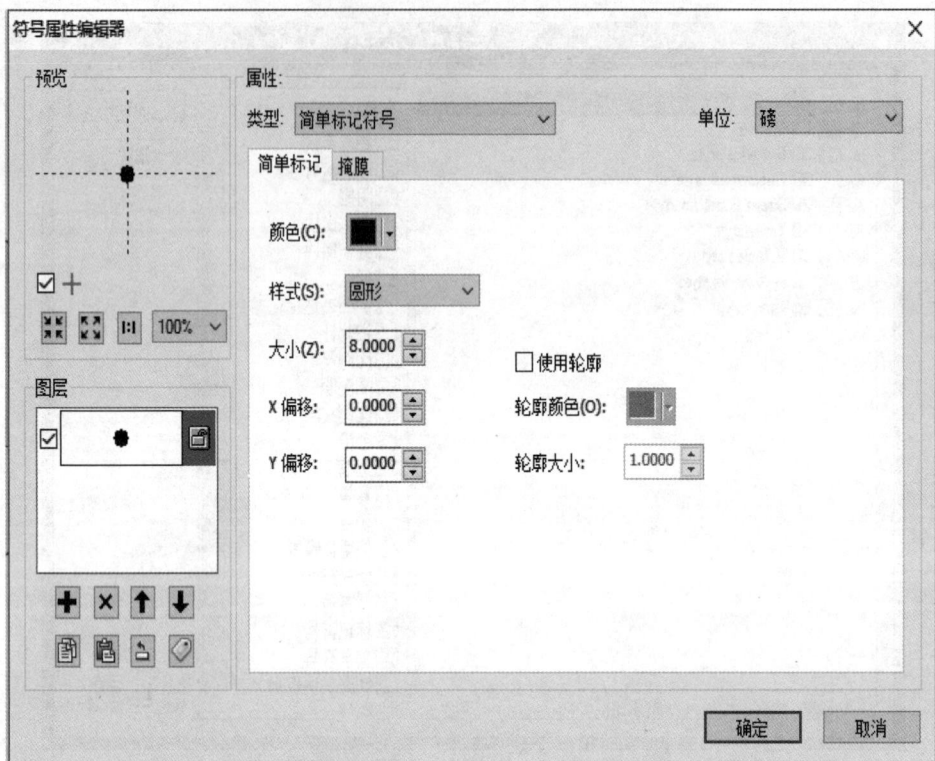

图 5-24 【符号属性编辑器】(点符号类型)对话框

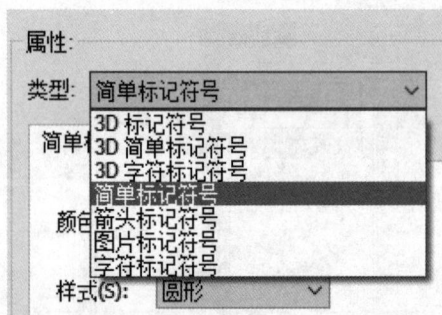

图 5-25 标记符号类型

字符标记符号是通过任何文本中的字形或系统字体文件夹中的显示字体创建而成的标记符号。此种标记符号最为常用，也最为有效，字符标记符号可以制作出比较符合真实情况的点符号，常用于兴趣点(POI)符号的制作。它是基于字体库文件(.ttf)的基础进行制作、编辑。

箭头标记符号是具有可调尺寸和图形属性的简单三角形符号。若要获得较复杂的箭头标记，可使用 ESRI 箭头字体中的任一字形创建字符标记符号。

图片标记符号是由单个 Windows 位图(.bmp)或 Windows 增强型图元文件(.emf)图形组成的标记符号。Windows 增强型图元文件与栅格格式 Windows 位图不同，属于矢量格式，因此，其清晰度更高且缩放功能更强。

此外，还有 3D 标记符号、3D 简单标记符号、3D 字符标记符号。

⑥选择【类型】—【简单标记符号】，在【简单标记】选项卡中，可以设置颜色、样式、大小等，设置颜色为红色，样式为圆形，大小为 10 磅，如图 5-26 所示。

⑦在【符号属性编辑器】对话框左下角的【图层】区域中，单击➕按钮，就会添加一个新的图层；单击✖按钮，可以删去不需要的图层；单击⬆或⬇按钮，表示可以上移或下移图层；单击按钮，表示复制图层；单击按钮，表示粘贴图层；单击按钮，表示导入

其他图层；单击☑按钮，表示编辑图层标签。

⑧点击【确定】按钮，完成一个标记符号的创建，如图 5-27 所示。

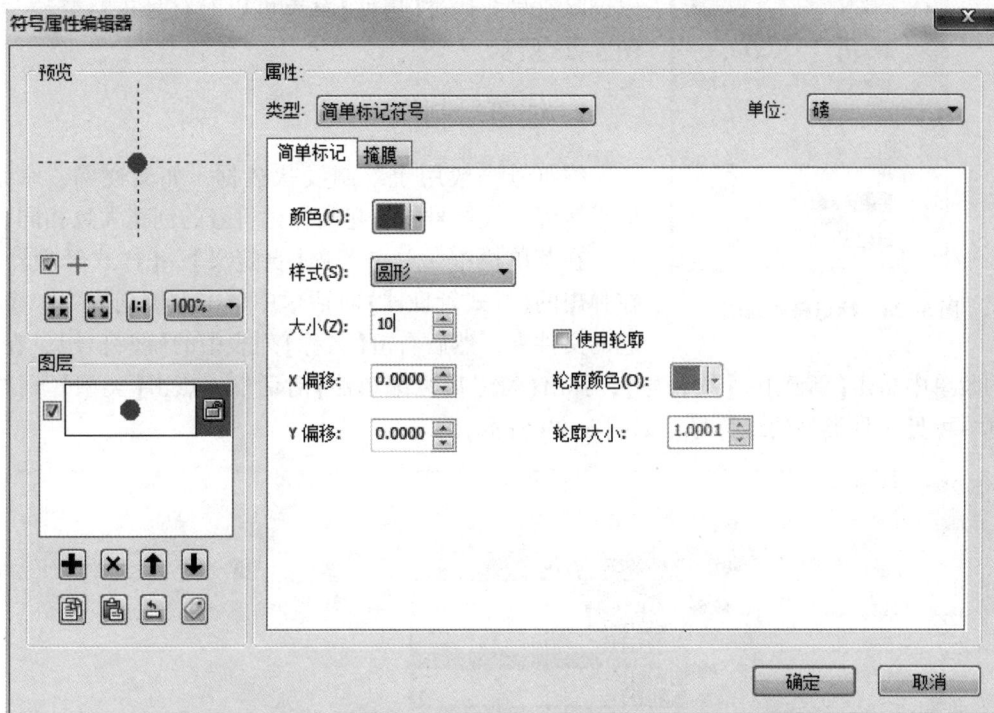

图 5-26　【符号属性编辑器】(点符号类型)对话框——【简单标记】选项卡

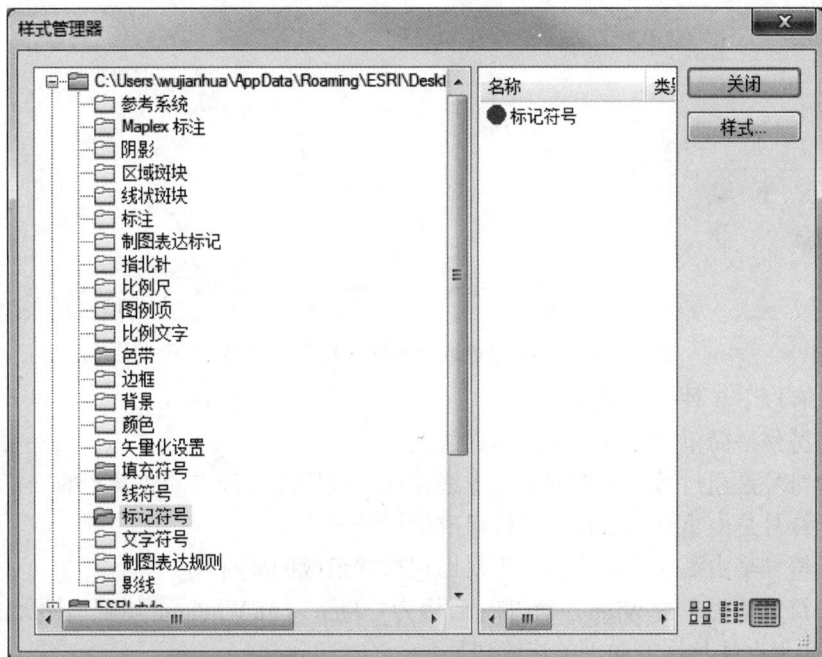

图 5-27　创建的标记符号

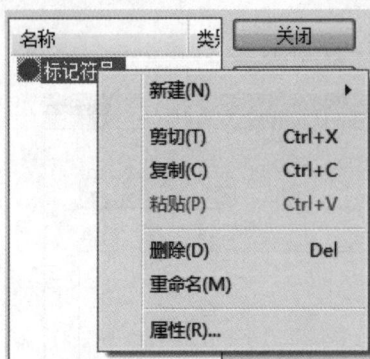

图 5-28 标记符号编辑

⑨右击【标记符号】符号，在弹出的右键菜单中通过【重命名】菜单可以修改符号的名称，通过【删除】菜单可以删除符号，通过【属性】菜单可以对符号进行修改，如图 5-28 所示。

2. 线符号制作

线符号一般用于绘制线状数据，如交通网、水系、境界线等。线符号的创建与标记符号的创建大致相同。

在菜单栏中，单击菜单【自定义】—【样式管理器】，在弹出的【样式管理器】对话框中单击左侧列表中一个亮起的文件夹，然后右击【名称】列表中的【线符号】，在弹出的菜单中单击【新建】—【线符号】，弹出【符号属性编辑器】对话框，点击【类型】下拉列表框，可见多种类型的线符号，如图 5-29 所示。

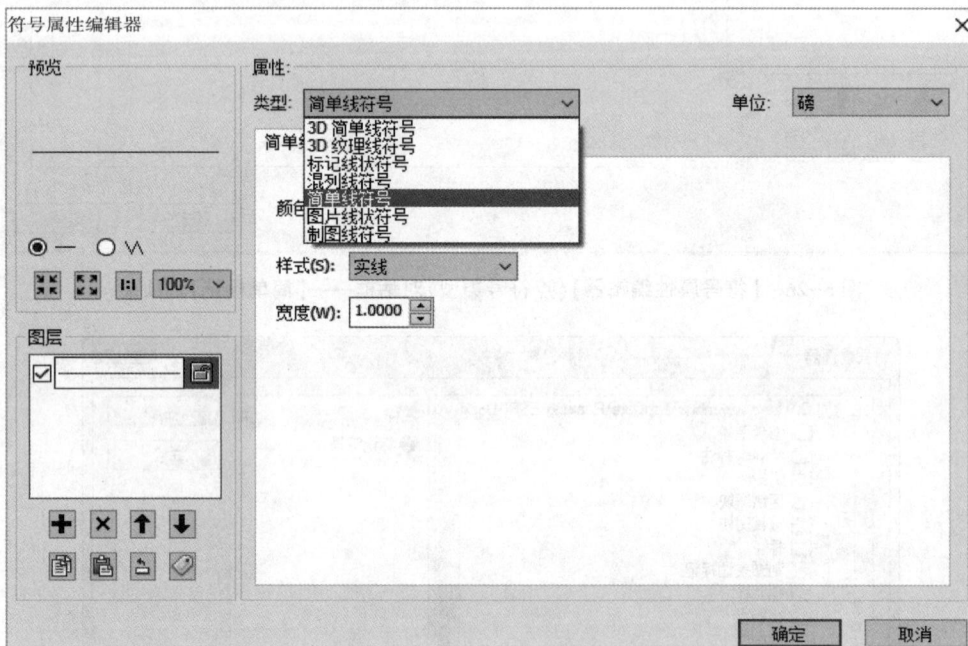

图 5-29 【符号属性编辑器】(线符号类型)对话框

线符号有以下 5 种标准类型。

简单线符号是简单实线或带预定样式的线。

制图线符号是通过属性来控制重复虚线样式、线段间连接点和线端头的线符号。

混列线符号是由重复的线符号片段组成的线符号。

标记线符号是由沿着几何绘制的重复标记模式组成的线符号。

图片线符号是由单个 Windows 位图(后缀为".bmp")或 Windows 增强型图元文件(后缀为".emf")图形在线长度方向上的连续切片。

此外，常用的还有 3D 简单线符号、3D 简单纹理符号。

下面以制作一个铁路线符号为例进行操作说明，操作步骤如下。

①在【类型】下拉列表中选择【制图线符号】，在【制图线】选项卡中，可以设置一些属性，如【宽度】改为"0.8"（单位默认为磅），其他内容取默认值，如图 5-30 所示。

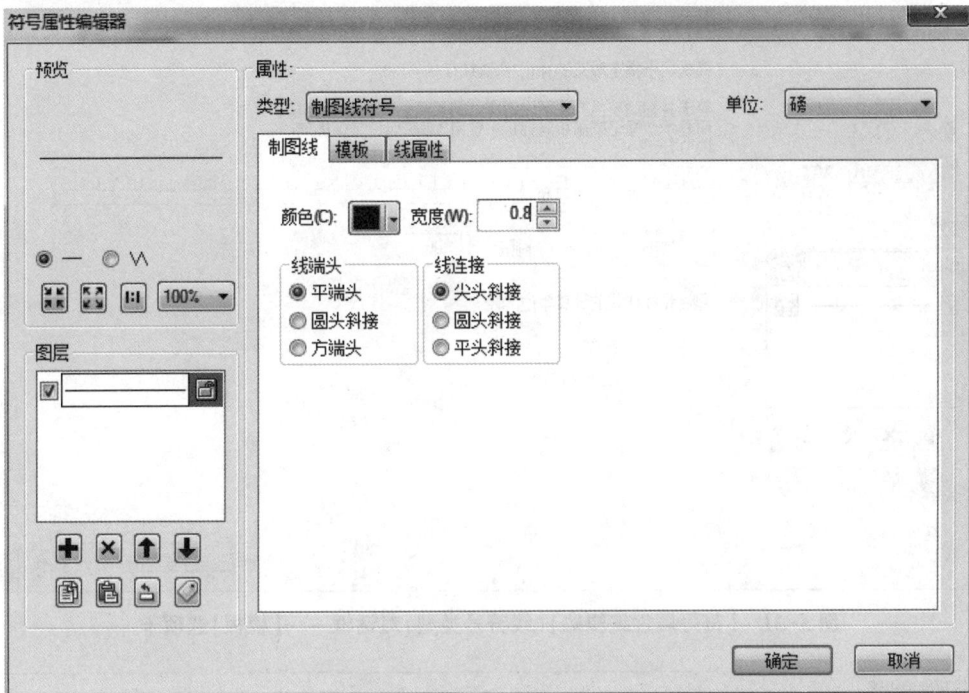

图 5-30　【符号属性编辑器】（线符号类型）对话框——【制图线】选项卡

②在对话框的左下侧，单击 ➕ 按钮，加载一个图层，属性类型选择【混列线符号】，在【制图线】选项卡中，可以设置一些属性，【宽度】改为"4"磅，其他内容暂时不变，在【模板】选项卡中，设置虚线线型的间距，如图 5-31 所示。

3. 面符号制作

制作面符号的方法与前面标记符号和线符号的制作方法相似，下面以制作一个林地面状符号为例进行操作说明，操作步骤如下。

①在菜单栏中，单击菜单【自定义】—【样式管理器】，在弹出的【样式管理器】对话框中单击左侧列表中一个亮起的文件夹，然后右击【名称】列表中的【填充符号】，在弹出的菜单中单击【新建】—【填充符号】，弹出【符号属性编辑器】对话框，点击【类型】下拉列表框，可见多种类型的填充符号，如图 5-32 所示。

填充符号有以下 5 种标准类型。

简单填充符号是快速绘制的单色填充符号。

渐变填充符号是对线性、矩形、圆形或者缓冲区色带进行梯度填充的符号。

线填充符号是以可变角度和间隔距离排列的等间距平行影线的模式进行填充的符号。

标记填充符号是以重复标记符号的随机或等间距模式进行填充的符号。

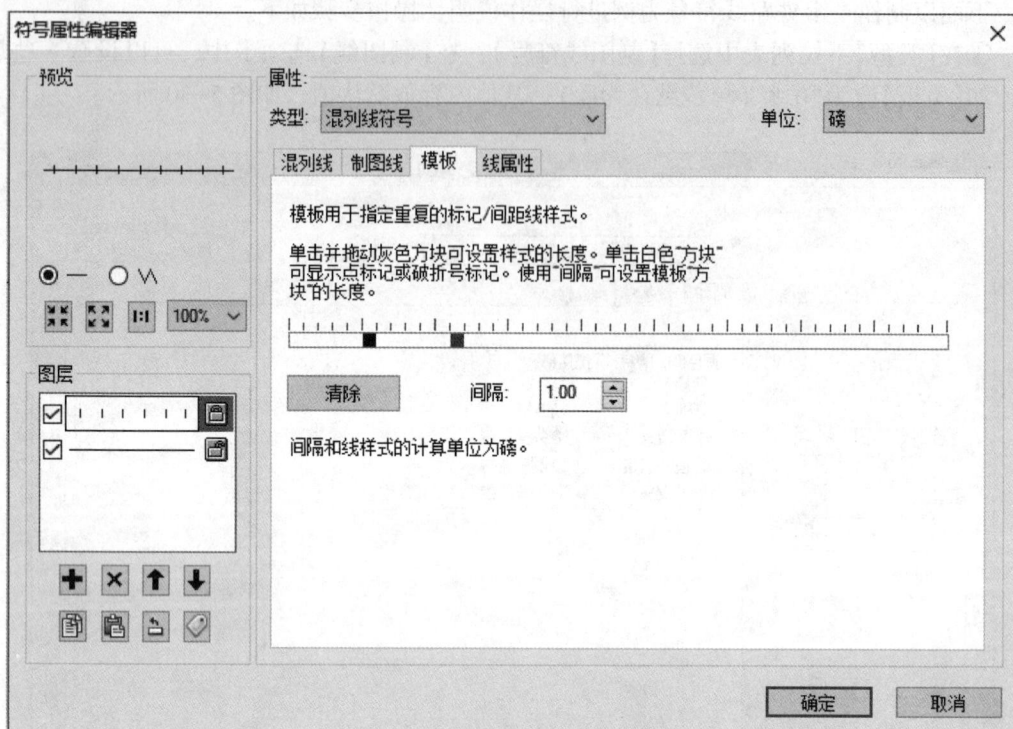

图 5-31 【符号属性编辑器】(线符号类型)对话框——【模板】选项卡

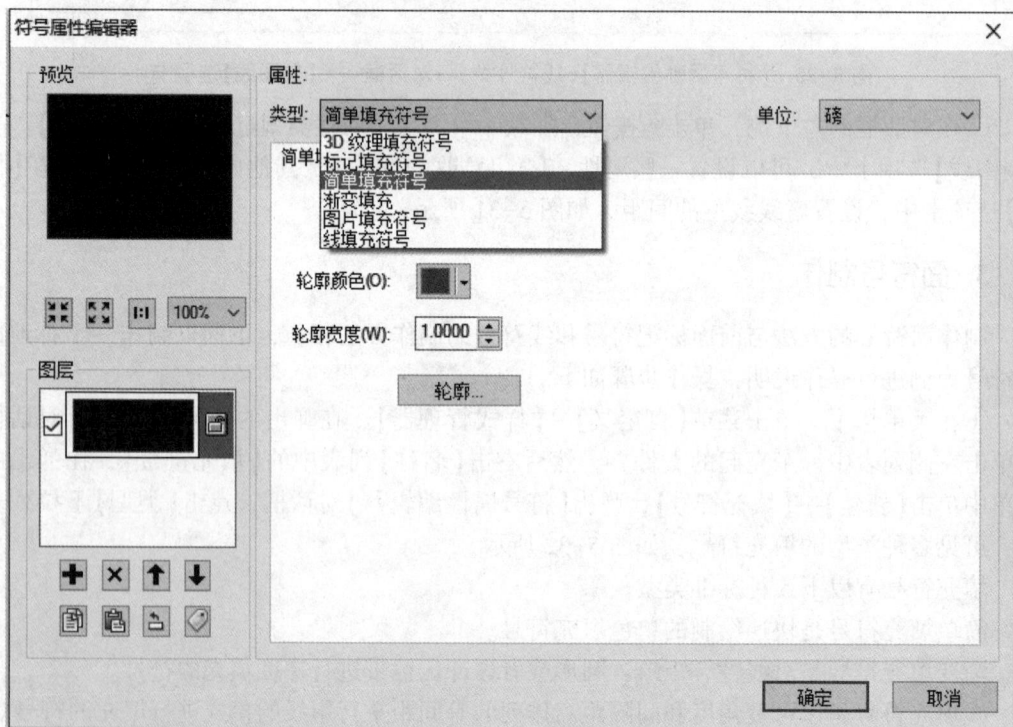

图 5-32 【符号属性编辑器】(填充符号类型)对话框

图片填充符号是由单个 Windows 位图（.bmp）或 Windows 增强型图元文件（.emf）图形的连续切片组成的符号。

此外，还有 3D 纹理填充符号。

②选择【渐变填充】选项卡，设置参数，间隔为 60，百分比为 100，角度为 135°，样式为线性函数，如图 5-33 所示。

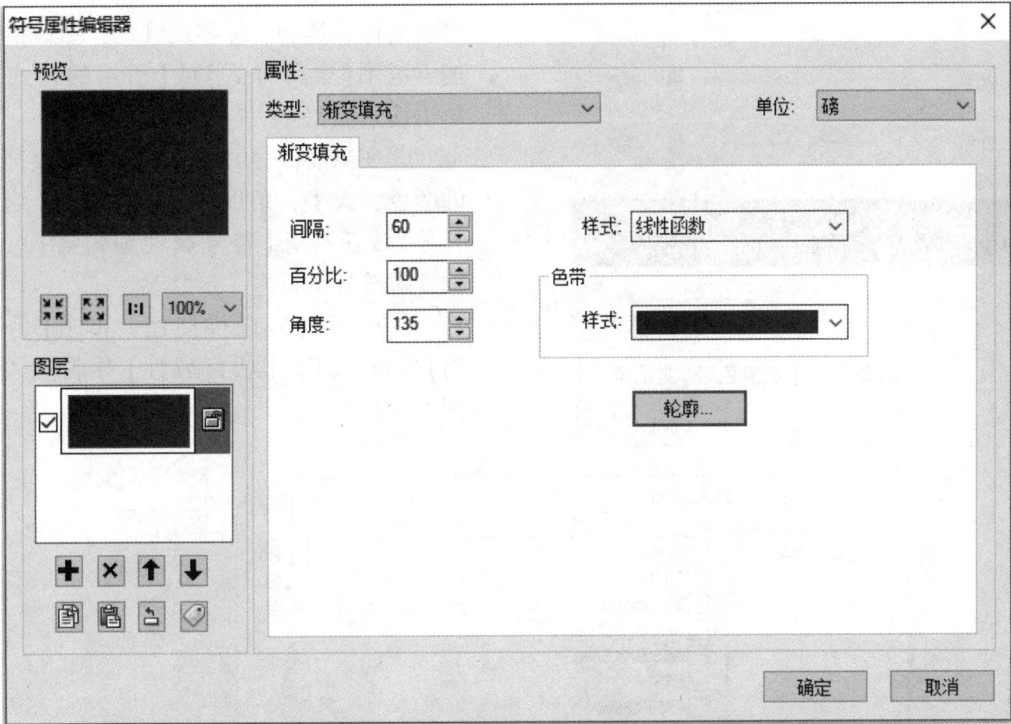

图 5-33　【符号属性编辑器】（填充符号类型）对话框——【渐变填充】选项卡

③在编辑【色带】选项中，右击【样式】，在弹出的快捷菜单中，选择【属性】，弹出【编辑色带】对话框，【颜色 1】选择深蓝色，【颜色 2】选择浅蓝色，如图 5-34、图 5-35 所示。

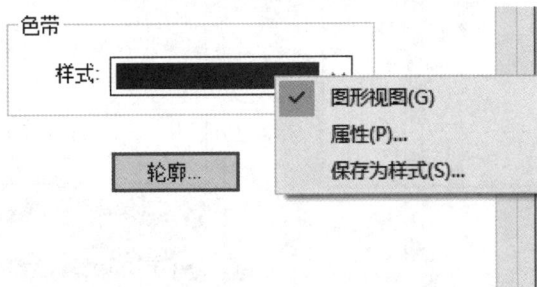

图 5-34　【样式】快捷菜单

4. 创建符号库

①打开 ArcMap，在菜单栏中，单击【自定义】—【样式管理器】，在【样式管理器】对话框中单击【样式】按钮，弹出【样式引用】对话框，如图 5-36 所示。

②单击【创建新样式】按钮，弹出【另存为】窗口，填写新建符号库的文件名，如"myStyle"，然后单击【保存】按钮。

③单击【样式引用】对话框中的【确定】按钮，完成符号库文件的创建。

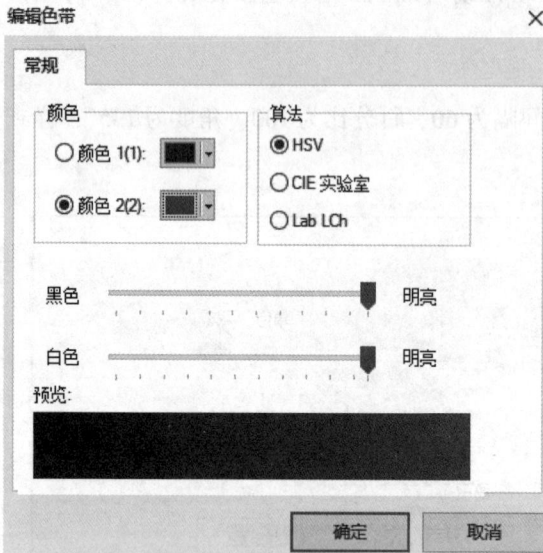

图 5-35 【编辑色带】对话框

5. 符号选择和修改

①启动 ArcMap，添加数据。

②单击某图层标签下的符号，打开【符号选择器】对话框，如图 5-37 所示。如果符号不适用，可在搜索文本框中输入符号名称、类别、标签或颜色，然后指定搜索范围【全部样式】或【引用的样式】，单击搜索按钮。

③在当前符号区域可以简单修改符号的颜色、大小、角度，还可以单击【编辑符号】按钮打开【符号属性编辑器】对话框，对符号进行进一步修改。

④保存符号以供使用，单击【另存为】按钮，打开【项目属性】对话框，如图 5-38 所示。

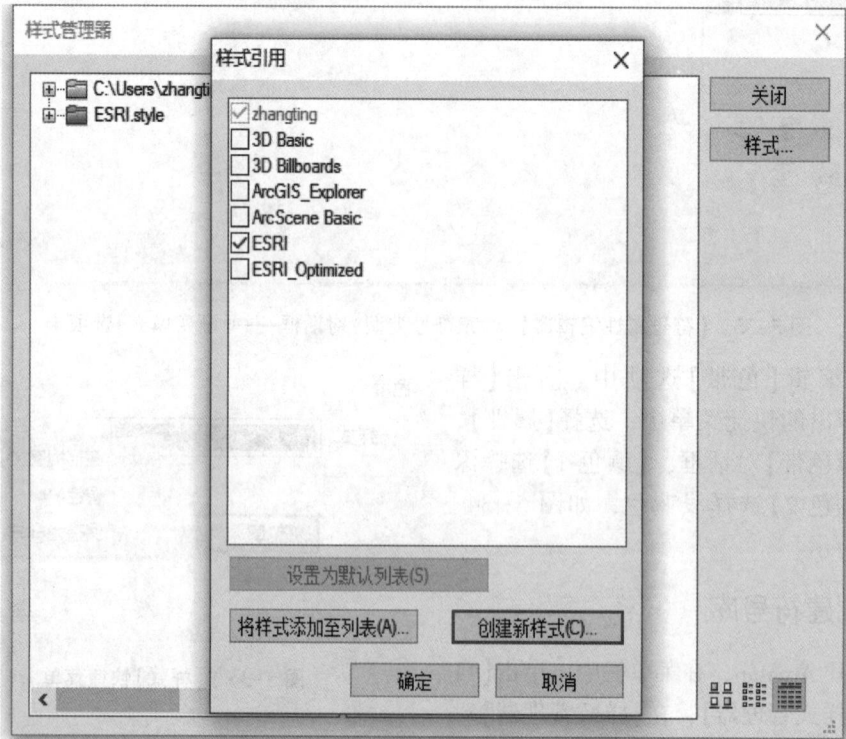

图 5-36 创建符号库

⑤在【名称】或【类别】文本框中分别输入"箭头"和"待选"，修改"标签"属性，便于符号查询，在【样式】中选择一个可写入样式以使符号保存其中。

⑥单击【确定】按钮，将符号库保存到相应的样式库中。

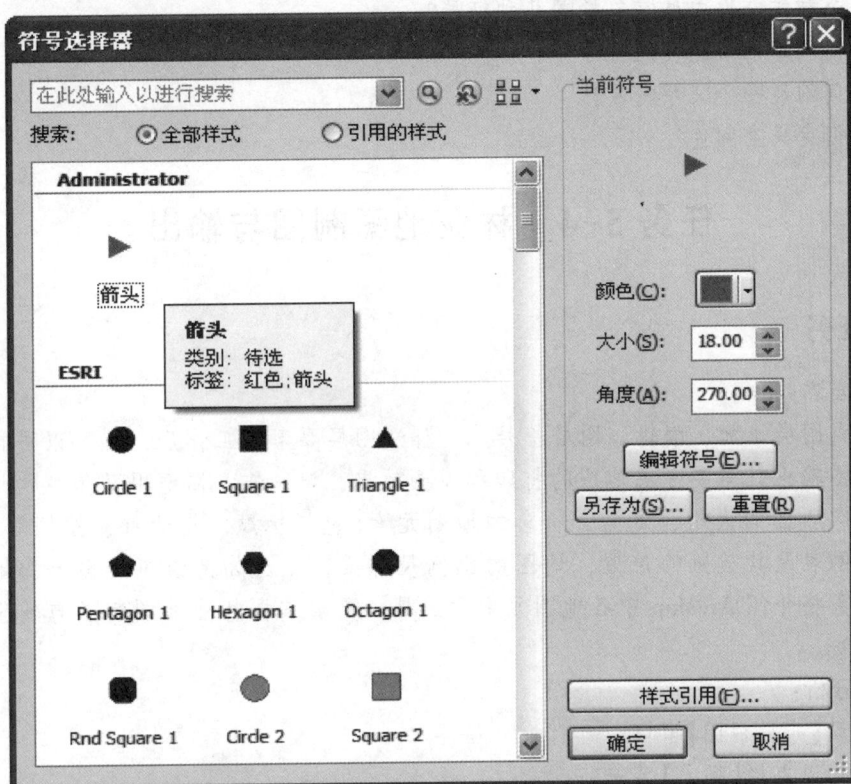

图 5-37 【符号选择器】对话框

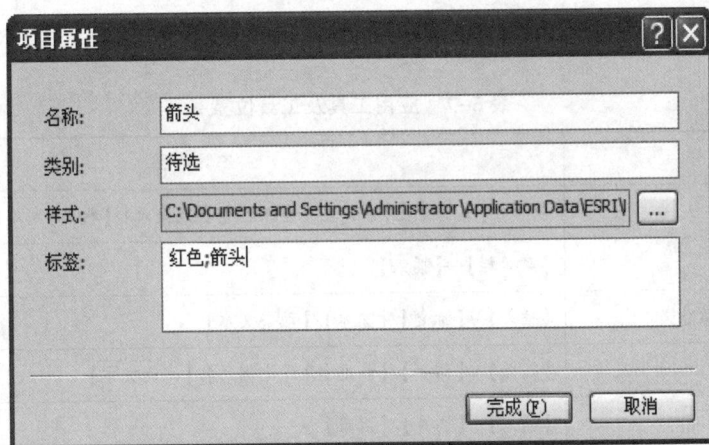

图 5-38 【项目属性】对话框

思考与练习

1. 如何修改和保存地图元素?

2. 根据符号的基本特征可以分为几种形式的符号?

3. 在样式管理器中,如何创建新样式?

4. 一个样式文件中通常包括哪几种符号？

5. 如何创建一个比例尺符号？

6. 如何创建一个文字符号？

7. 如何定义空颜色？

任务5-4　林业地图制图与输出

○ 工作任务

任务描述：

当完成图层添加、编辑、图层符号化、标注图层要素等工作后，就可以进行地图输出了。地图输出时需要考虑地图的打印和成图效果，要制作一幅好用又美观的地图，需要考虑打印版面的大小、方向，所含的地图元素（包括标题、指北针、图例等），以及是否添加图表及其放置的位置，地图的比例尺样式，以及如何组织页面上的地图元素等。本任务将介绍 ArcMap 中各地图元素的工具，要求掌握林业地图制图与输出的具体流程与方法。

任务分析：

1. 启动【布局视图】窗口。

2. 选择菜单栏【插入】菜单。

3. 在【插入】菜单列表，选择各类地图元素处理内容，完成各类地图元素的选择与设置。

工具材料（表5-7、表5-8）：

表5-7　应用工具及工具位置

工具名称	工具位置
布局视图	鼠标在【数据视图】窗口左下角单击切换或菜单栏【视图】菜单列表【布局视图】
插入	【菜单栏】—【插入】
标题/文本/动态文本	【插入】—【标题】/【文本】/【动态文本】
图例/指北针/比例尺/比例文本	【插入】—【图例】/【指北针】/【比例尺】/【比例文本】
图片/对象	【插入】—【图片】/【对象】
数据框/内图廓线	【插入】—【数据框】/【内图廓线】

表5-8　数据材料

名称	格式	坐标系	说明
Data	SHP/GDBG 格式等	Xi'an80	点、线、面等要素图层

○ 任务实施

1. 设置制图模板

在 ArcMap 中提供了自带的地图模板，可以减少地图布局工作量。设置方法有 3 种。
①打开 ArcMap，弹出各种地图模板，还可以加载自己的地图模板，如图 5-39 所示。

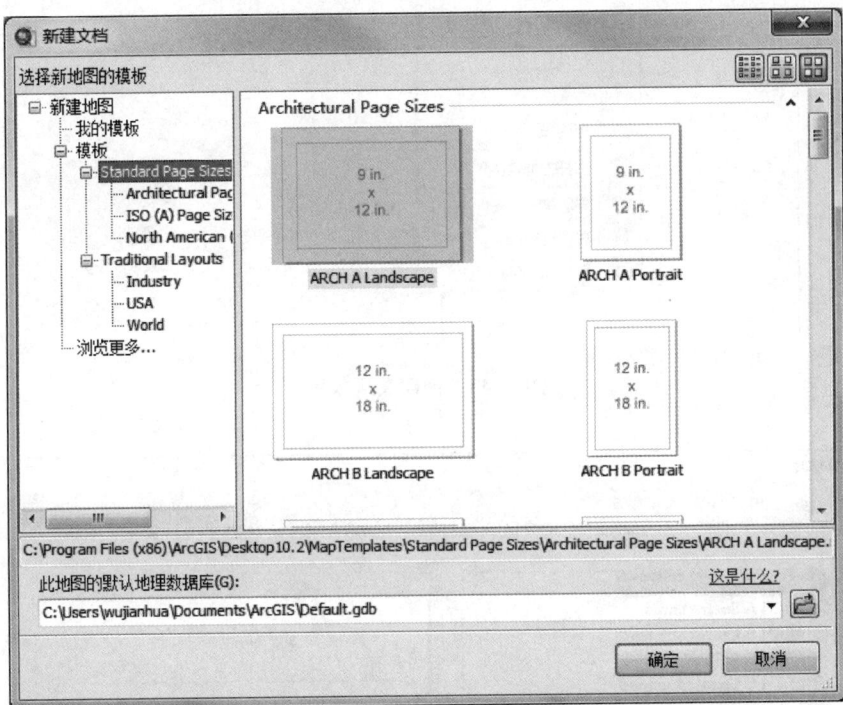

图 5-39　【新建文档】界面

②在菜单栏，单击【视图】—【布局视图】，如图 5-40 所示。

在【布局】工具条中，点击【更改布局】按钮，弹出【选择模板】对话框，根据自己的需求选择地图模板，如图 5-41 所示。

③在已启动的 ArcMap 中打开地图模板，也可以采用单击菜单【文件】—【新建】打开地图模板，如图 5-42 所示。

2. 确定制图范围

在 ArcMap 的菜单栏中，单击【文件】—【页面和打印设置】，弹出【页面和打印设置】对话框，在【地图页面大小】中，当选中【使用打印机纸张设置】复选框时，尺寸和方向将不能改变，如果想要改变尺寸和方向，可以取消复选框的勾选，如图 5-43 所示。

3. 地图边框与阴影

①在内容列表中，右击【图层】—【属性】，弹出【数据框属性】对话框，选择【框架】选项卡，可以对边框和阴影进行选择，如图 5-44 所示。

文件(F) 编辑(E) 视图(V) 书签(B) 插入(I) 选择(S) 地理处理(G) 自定义(C) 窗口(W)

数据视图(D)

布局视图(L)   1：37，458，368

图表(H)

报表(R)   布局视图(L)

滚动条(C)   切换到布局视图，除所含数据外，
                       此视图还可处理地图布局上的元素
状态栏(S)   。

内容列表

图层

省级行政

标尺(E)

参考线(G)

格网(I)

数据框属性(M)...

刷新(F)   F5

暂停绘制(U)   F9

暂停标注(A)

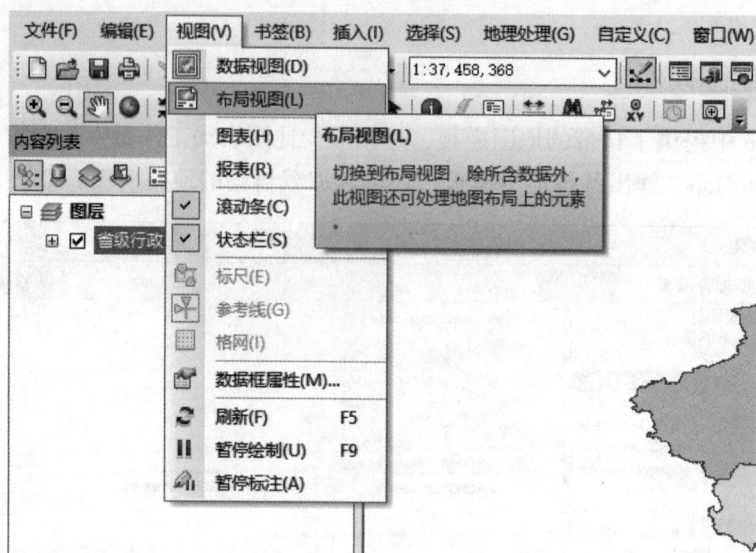

图 5-40 创建布局视图

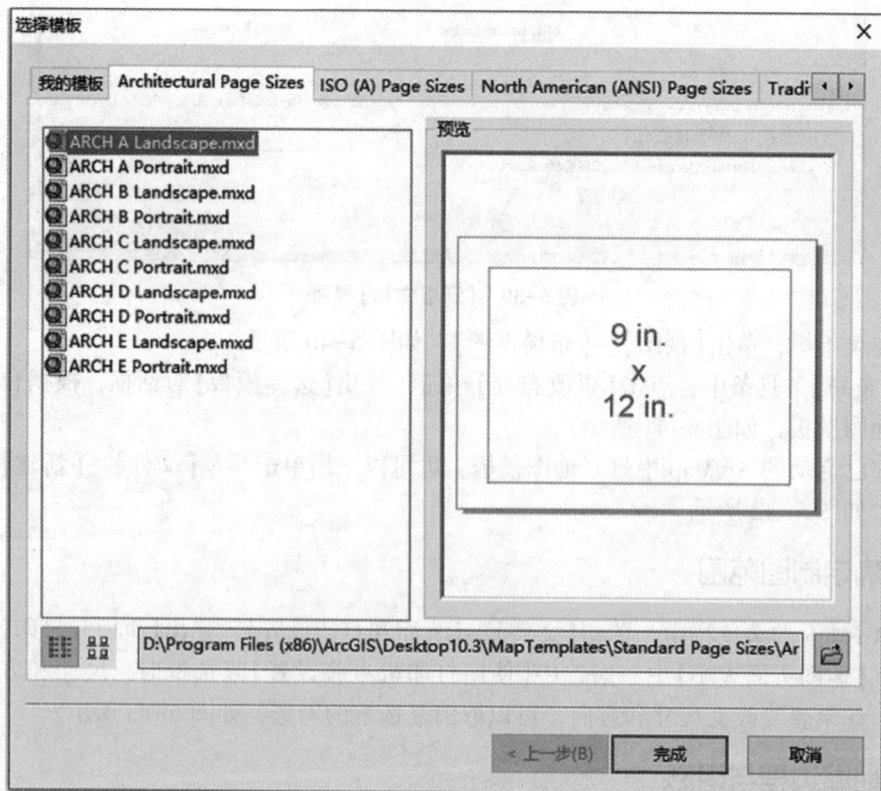

选择模板   ×

我的模板 Architectural Page Sizes ISO (A) Page Sizes North American (ANSI) Page Sizes Tradi ◀ ▶

ARCH A Landscape.mxd   预览
ARCH A Portrait.mxd
ARCH B Landscape.mxd
ARCH B Portrait.mxd
ARCH C Landscape.mxd
ARCH C Portrait.mxd
ARCH D Landscape.mxd   9 in.
ARCH D Portrait.mxd   x
ARCH E Landscape.mxd   12 in.
ARCH E Portrait.mxd

D:\Program Files (x86)\ArcGIS\Desktop10.3\MapTemplates\Standard Page Sizes\Ar

‹ 上一步(B)   完成   取消

图 5-41 【选择模板】对话框

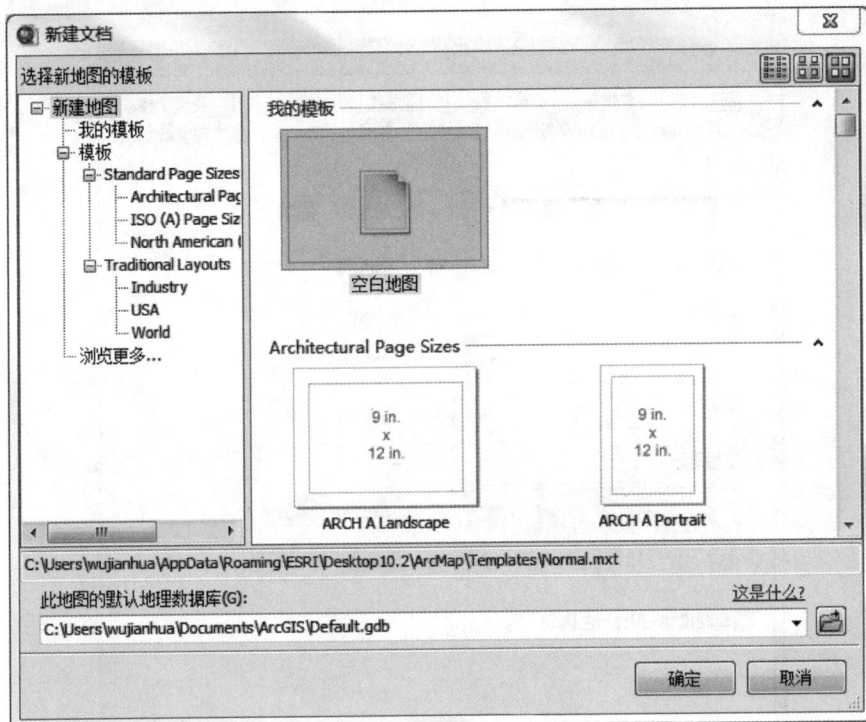

图 5-42　【新建文档】界面

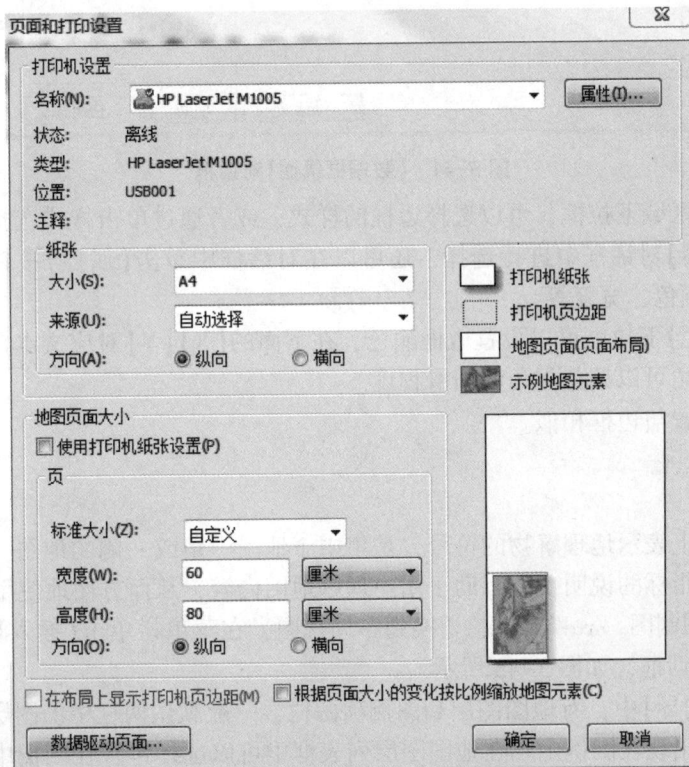

图 5-43　【页面和打印设置】对话框

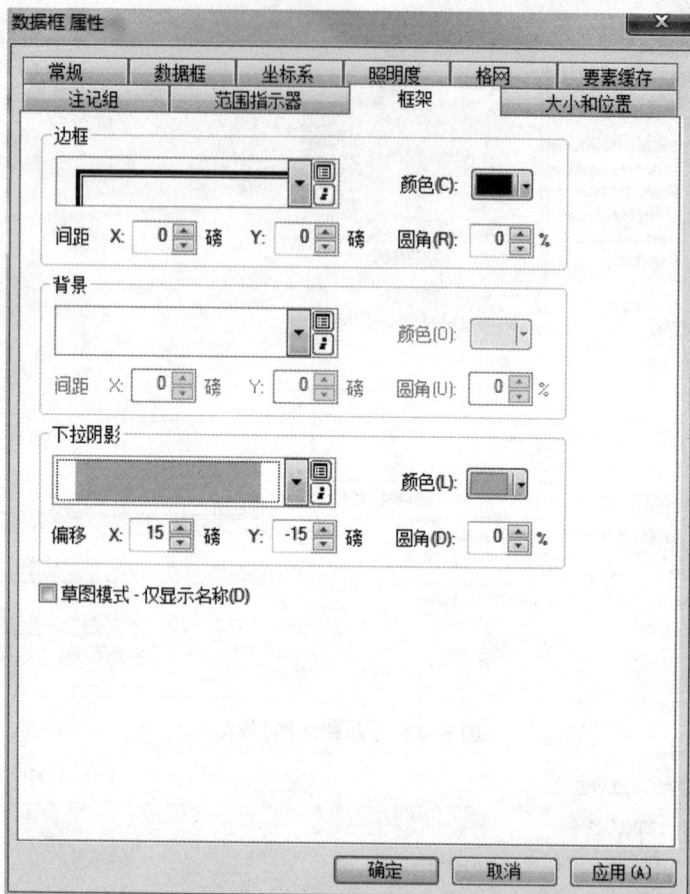

图 5-44 【数据框属性】对话框

②单击边框区域下拉框，可以选择边框的样式，或者通过单击样式选择器按钮图在弹出的【边框选择器】对话框中进行选择，还可以在对话框中单击【属性】按钮，设置和更改相关的属性(如颜色、宽度等)。

③单击【颜色】下拉框可以设置边框颜色，在下面的【X】【Y】对应文本框中，可以设置边框的边距，圆角可以调整拐角的圆滑程度。

④阴影的设置与边框相似。

4. 图例

图例是地图上表示地理事物的符号，是集中于地图一角或一侧的地图上各种符号和颜色所代表内容与指标的说明，它有助于用户理解地图内容，从而方便地使用地图。

①打开"地图制图 . mxd"文件，切换到布局视图，在菜单栏单击【插入】—【图例】，弹出【图例向导】对话框，如图 5-45 所示。

②在【图例向导】中，有地图图层和图例项两栏，一般默认两栏中的图层相同，即地图中所有的图层都出现在图例中。在地图图层列表框中可以选择包含在图例中的图层，单击 > 按钮，将其添加到【图例项】中；在【图例项】栏中，可以单击 ↑ 或 ↓ 按钮，调整图例

项的排序；还可以单击 按钮，使图例项置顶或置底；也可以设置图例中的列数。设置完成，可以单击【预览】按钮，查看图例的预览效果。

③单击【下一步】按钮，弹出新对话框，如图 5-46 所示。

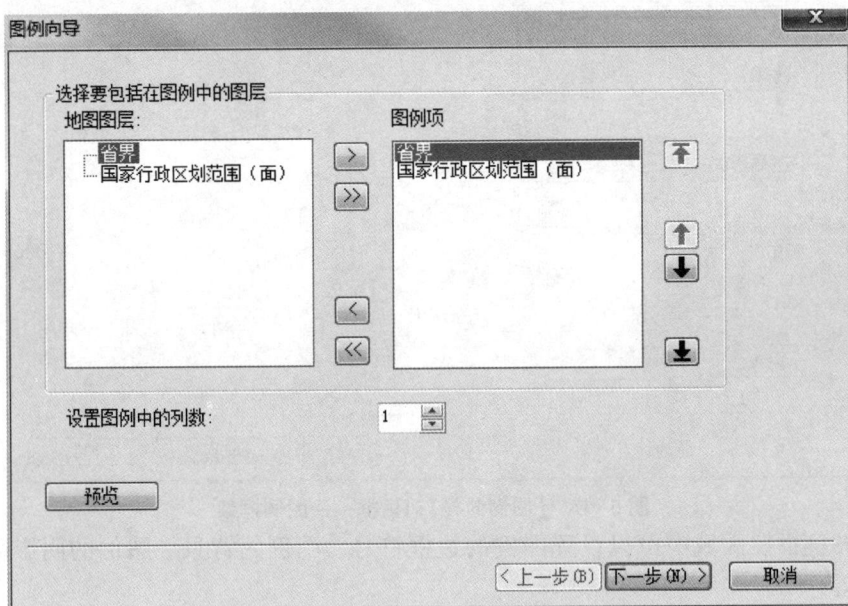

图 5-45　【图例向导】对话框——图层选择

图 5-46　【图例向导——图例标题】

④在【图例标题】文本框中可以输入图例的标题，在图例标题字体属性区域中设置图例标题相关的属性，如颜色、大小和字体等。在标题对齐方式区域可以选择对齐的方式。

⑤单击【下一步】按钮，弹出新的对话框，如图 5-47 所示。

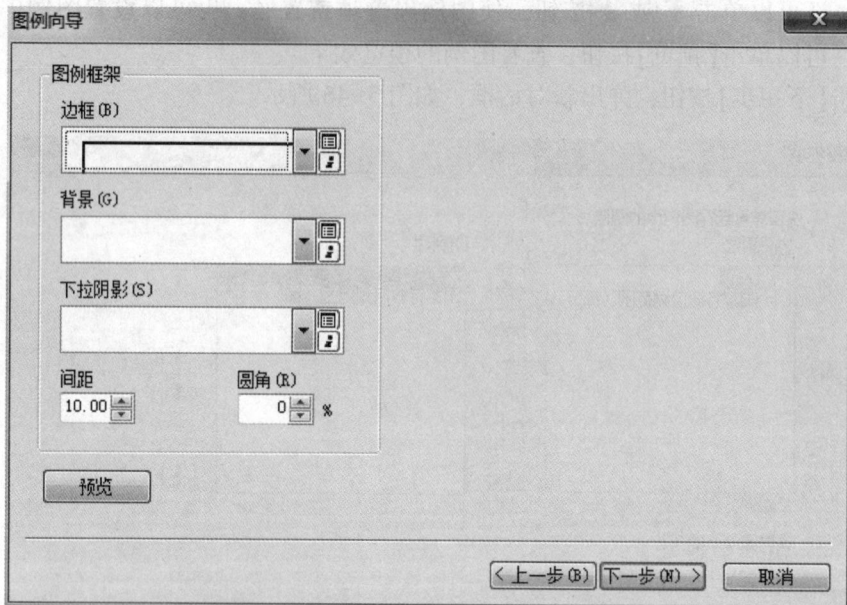

图 5-47 【图例向导】对话框——图例框架

⑥在图例框架区域中可以设置图例的边框符号、图例的背景、图例的阴影颜色、间距、圆角等。

⑦单击【下一步】按钮，弹出新的对话框，如图 5-48 所示。

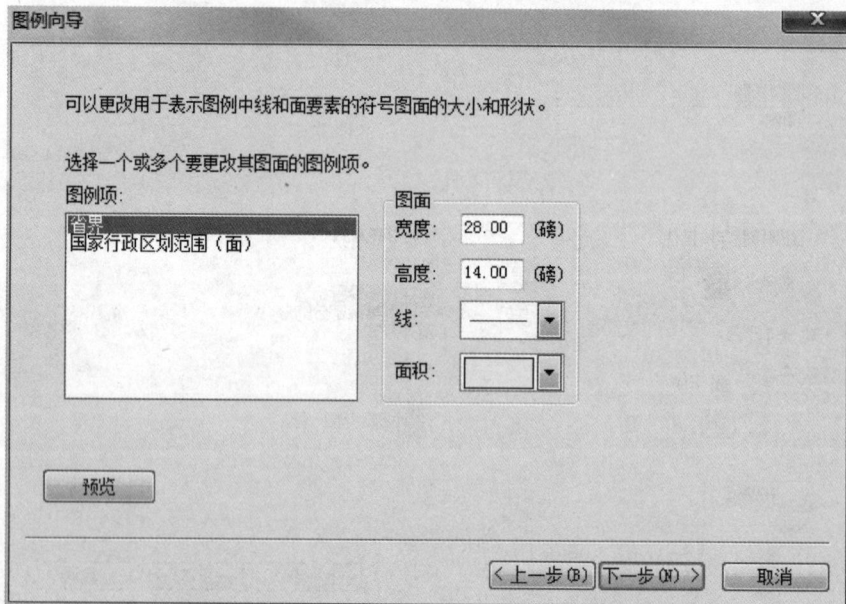

图 5-48 【图例向导】对话框——图例项更改

⑧可以对【图例项】中的线面符号进行图面大小和形状的修改。在宽度或高度文本框中输入图例方框的宽度或高度，还可以在【线】【面积】后的下拉框中选择线、面的样式。

⑨单击【下一步】按钮，弹出新的对话框，如图 5-49 所示。

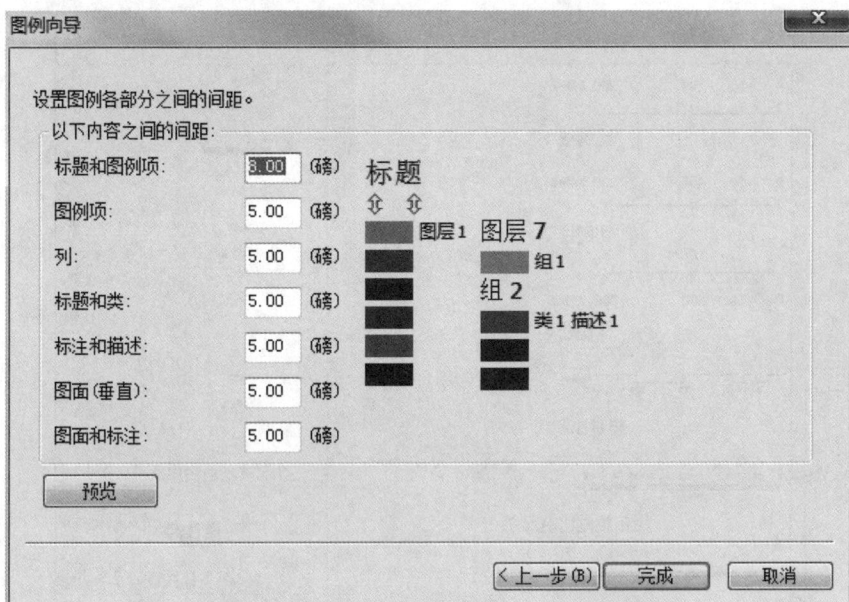

图 5-49 【图例向导】对话框——间距

⑩在该对话框中可以设置各部分之间的间距（这里默认不变）。

⑪点击【完成】按钮，则完成了插入图例，图例效果如图 5-50 所示。

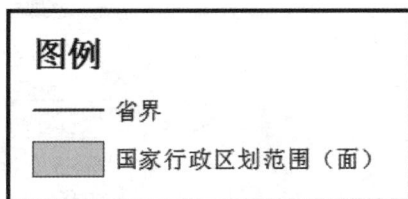

图 5-50 图例效果

5. 比例尺

地图比例尺是表示图上一直线段的长度与它所代表的水平距离之比，一般又可分为基本比例尺和文本比例尺。

（1）基本比例尺

添加与修改基本比例尺的操作步骤如下。

①在菜单栏单击【插入】—【比例尺】，弹出【比例尺选择器】对话框，如图 5-51 所示。

②可以选择所需比例尺的样式，如果对比例尺进行修改可以单击【属性】按钮，弹出【比例尺】对话框，在【比例与单位】选项卡中，根据所需比例尺的要求进行设置，单击【主刻度单位】后的下拉框，选择"千米"，标注文本框中输入"千米"；单击【符号】按钮，弹出【符号选择器】对话框，设置比例尺标注字体的类型，也可以在【数字和刻度】和【格式】选项卡中设置相关参数，其他参数默认不变，如图 5-52 所示。

③单击【确定】按钮，完成比例尺参数的相关设置，插入的比例尺效果如图 5-53 所示。

（2）文本比例尺

文本比例尺就是使用文字来表示地图的比例尺。在 ArcMap 中，可使用【比例文本】来创建文本比例尺，操作步骤如下。

①在菜单栏单击【插入】—【比例文本】，弹出【比例文本选择器】对话框，如图 5-54 所示。

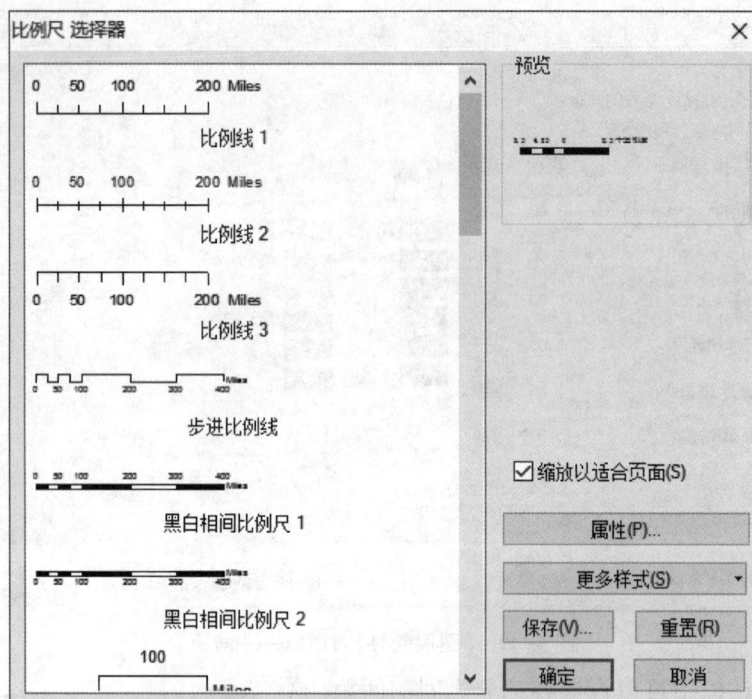

图 5-51 【比例尺选择器】对话框

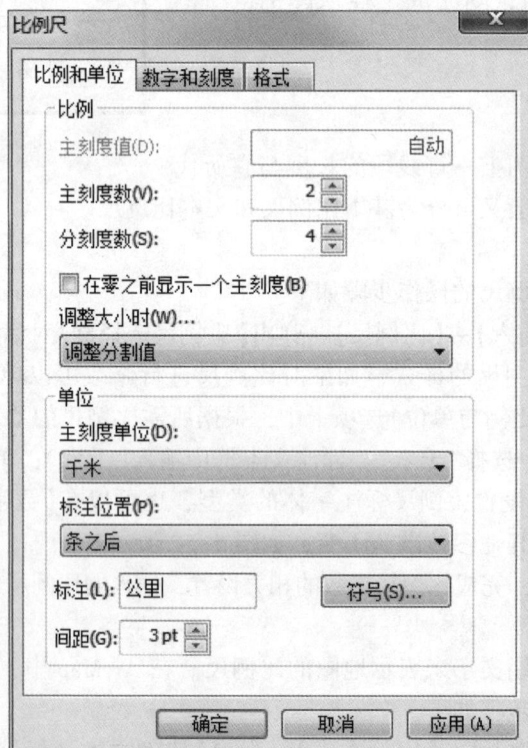

图 5-52 【比例尺】对话框

图 5-53　比例尺

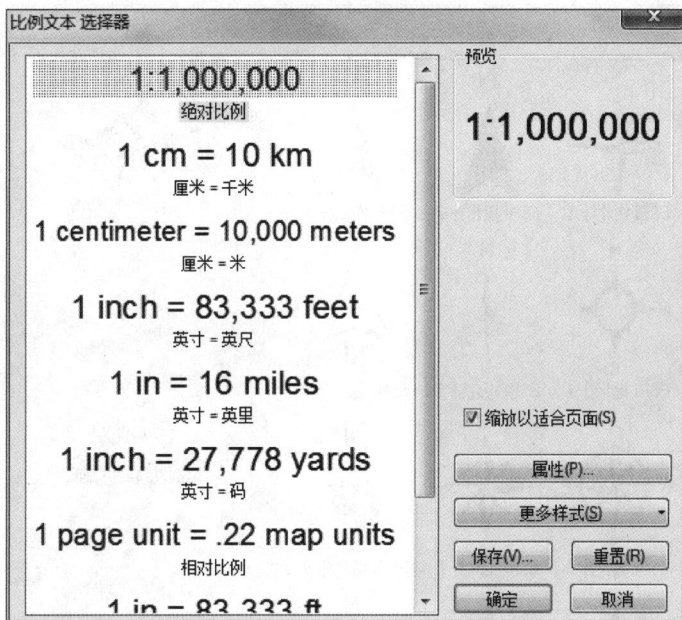

图 5-54　【比例文本选择器】对话框

②选择第一个"1∶1 000 000"绝对比例，单击【属性】按钮，在弹出的【比例文本】对话框中进行相关修改，参数为默认，如图 5-55 所示。

6. 指北针

①在菜单栏单击【插入】—【指北针】，弹出【指北针 选择器】对话框，如图 5-56 所示。

②在对话框中选择所需的指北针的类型，单击【属性】按钮，弹出【指北针】对话框，在【指北针】选项卡中，根据所需指北针的要求进行设置，然后单击【确定】按钮，如图 5-57 所示。

③在【指北针选择器】对话框中单击【确定】按钮，完成指北针的插入。

7. 图名等文本的设置

①在菜单栏单击【插入】—【标题】，弹出【插入标题】对话框，如图 5-58 所示。

②在【插入标题】对话框的文本框中输入地图的标题，如输入"中国地图"，单击【确

图 5-55　【比例文本】对话框

定】按钮，标题矩形框出现在布局视图中；单击标题矩形框，并按住鼠标左键，将标题矩形框拖动到合适的位置，然后鼠标双击，弹出【属性】对话框，如图 5-59 所示。

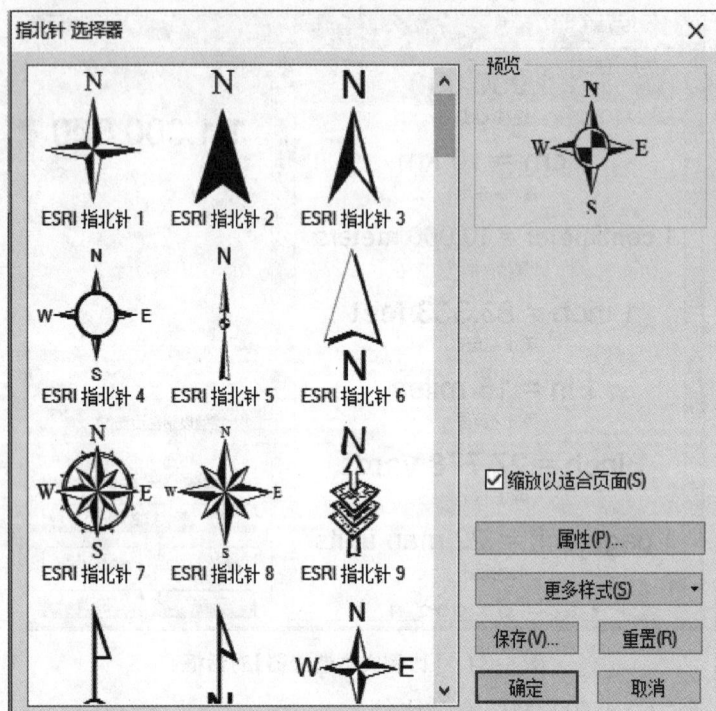

图 5-56 【指北针选择器】对话框

图 5-57 【指北针】对话框

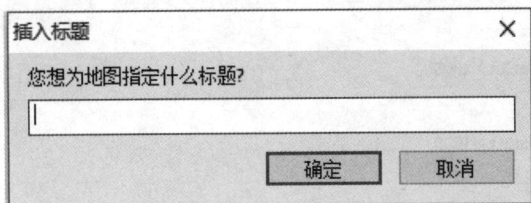

图 5-58　【插入标题】对话框

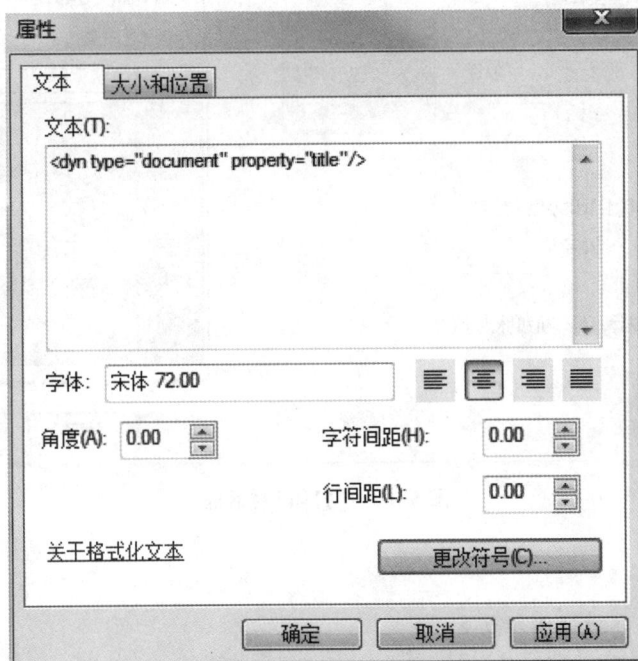

图 5-59　【属性】对话框

③对标题文本进行修改，如单击【更改符号】按钮，将字体的大小改为"72""加粗"，单击【确定】按钮，完成标题文本的修改。

8. 嵌入图片

在菜单栏单击【插入】—【图片】，弹出【打开】对话框，选择所需的图片，单击【打开】按钮，完成图片的嵌入。

9. 地图打印输出

在菜单栏单击【文件】—【打印】，弹出【打印】对话框，如图 5-60 所示。还可以在菜单栏单击【文件】—【打印预览】，弹出【打印预览】对话框，再单击【打印】按钮，或直接单击【标准工具】工具条中的【打印】按钮。

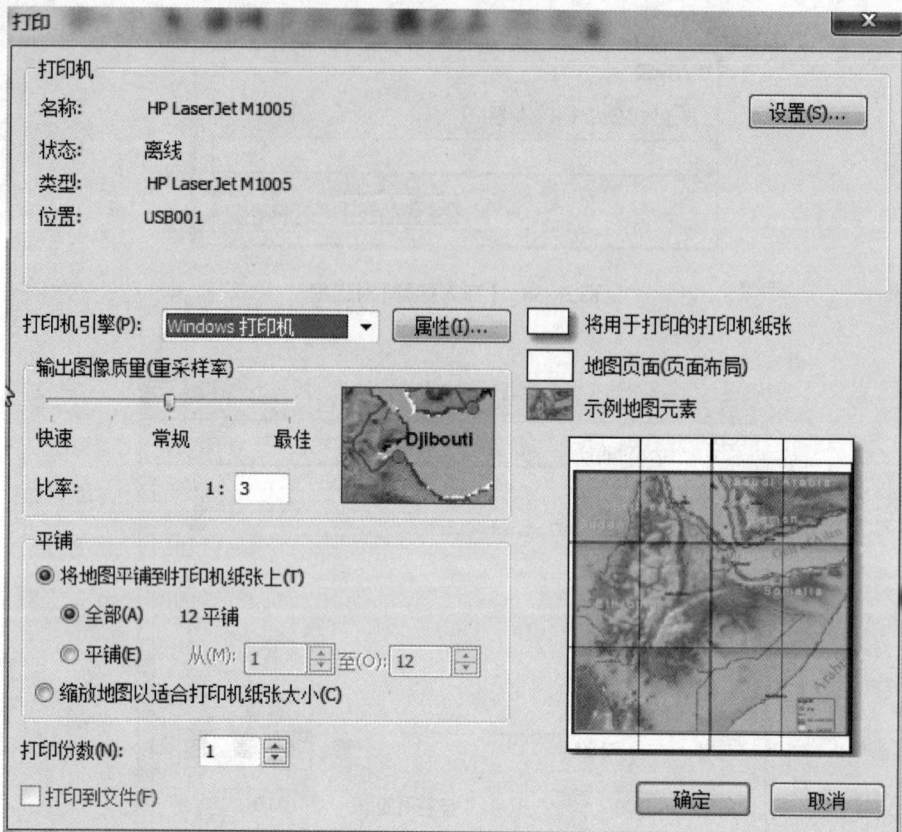

图 5-60 【打印】对话框

○ 思考与练习

1. 如何调用和创建地图模板？
2. 地图版面设置包括哪些内容？
3. 页面方向设置有几种？
4. 地图整饰内容有哪些？
5. 在制图中，图例有什么作用？
6. 简单说明地图打印的基本步骤。

ENVI 5.3
基础操作

学习目标

知识目标：

1. 掌握影像几何校正、数据融合、镶嵌及裁剪的相关概念。

2. 了解几何校正的基本流程，掌握图像到图像(Image to Image)几何校正方式，掌握图像到地图(Image to Map)几何校正方式。

3. 了解图像融合的基本方法和流程，掌握 Gram - Schmidt Pan Sharpening(GS)和NNDiffuse(NND)图像融合方法。

4. 了解图像镶嵌的基本方法，掌握影像无缝镶嵌工具 Seamless Mosaic 的使用方法。

5. 掌握图像裁剪的基本方法，掌握规则裁剪和不同情况下的不规则图像裁剪的流程，掌握在遥感图像处理平台 ENVI 中图像裁剪的工具。

技能目标：

1. 能够完成遥感图像的几何校正处理。

2. 能够根据需要完成不同传感器、相同传感器图像的图像融合。

3. 能够根据镶嵌处理，完成研究区域空间范围的拼接。

4. 能够根据研究区域范围裁剪出目标范围。

素质目标：

1. 根据各种类型图像的特点，选取合适的处理方法实现图像的预处理，培养学生进行影像预处理的积极态度和对待工作的责任心，培育精益求精的工匠精神。

2. 了解遥感技术的基本知识和相关法律法规，能够分析和评价遥感技术服务于生产建设与改革发展领域中的功能和价值，为国民经济建设提供服务。

知识准备

1. 几何校正

几何校正是利用地面控制点和几何校正数学模型来校正非系统因素产生的误差，因为校正过程中会将坐标系统赋予图像数据，所以此过程包括了地理编码。本项目通过实训练习，了解几何校正原理，掌握不同影像数据校正的方法。在开始介绍几何校正操作之前，首先对 ENVI 中几何校正的几个功能要点做以下说明。

1）控制点选择方式

ENVI 中提供有以下 4 种选择方式。

（1）从栅格图像上选择

如果拥有需要校正图像区域内的部分经过校正的影像、地形图等栅格数据，可以从中选择控制点，对应的控制点选择模式为 Image to Image。

（2）从矢量数据中选择

如果有需要校正图像区域内的部分经过校正的矢量数据，可以从中选择控制点，对应的模式为 Image to Map。

（3）从文本文件中导入

事先已经通过 GPS 测量、摄影测量或者其他途径获得了控制点坐标数据的，保存为以【Map$(x，y)$，Image$(x，y)$】格式提供的文本文件可以直接导入作为控制点，对应的控制点选择模式为 Image to Image 和 Image to Map。

（4）键盘输入

如果只有控制点目标坐标信息或者只能从地图上获取坐标文件（地形图等），则通过键盘敲入坐标数据并在影像上找到对应点来选择控制点。

2）几何校正模型

ENVI 中提供有 3 个几何校正模型：仿射变换（RST）、多项式和局部三角网（Delaunay Triangulation）。

3）控制点的预测与误差计算

控制点的预测是通过控制点回归计算求出多项式系数，然后通过多项式计算预测下一个控制点位置，有效值（RMS 值）也是用同样的方法计算。默认多项式次数为 1，因此在选择第 4 个点时控制点预测功能可以使用，并随着控制点数量的增强，预测精度增加。最少控制点数量（N）与多项式次数（n）的关系为 $N=(n+1)^2$。

2. 图像融合

图像融合，是将低分辨率的多光谱影像与高分辨率的单波段影像重采样生成一幅高分辨率多光谱影像遥感的图像处理技术，使得处理后的影像既有较高的空间分辨率，又具有多光谱特征。

图像融合除了要求融合图像精确配准外，还要选择适宜的融合方法，同样的融合方法用在不同影像中，得到的结果往往会不一样（表 6-1）。

NNDiffuse 融合方法是一种新的融合算法，支持多种传感器类型，如 Landsat 8、SPOT、WorldView-2/3、Pléiades-1A/1B、QuickBird、GeoEye-1、EO-1 ALI、IKONOS、DubaiSat-1/2、NigeriaSat-2、高分数据等，融合结果中原图像的色彩、纹理和光谱信息，均能得到很好的保留。这种方法可以满足绝大部分多光谱与全色分辨率为整数倍关系的图像融合，推荐使用。

表 6-1　各种融合方法说明

融合方法	适用范围
IHS 变换	纹理改善，空间保持较好。光谱信息损失较大大，受波段限制
Brovey 变换	光谱信息保持较好，受波段限制
乘积运算（CN）	对大的地貌类型效果好，同时可用于多光谱与高光谱的融合
主成分变换（PCA）	无波段限制，光谱保持好。第一主成分信息高度集中，色调发生较大变化
Gram-schmidt Pan Sharpening（GS）	改进了 PCA 中信息过分集中的问题，不受波段限制，较好地保持空间纹理信息，尤其能高保真保持光谱特征。专为最新高空间分辨率影像设计，能较好保持影像的纹理和光谱信息
Nearest Neighbor Diffusion pan sharpening（NND）	支持标准地理和投影坐标系统、具备 RPC 信息和基于像元位置（无空间坐标系）几种地理信息元数据类型；支持多线程计算，能进行高性能处理。融合结果中原图像的色彩、纹理和光谱信息，均能得到很好的保留。

3. 影像数据的镶嵌

ENVI 提供了影像无缝镶嵌工具 Seamless Mosaic，所有功能集成在一个流程化界面，可以控制图层的叠放顺序；设置忽略值、显示或隐藏图层或轮廓线、重新计算有效的轮廓线、选择重采样方法和输出范围、指定输出波段和背景值；可进行颜色校正、羽化/调和；提供高级的自动生成接边线功能，也可手动编辑接边线；提供镶嵌结果的预览。

使用该工具可以对影像的镶嵌做到更精细的控制，具备镶嵌匀色、接边线和镶嵌预览等功能。

4. 图像裁剪

图像裁剪的目的是将研究之外的区域去除。常用的方法有按照行政区划边界或者自然区划边界进行图像裁剪；在基础数据生产中，还经常要进行标准分幅裁剪。

ENVI 的图像裁剪过程，可分为规则分幅裁剪和不规则分幅裁剪。

规则分幅裁剪，是指裁剪图像的边界范围是一个矩形，这个矩形范围的获取途径包括行列号、左上角和右下角两点坐标、图像文件、ROI/矢量文件。

不规则分幅裁剪，是指裁剪图像的边界范围是一个任意多边形。任意多边形可以是事先生成的一个完整的闭合多边形区域，也可以是一个手工绘制的 ROI（感兴趣区）多边形，还可以是 ENVI 支持的矢量文件。

任务 6-1　ENVI 图像处理基础

○ 工作任务

任务描述：

本任务将详细介绍 ENVI 遥感软件产品，要求掌握 ENVI 基本操作和 ENVI 软件常用设置。

任务分析：

1. 使用工具 File-Open，打开并浏览数据。

2. 利用工具保存图像增强显示后的结果。

工具材料(表6-2、表6-3)：

表6-2　应用工具名称及应用位置

工具名称	工具位置
Open	【File】—【Open】—【Open File As】
Save As	【File】—【Save As】
Preferences	【File】—【Preferences】

表6-3　数据材料

名称	格式	坐标系	说明
qb_boulder_msi	DAT	Unknown	Quickbird 数据
can_tmr	IMG	Unknown	TM 数据

○ 任务实施

1. ENVI 5.1 界面

ENVI 5.1 延续了 ENVI 5 的界面风格，对图标做了更现代化的设计。启动 ENVI 5.1，软件界面如图 6-1 所示，由菜单项、工具栏、图层管理、工具箱、状态栏几个部分组成。

图 6-1　ENVI 5.1 软件界面

为了方便老用户的使用，ENVI 5 系列还保留了经典的菜单+三视窗的操作界面，也就是在安装 ENVI 5.1 时，自动安装 ENVI Classic 版本。其实 ENVI Classic 就是一个完整的 ENVI 4.8 或更早期的版本。习惯这种界面风格的用户，可以选择使用 ENVI Classic 界面操作。

2. ENVI 安装目录结构

一般情况下 ENVI 5.1 安装在 Exelis 文件夹下，完全版本包括 IDL、License 等文件夹。ENVI 5.1 的所有文件及文件夹保存在 HOME \ Program Files \ Exelis \ ENVI 5.1 下。ENVI 5.1 安装目录文件夹说明如下：

Bin：相应的 ENVI 运行目录。

Classic：ENVI 经典模式安装路径。

Custom_code：自定义代码。

Data：ENVI 自带数据目录。

Extensions：客户自主开发的可执行程序，比如各种补丁程序。

Gptools：GP 工具箱文件。

Help：ENVI 的帮助文档。

Resource：ENVI 资源文件夹，包含图标文件、语言配置文件、波谱库等。

Save：软件框架库

ENVI 经典模式安装目录说明如下：

Bin：相应的 ENVI 运行目录。

Data：数据目录，保存一个矢量文件夹（一些矢量数据）、两个 TM5 栅格数据、两个 DEM 数据和一个高光谱数据。

Filt_func：ENVI 常规传感器的光谱库文件。如 aster、modis、spot、tm 等。

Help：ENVI 的帮助文档。

Lib：IDL 生成的可编译的程序，用于二次开发。

Map_proj：影像的投影信息，文本格式，客户可以进行定制。

Menu：ENVI 菜单文件，可以进行中、英文菜单互换。

Save：应用 IDL 可视化语言编译好的、可执行的 ENVI 程序。

Save_add：客户自主开发的可执行程序，比如各种补丁程序。

Spec_lib：波谱库，不同地区可以有不同的波谱库，用户可自定义。

3. ENVI 数据输入

1) 常见数据的打开

在 ENVI 5.1 中，使用【File】—【Open】菜单打开 ENVI 图像文件或其他已知格式的二进制图像文件。ENVI 自动地识别和读取如图 6-2 所示类型的文件。

2) 特定数据的打开

虽然上述的 Open 功能可以打开大多数文件类型，但对于特定的已知文件类型，我们除需要打开图像文件外，还需要打开图像文件附带的其他文件，如 RPC 文件等。使用【File】—【Open AS】菜单，ENVI 能够读取一些标准文件类型的若干格式，包括精选的遥感格式、军事格式、数字高程模型格式、图像处理软件格式及通用图像格式。ENVI 可以从内部头文件读取必要的参数，因此不必在【Header Information】对话框中输入任何信息。

All Files (*.*)
DPPDB (*.ntf)
DTED (*.dt0; *.dt1; *.dt2)
ENVI Annotation (*.ann; *.anz)
ENVI Raster (*.dat; *.img)
ENVI Vector (*.evf)
ERDAS (*.ige; *.img)
Esri Grid (hdr.adf)
HDF5 (*.h5; *.hdf5; *.he5)
JPEG (*.jpg; *.jpeg)
JPEG2000 (*.jp2; *.j2k)
Metadata (*.cat; *.dim; *.met; *.pvl; *.txt; *.xml)
MrSID (*.sid)
NITF and NSIF (*.ntf; *.nitf; *.nsf)
PNG (*.png)
Region of Interest (*.roi; *.xml)
Shapefile (*.shp)
Spectral Library (*.asd; *.msl; *.rad; *.sli)
TFRD (*.tfd; *.isd)
TIFF (*.tif; *.tiff)
Tiled Mosaic (*.til)

图 6-2　ENVI 自动识别的数据类型

以下为打开一个多波段 Landsat Fast 格式文件的具体过程：

①选择【主菜单】—【File】—【Open AS】—【Landsat】—【FAST】。

②对于 Fast TM 格式数据，选择"header. dat"文件；对于 Landsat 7 FAST 全色波段数据，选择". hpn"头文件；对于 VNIR/SWIR Landsat 7 FAST 数据 6 个波段，选择". hrf"头文件；对于 Landsat 7FAST 热红外波段数据，选择". htm"头文件。

③点击【Open】打开文件的同时，ENVI 自动从头文件中读取 gains 和 bias、太阳高度角和方位角、成像时间等信息。

4. ENVI 数据显示

ENVI 提供 ENVI 5.1 与 ENVI Classic 两种图像显示方式。

1) ENVI 5.1 显示

ENVI 5.1 将图层管理、图像显示、鼠标信息、工具箱、工具栏等集中在一个窗口，如图 6-3 所示。

图 6-3　ENVI 主界面

ENVI 包括其他遥感软件，默认会对遥感图像进行拉伸显示，以达到更好的显示效果。ENVI 提供了多种拉伸方法（图 6-4）。用户可以在工具栏中选择不同的拉伸方式，同时可以选择 Custom 或右侧图标进行自定义拉伸。

2）ENVI Classic 三视窗显示

当打开一个图像文件时，会在 ENVI 的三视窗图像中显示主图像窗口、缩放窗口和滚动窗口（应用于大的图像），如图 6-5 所示。用户同样可以在 Display 窗口中选择菜单【Enhance】进行拉伸显示。

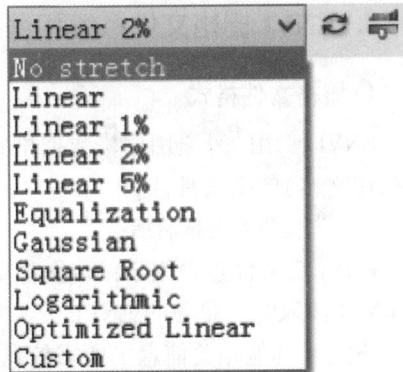

图 6-4　ENVI 工具栏中提供的拉伸方式

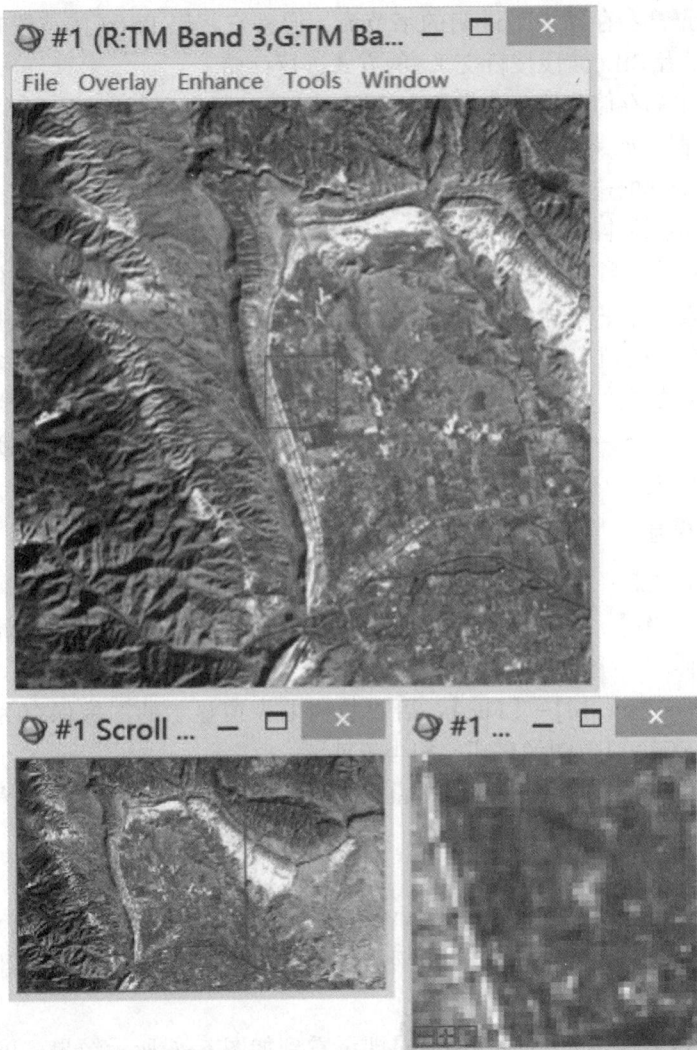

图 6-5　栅格数据三视窗显示方式

5. ENVI 栅格文件系统和储存

1) 栅格文件格式

ENVI 使用的是通用栅格数据格式,包含一个简单的二进制文件和一个相同文件名的 ASCII(文本)的头文件。

(1)头文件(.hdr 后缀)

ENVI 头文件包含用于读取图像数据文件的信息,它通常创建于一个数据文件第一次被 ENVI 读取时。单独的 ENVI 头文本文件提供关于图像尺寸、嵌入的头文件(若存在)、数据格式及其他相关信息。所需信息通过交互式输入,或自动地用【文件吸取】创建,并且以后可以编辑修改。

(2)数据文件(后缀名任意设置甚至可以不设)

通用栅格数据都会存储为二进制的字节流,通常它将以 BSQ(按波段顺序)、BIP(波段按像元交叉)或者 BIL(波段按行交叉)的方式进行存储。

BSQ 是最简单的存储格式,它先将影像同一波段的数据逐行存储,再以相同的方式存储下一波段的数据。如果要获取影像单个波谱波段的空间点(X, Y)的信息,那么采用 BSQ 方式存储是最佳的选择。

BIP 格式提供了最佳的波谱处理能力。以 BIP 格式存储的影像,将按顺序存储所有波段的第一个像素,接着是第二个像素的所有波段,然后是第三个像素的所有波段,等等,交叉存取直到所有像素都存完为止。这种格式为影像数据波谱(Z)的存取提供了最佳的性能。

BIL 是介于空间处理和波谱处理之间的一种折中的存储格式,也是大多数 ENVI 处理操作中所推荐使用的文件格式。以 BIL 格式存储的影像,将先存储第一个波段的第一行,接着是第二个波段的第一行,然后是第三个波段的第一行,交叉存取直到所有波段都存储完为止。每个波段随后的行都将按照类似的方式交叉存储。

2) 栅格文件保存

(1)菜单保存功能

【File】—【Save As】,可以将影像另存为 ENVI、NITF、TIFF 等格式文件,保存的为原始数据,没有拉伸。

【File】—【Chip View To】—【File】,可以将当前视窗显示的图像保存为 NITF、ENVI、TIFF、JPEG、JPEG2000 等图像格式,相当于截屏。

【File】—【Chip View To】—【PowerPoint】,可以将当前视窗中的图像导入新建的 PowerPoint 文件。

(2)处理工具得到的结果

ENVI 中处理工具得到的结果都是 ENVI 标准栅格格式(除非选择了 tif)。即使输出文件名中手动增加了".tif"或者其他文件后缀名,得到的结果依然是 ENVI 标准栅格格式。

(3)Toolbox 保存功能

在【Toolbox】搜索框输入【Save File As】即可看到如图 6-6 所示结果。可以利用这些工具将文件另存为 ArcView Raster、ASCII、CADRG 等格式。

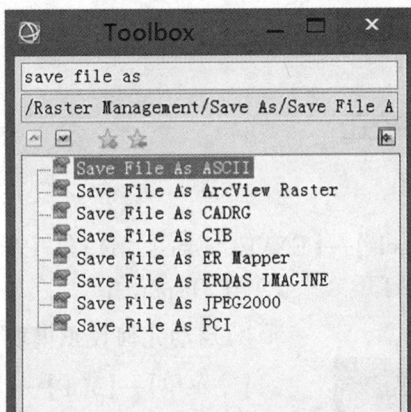

图 6-6　栅格文件保存结果

思考与练习

1. 简答题

ENVI 栅格数据文件的储存格式有哪些？

2. 操作题

打开一个图像文件，在 ENVI 的三视窗口中显示图像，并体验主图像窗口、缩放窗口和滚动窗口之间的关系；同时，选择 2% 线性拉伸方式在 Display 窗口中显示图像。

任务 6-2　影像几何校正

工作任务

任务描述：

通过本任务学习地面控制点+校正模型的几何校正方式，包括 Image to Image 和 Image to Map。

任务分析：

1. 利用工具【Registration：Image to Map】，根据地形图信息选择控制点来校正地形图。

2. 利用工具【Registration：Image to Image】，用已经做过几何校正的 SPOT4 全色 10 米分辨率影像作为基准影像，选择控制点来校正 TM 影像。

工具材料（表 6-4）：

表 6-4　数据材料

名称	格式	坐标系	说明
1∶5 万扫描地形图	TIF	Unknown	几何校正地形图
5WDRG 控制点文件	PTS		包括 9 个控制点的控制点文件
TM 与 SPOT 影像	IMG	NAD 27	待校正影像与校正影像
TM 与 SPOT 影像控制点文件	PTS		控制点文件

○ 任务实施

1. 扫描地形图的几何校正

1）打开并显示图像文件

启动 ENVI 5.1，打开【Tools】—【ENVI Classic】，选择【主菜单】—【File】—【Open Image File】，将 "taian-drg.tif" 文件打开，并显示在 Display 中。

2）启动几何校正模块

【主菜单】—【Map】—【Registration】—【Select GCPs：Image to map】，打开几何校正模块【Image to Map Registration】对话框，如图 6-7 所示。

在【Image to Map Registration】对话框中，选择 "Beijing_1954_GK_Zone_20"，【X Pixel Size】和【Y Pixel Size】分别输入 "4"，单击【OK】，打开【Ground Control Points Selection】对话框。

在 Displsy 视图中，定位到左上角第一个直角坐标网交互处，从图上读取 X：20 501 000，Y：4 003 000，填入【Ground Control Points Selection】窗口【E】和【N】前方的文本框中，单击【Add Point】按钮，增加第一个控制点，如图 6-8 所示。

选择 3 个点时，【Predict】按钮亮起，可以在【E】和【N】中输入坐标，单击【Predict】按钮可自动在图上大致定位，或者选择【Options】—【Auto Predict】，可以自动根据坐标值在图上定位。

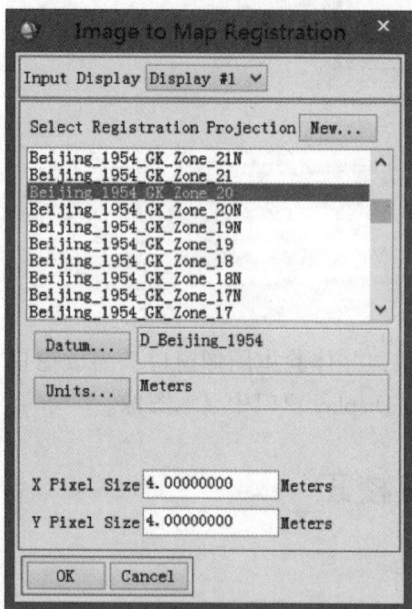

图 6-7　选择坐标系及输出网格大小

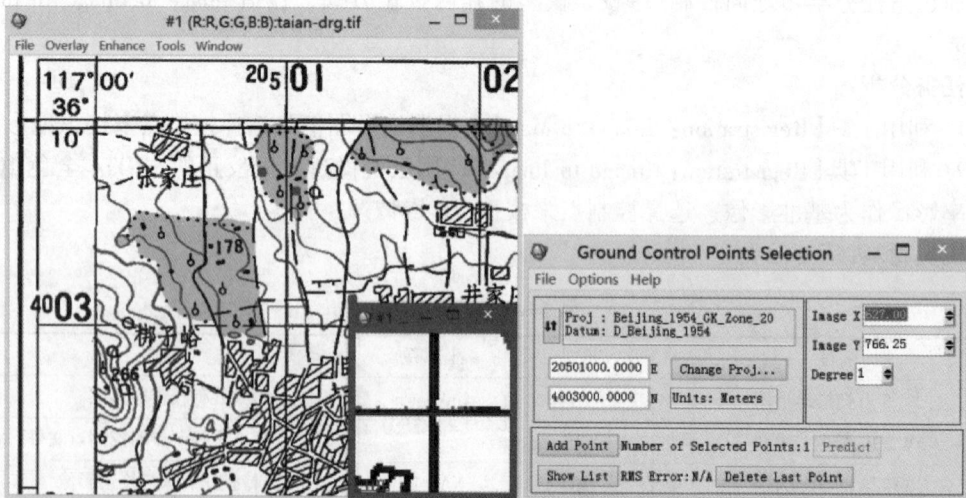

图 6-8　读取控制点坐标信息并手动输入

使用同样的方法，在图上均匀添加 9 个控制点。

在【Ground Control Points Selection】窗口中，选择【Options】—【Warp File】，选择校正文件"taian-drg. tif"，点击【OK】按钮，即可打开校正参数【Registration Parameters】对话框（图6-9）。打开该对话框后，首先在校正方法【Method】后的下拉列表框中选择多项式"Polynomin"，【Degree】设置为"2"次。

在重采样【Resampling】后的下拉列表框中选择"Bilinear"，背景值【Background】设置为"0"。

最后选择输出路径和文件名，单击【OK】按钮，开始校正。

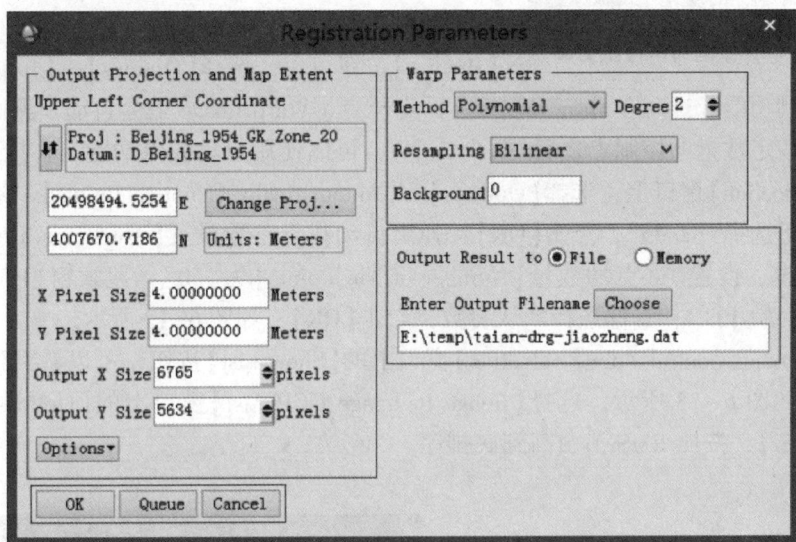

图 6-9 【Registration Parameters】对话框

2. Landsat5 影像几何校正

本小节以具有地理参考的 SPOT4 全色 10 米分辨率影像为基准影像，对 Landsat5 TM 30 米图像进行几何精校正，其流程如图 6-10 所示。

1）打开并显示图像文件

启动 ENVI 5. 1，打开【Tools】—【ENVI Classic】，选择【主菜单】—【File】—【Open Image File】，将"SPOT（bldr_sp. img）"和"TM（bldr_tm. img）"文件打开，并分别在 Display 中显示两个影像。

2）启动几何校正模块

【主菜单】—【Map】—【Registration】—【Select GCPs：Image to Image】，打开几何校正模块。

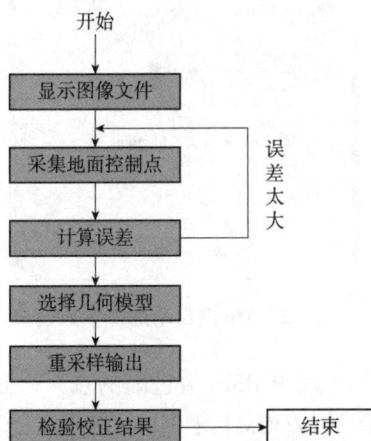

图 6-10 几何校正一般流程

选择显示 SPOT 文件的 Display 为基准影像（Base Image），显示 TM 文件的 Display 为待校正影像（Warp Image），点击【OK】进入采集地面控制点，如图 6-11 所示。

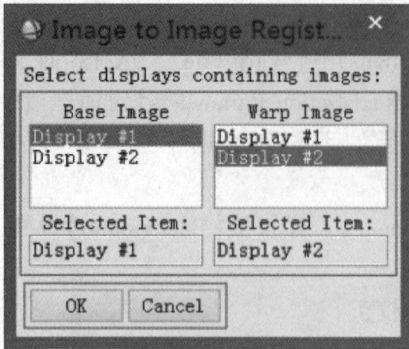

图 6-11　选择基准与待校正影响

3）采集地面控制点

在两个 Display 中找到相同区域，在【Zoom】窗口中，点击左下角第 3 个按钮，打开定位十字光标，将十字光标移到相同点上，点击【Ground Control Points Selection】窗口上的【Add Point】按钮，将当前找到的点加入控制点列表。

用同样的方法继续寻找其余的点，当选择控制点的数量达到 3 时，RMS 值被自动计算。

此时，【Ground Control Points Selection】窗口上的【Predict】按钮可用，选择【Options】—【Auto Predict】，打开自动预测功能。这时在 Base Image 上面定位点，Warp Image 上会自动预测区域。

当选择一定数量的控制点之后（至少 3 个），可以使用自动找点功能。在【Ground Control Points Selection】窗口上，选择【Options】—【Automatically Generate Points】，选择一个匹配波段，这里选择"band5"，点击【OK】，弹出自动找点参数设置【Automatic Tie Points Paramete】对话框，设置 Tie 点的数量【Number of Tie Points】为"50"，搜索窗口大小【Search Window Size】为"131"，其他选择默认参数，点击【OK】，如图 6-12 所示。

点击【Ground Control Points Selection】窗口上的【Show List】按钮，可以看到选择的所有控制列表，如图 6-13 所示。选择【Image to Image GCP List】窗口上的【Options】—【Order Points by Error】，按照 RMS 值由高到底排序。

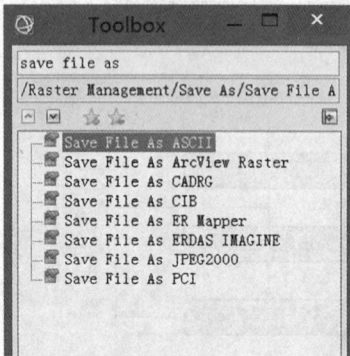

图 6-12　Tie 点自动选择参数设置

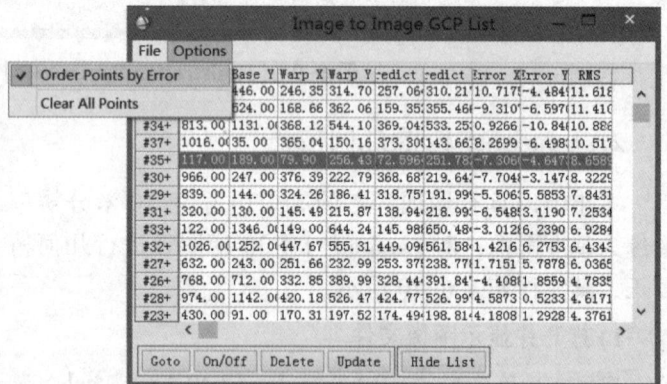

图 6-13　控制点列表

对于 RMS 值过高的点，一是直接删除，即选择此行，按 Delete 按钮；二是在两个影像的【ZOOM】窗口上，将十字光标重新定位到正确的位置，点击【Image to Image GCP List】窗口上的【Update】按钮进行微调，这里直接做删除处理。

总 RMS 值小于 1 个像素时，完成控制点的选择。选择【Ground Control Points Selection】窗口上的【File】—【Save GCPs to ASCII】，将控制点保存。

4）选择校正参数输出

常用有两种校正输出方式，即 Warp File 和 Warp File（as Image Map）。推荐使用 Warp File（as Image Map）。

①WarpFile 校正方式。在【Ground Control Points Selection】窗口上，选择【Options】—【Warp File】，选择校正文件（TM 文件），即可打开校正参数【Registration Parameters】对话框（图 6-14）。打开该对话框后，首先在校正方法【Method】后的下拉列表框中选择多项式"Polynomial"，【Degree】设置为"2"次。

在重采样【Resampling】后的下拉列表框中选择"Bilinear"，背景值【Background】设置为"0"。

图像输出范围【Output Image Extent】默认根据基准图像大小计算，可以做适当的调整。

最后选择输出路径和文件名，单击【OK】按钮，开始校正。

这种校正方式得到的结果，它的尺寸大小、投影参数和像元大小（如果基准图像有投影）都和基准图像一致。

②Warp File（as Image Map）校正方式。在【Ground Control Points Selection】上，选择【Options】—【Warp File（as Image to Map）】，选择校正文件（TM 文件），即可打开校正参数【Registration Parameters】对话框（图 6-15）。在该对话框设置中，默认投影参数和像元大小与基准影像一致。

投影参数保持默认，在表示 X 和 Y 的像元大小的【X Pixel Size】和【Y Pixel Size】后的文本框中输入"30"，按回车键，图像输出大小自动更改。

在校正方法【Method】后的下拉列表框中选择多项式"Polynomial"，【Degree】设置为"2"次。

图 6-14　Warp File 校正参数

重采样【Resampling】后的下拉列表框中选择"Bilinear"，背景值【Background】设置为"0"。图像输出范围【Output Image Extent】默认根据基准图像大小计算，可以做适当的调整。最后，选择输出路径和文件名，单击【OK】按钮，开始校正。

5）检验校正结果

检验校正结果的基本方法是同时在两个窗口中打开图像，其中一幅是校正后的图像，一幅是基准图像，通过地理链接【Geographic Link】检查同名点的叠加情况。

在显示校正后结果的【Image】窗口中，右键选择【Geographic Link】命令，选择需要链接的两个窗口，打开十字光标进行查看，如图 6-16 所示。或者直接在 ENVI 新界面下打开两幅图像进行对比。

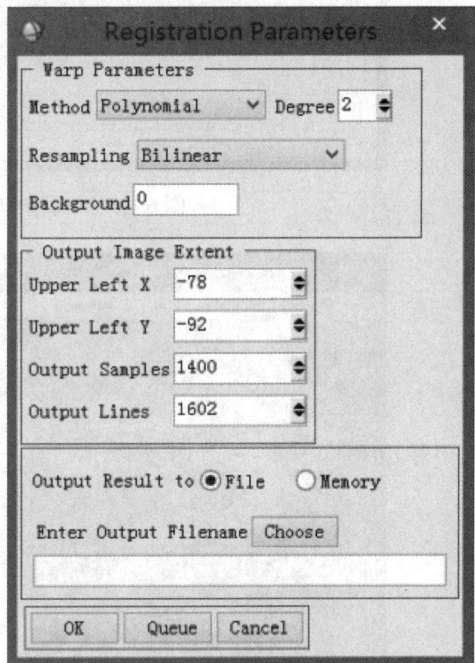

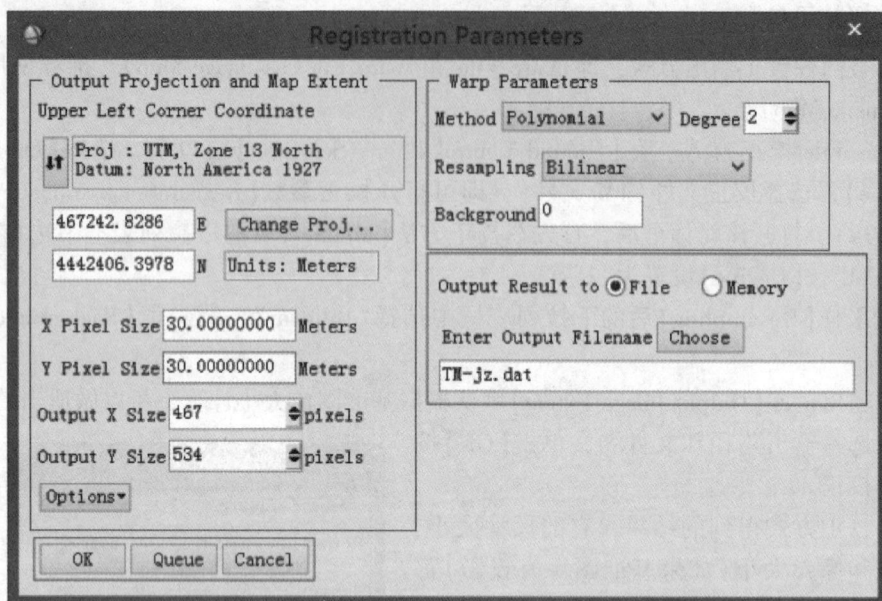

图 6-15　**Warp File**(as Image to Map)校正参数

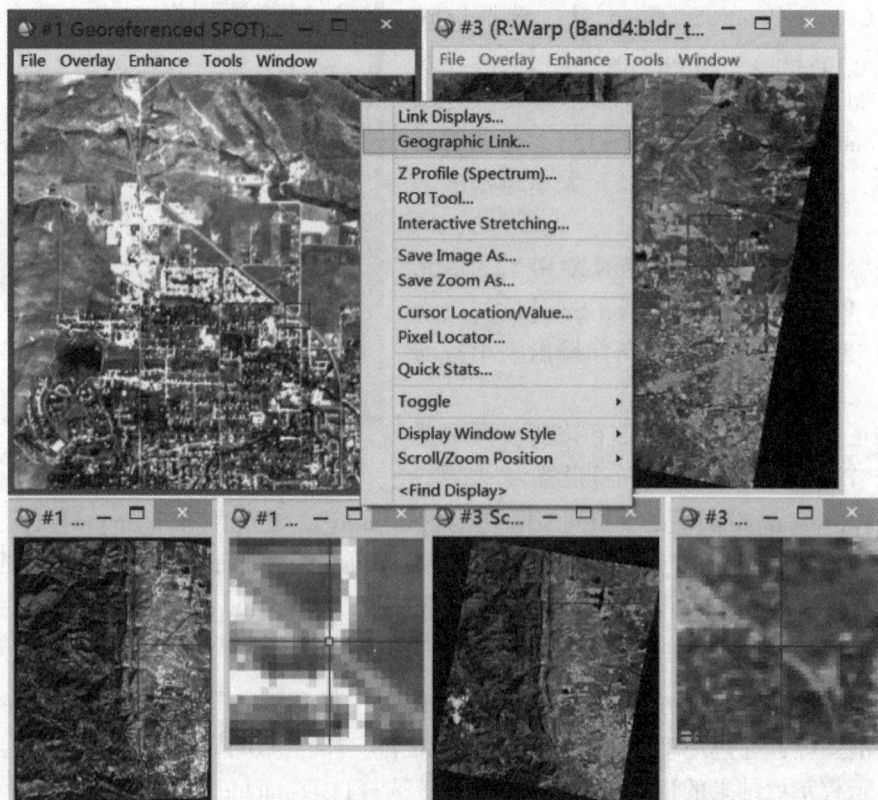

图 6-16　检验校正结果

思考与练习

在 Image to Map 模式下，利用经过校正的矢量数据，从中选择控制点，对相应区域的遥感影像进行校正。

任务 6-3　影像数据融合

工作任务

任务描述：

影像数据融合，是将低分辨率的多光谱影像与高分辨率的单波段影像重采样生成一幅高分辨率多光谱遥感影像的影像处理技术，使得处理后的影像既有较高的空间分辨率，又具有多光谱特征。影像数据融合除了要求融合影像精确配准外，还要选择适宜的融合方法，同样的融合方法用在不同影像中，得到的结果往往会不一样。本任务以不同传感器影像、相同传感器影像为例进行影像数据融合。

任务分析：

1. 利用工具【Image Sharpening】—【Gram-Schmidt Pan Sharpening】完成 SPOT4 10 米全色波段影像和 Landsat 5 TM 30 米多光谱影像融合处理。

2. 利用工具【Image Sharpening】—【NNDiffuse Pan Sharpening】完成 QuickBird 全色和多光谱影像融合处理。

工具材料(表 6-5)：

表 6-5　数据材料

名称	格式	坐标系	说明
Quickbird 影像	IMG	WGS-84	影像融合数据
TM 与 SPOT 影像	IMG	NAD 27	影像融合数据

任务实施

1. 不同传感器图像融合

本小节以 SPOT4 10 米全色波段影像和 Landsat 5 TM 30 米多光谱影像的融合操作为例，进行影像数据融合操作流程。

①选择【File】—【Open】，将 SPOT4 数据"bldr_sp.img"和"Landsat 5 TM"数据"TM-30m.img"分别打开。

②在【Toolbox】中，打开【Image Sharpening】—【Gram-Schmidt Pan Sharpening】，在文件选择框中分别选择"qb_boulder_msi.img"作为低分辨率影像(low spatial)和"qb_boulder_pan.img"作为高分辨率影像(high spatial)，单击【OK】，打开【Pan Sharpening Parameters】对话框。

③在【Pan Sharpening Parameters】对话框中，选择传感器类型【Sensor】选择"Unknown"，重采样方法【Resampling】选择"Cubic Convolution"，输出格式【Output Format】为"ENVI"。

④选择输出路径及文件名，单击【OK】执行融合处理，如图 6-17 所示。

⑤显示融合结果，如图 6-18 所示多光谱影像的分辨率提高到了 10 米。

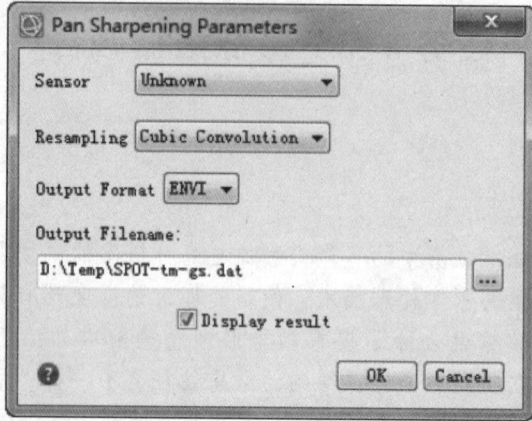

图 6-17 【Pan Sharpening Parameters】对话框

图 6-18 查看融合结果

2. 相同传感器图像融合

对于高分辨率影像，同样可以采用【Gram-Schmidt Pansharping】融合方法达到更好的效果，本环节以 QuickBird 影像为例介绍这种融合方法。

①点击【File】—【Open】，打开影像文件 "qb_boulder_msi. img" 和 "qb_boulder_pan. img"。

②在【Toolbox】中，打开【Image Sharpening】—【Gram-Schmidt Pan Sharpening】，在文件选择框中分别选择"qb_boulder_msi. img"作为低分辨率影像（low spatial）和"qb_boulder_pan. img"作为高分辨率影像（high spatial），单击【OK】，打开【Pan Sharpening Parameters】对话框。

③在【Pan Sharpening Parameters】对话框中，选择传感器类型【Sensor】为"QuickBird"，重采样方法【Resampling】为"Cubic Convolution"，输出格式【Output Format】为"ENVI"。

传感器类型【Sensor】后的下拉列表中可选择的类型还有 GeoEye-1、Goktruk-2、IKO-NOS、landsat8_oli、landsat8_tirs、NPP VIIRS、Pleiades-1A/B、QuickBird、UI：GSS：Sensorrasat、Spot-6、Landsat ETM、WorldView-1/2。

④选择输出路径及文件名，单击【OK】执行融合处理，如图 6-19 所示。

⑤显示融合结果，如图 6-20 所示多光谱图像的分辨率提高到了 0.7 米。

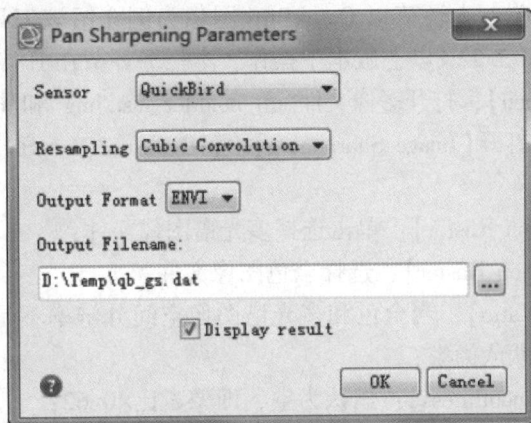

图 6-19　【Pan Sharpening Parameters】对话框

图 6-20　查看融合结果

3. NNDiffuse 图像融合工具

ENVI 5.2 新增的图像融合工具——NNDiffuse Pan Sharpening，由美国罗切斯特理工学院(RIT)提出。此工具利用 Nearest Neighbor Diffusion(NNDiffuse)pan sharpening 算法进行图像融合，具备以下特点。

①支持多种传感器类型，如 Landsat8、SPOT、WorldView-2/3、Pléiades-1A/1B、QuickBird、GeoEye-1、EO-1 ALI、IKONOS、DubaiSat-1/2、NigeriaSat-2、国产卫星等。

②输入图像支持标准地理和投影坐标系统、具备 RPC 信息、基于像元位置(无空间坐标系)的地理信息元数据类型。

③支持多线程计算，能实现高性能处理。

④融合结果中原图像的色彩、纹理和光谱信息，均能得到很好保留。

该工具操作比较简单，本环节以 QuickBird 图像为例介绍该工具的使用(NNDiffuse 图像融合工具必须在 ENVI 5.2 及以上版本中操作，本任务环节在 ENVI 5.3sp1 中进行)。

①点击【File】—【Open】，打开影像文件"qb_boulder_msi.img"和"qb_boulder_pan.img"。

②在【Toolbox】中，打开【Image Sharpening】—【NNDiffuse Pan Sharpening】，并完成以下参数设置：

【Input Low Resolution Raster】：单击选择多光谱图像文件；

【Input High Resolution Raster】：选择全色图像文件；

像素比【Pixel Size Ratio】：当全色和多光谱图像空间分辨率不是整数倍时候，需要设置一个接近的整数比，默认为空；

光谱平滑【Spatial Smoothness】：默认为空，即像素比×0.62；

强度平滑【Intensity Smoothness】：默认为空，即自动从图像中计算。

③勾选【Preview】，可以预览当前视图范围内融合效果。

④选择输出路径及文件名，单击【OK】执行融合，如图 6-21 所示。

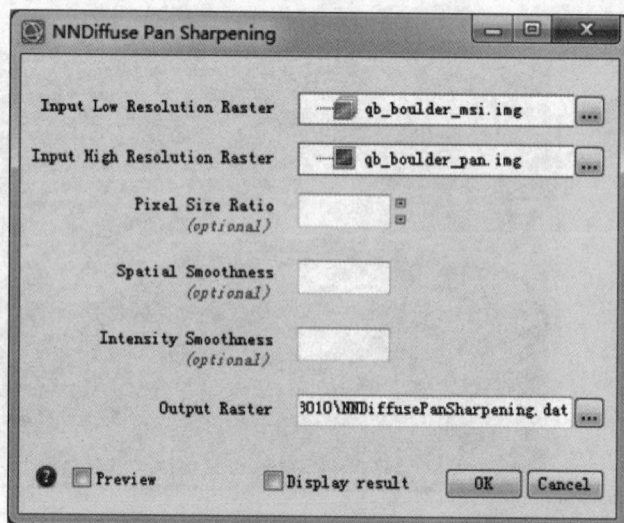

图 6-21 【NNDiffuse Pan Sharpening】窗口

○ 思考与练习

分别使用 Gram-Schmidt Pan Sharpening(GS) NNDiffuse Pan sharpening 融合方法，对练习数据进行影像融合处理。

任务 6-4　影像数据镶嵌

○ 工作任务

任务描述：

遥感影像的单景影像覆盖范围是有限的，高分辨率遥感影像尤其如此。很多情况下，需要多景影像才能完成对整个研究区域的覆盖。此时，需要通过影像镶嵌将不同的影像文件无缝地拼接成一幅完整的包含研究区域的影像。影像镶嵌，即在一定数学基础控制下把多景相邻遥感影像拼接成一个大范围、无缝的影像的过程。本任务将介绍 ENVI 中提供的影像镶嵌功能，要求通过学习掌握把有地理坐标或没有地理坐标的多幅影像合并，生成一幅单一合成影像的方法。

任务分析：

利用【Seamless Mosaic】工具完成两个有地理坐标的 TM 图像文件的无缝镶嵌。

工具材料（表 6-6）：

表 6-6　数据材料

名称	格式	坐标系	说明
mosaic_1、mosaic_2	IMG	NAD 27	用于镶嵌两景的相邻影像

○ 任务实施

本任务以两景 Landsat 5 TM 影像为例进行影像镶嵌流程。

首先，在【Toolbox】中打开【Mosaicking】—【Seamless Mosaic】，启动图像无缝镶嵌工具【Seamless Mosaic】。实现镶嵌的主要流程如下：

数据加载—匀色处理—接边线与羽化—输出结果。

1. 加载数据

①点击【Seamless Mosaic】对话框左上方的➕按钮添加需要镶嵌的影像数据，如图 6-22 所示。

②在【Data Ignore Value】列表中，可设置透明值，当重叠区有背景值时，可设置这个值。

③勾选右上角的【Show Preview】，可以预览镶嵌效果，如图 6-23 所示。

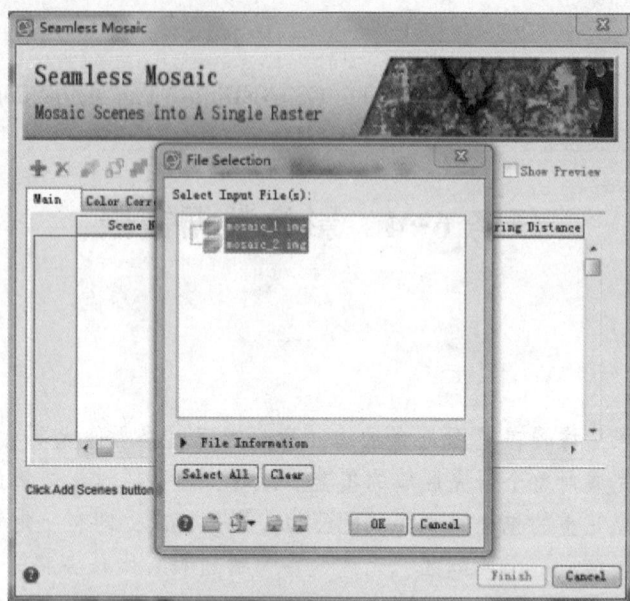

图 6-22　数据加载

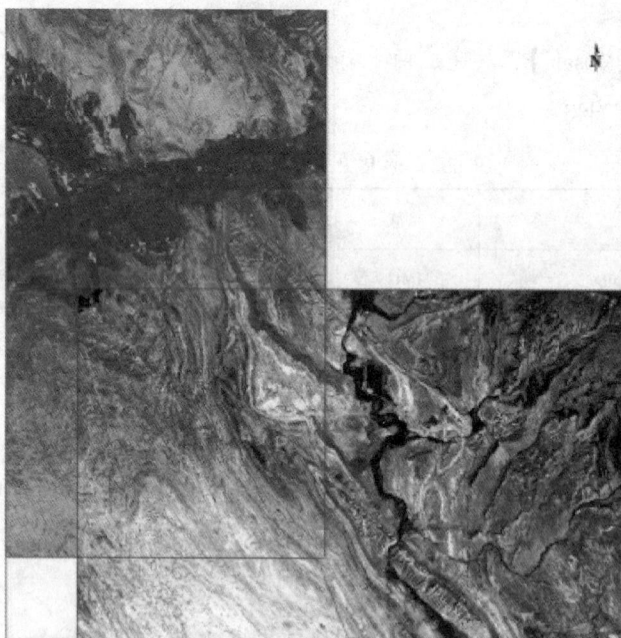

图 6-23　镶嵌效果预览

2. 匀色处理

匀色处理采用直方图匹配(histogram matching)方法。

①在【Color Correction】选项中，勾选【Histogram Matching】，如图 6-24 所示。然后根据实际需求选择重叠区直方图匹配【OverlapAreaOnly】或整景影像直方图匹配【EntireScene】。

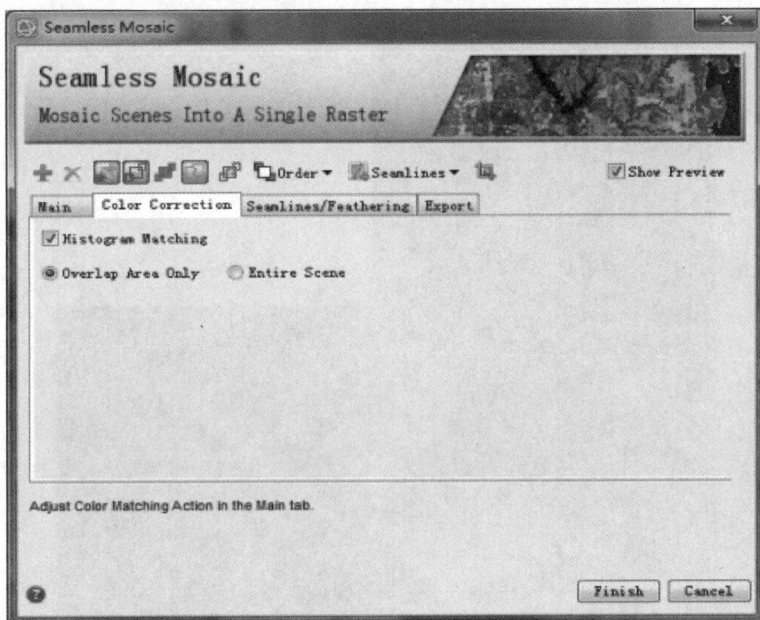

图 6-24　【Color Correction】匀色选项对话框

　　②在【Main】选项中，将鼠标放在【Color Matching Action】上单击右键，设置参照【Reference】和校正【Adjust】，根据预览效果确定参照图像，如图 6-25、图 6-26 所示。

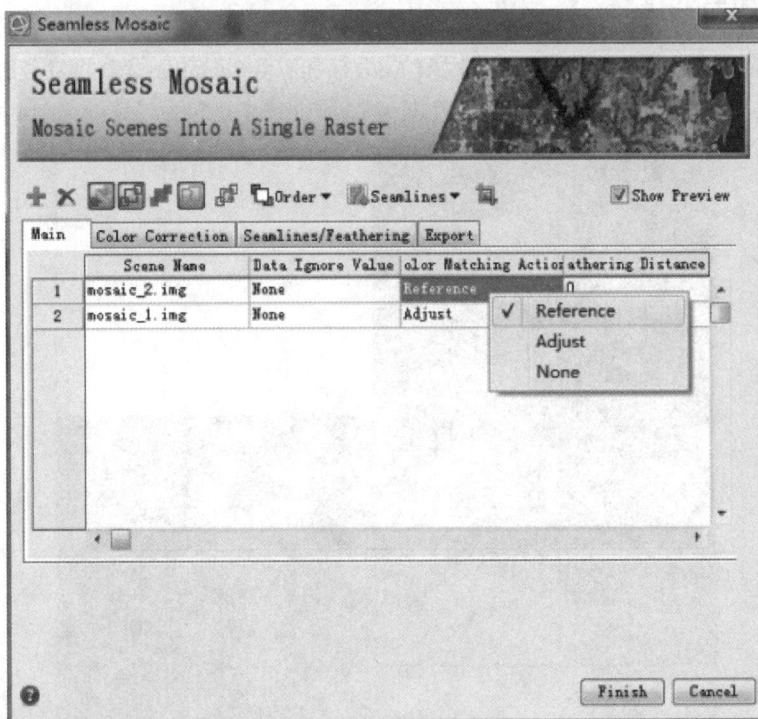

图 6-25　【Main】选项对话框

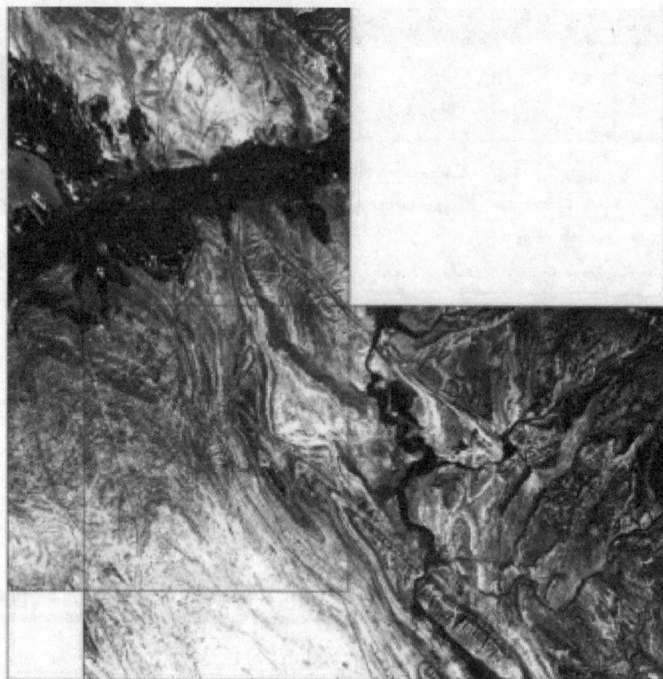

图 6-26　直方图匹配匀色效果

3. 接边线与羽化

①在【Seamlines】后的下拉菜单中选择【Auto Generate Seamlines】，自动绘制接边线，如图 6-27 所示，自动裁剪掉 TM 影像边缘"锯齿"。

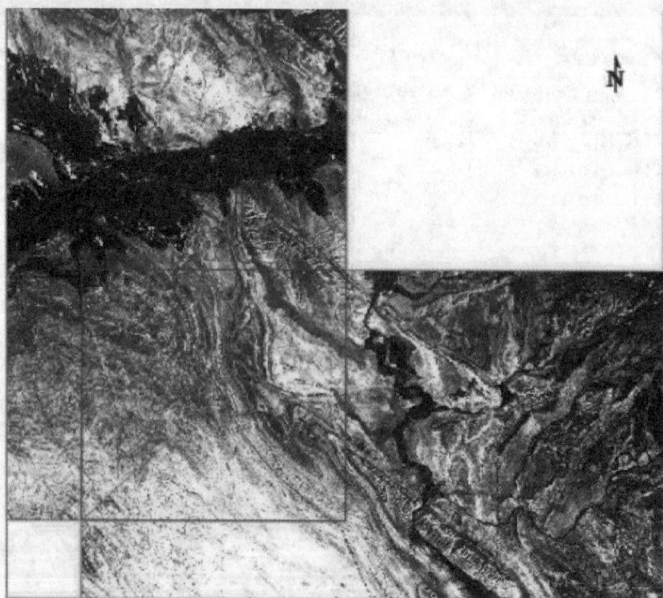

图 6-27　接边线（绿色）

②自动生成的接边线比较规整，可以明显看到由于颜色不同而显露的接边线。在【Seamlines】后的下拉菜单中选择【Start editing seamlines】，可以编辑接边线。通过绘制多边形重新设置接边线，如图 6-28 所示。

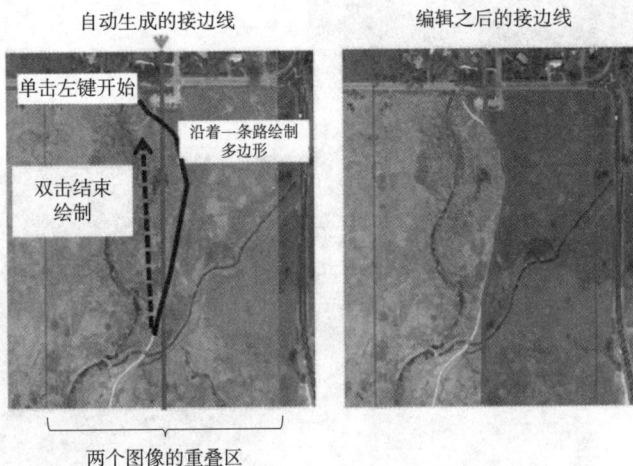

图 6-28　接边线编辑示意

4. 输出结果

①在【Export】面板中，设置重采样方法【Resampling Method】为"Cubic Convolution"。
②设置背景值【Output Background Value】为"0"。
③选择镶嵌结果的输出路径【Output Filename】。
④单击【Finish】执行镶嵌，如图 6-29、图 6-30 所示。

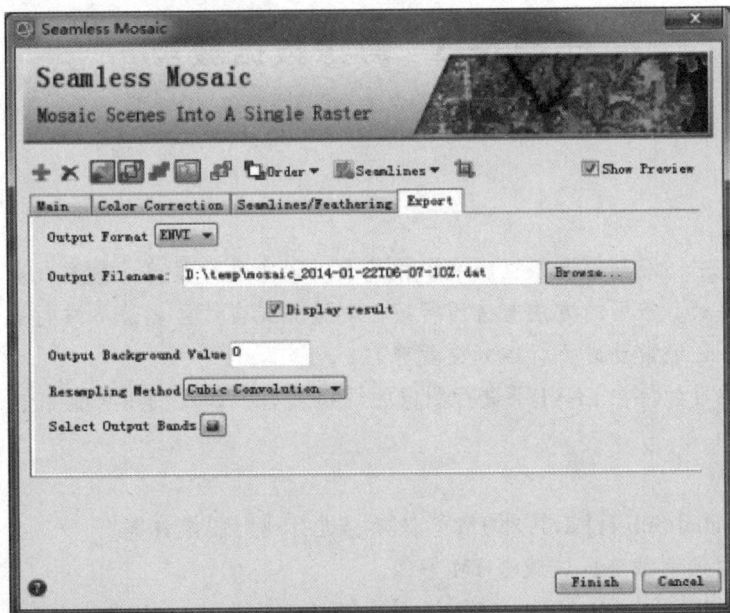

图 6-29　输出参数设置

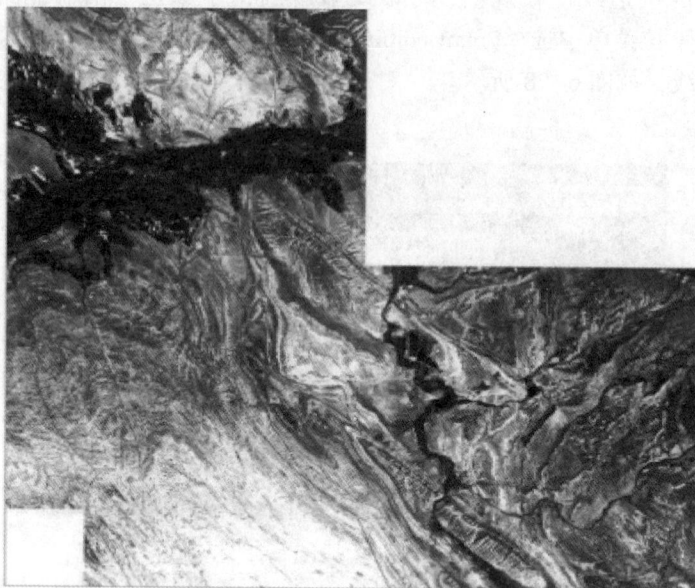

图 6-30   镶嵌结果

○ 思考与练习

登录地理空间数据云或其他数据网站，下载 Landsat 8 OLI_TIRS 数字产品，对影像进行拼接处理。数据下载可参考以下网站：地理空间数据云；欧洲航天局哨兵数据；美国地质勘查局调查数据。

任务 6-5   影像数据裁剪

○ 工作任务

任务描述：

在实际工作中，经常需要根据研究工作范围对影像进行裁剪，影像裁剪的目的是将研究之外的区域去除。常用的方法有按照行政区划边界或自然区划边界进行影像裁剪。在基础数据生产中，还经常要进行标准分幅裁剪。

本任务将学习如何在 ENVI 下进行图像的规则裁剪，以及利用矢量数据进行图像的不规则裁剪。

任务分析：

1. 利用【Spatial Subset】工具对 TM 影像数据进行规则图像裁剪。

2. 手动交互绘制裁剪区域裁剪 TM 影像。

3. 利用【Toolbox】—【Regions of Interest】—【Subset Data from ROIs】工具，使用 Shapefile 矢量数据裁剪 TM 影像。

工具材料(表 6-7):

表 6-7　数据材料

名称	格式	坐标系	说明
Beijing_TM	IMG	WGS-84	用于裁剪影像
矢量	SHP	WGS-84	矢量裁剪边界

◎ 任务实施

1. 规则图像裁剪

规则裁剪，即裁剪图像的边界范围是一个矩形，这个矩形范围的获取途径包括：行列号、左上角和右下角两点坐标、图像文件、ROI/矢量文件。规则分幅裁剪工具【Spatial Subset】在很多的处理过程中都可以启动。

本任务以 TM 影像为例，介绍其中一种规则分幅裁剪方法，具体操作步骤如下。

①点击【File】—【Open】打开图像"Beijing_TM. dat"，按"Linear2%"线性拉伸显示。

②点击【File】—【Save As】，进入【File Selection】对话框(图 6-31)，选择【Spatial Subset】选项，打开右侧裁剪区域选择功能。

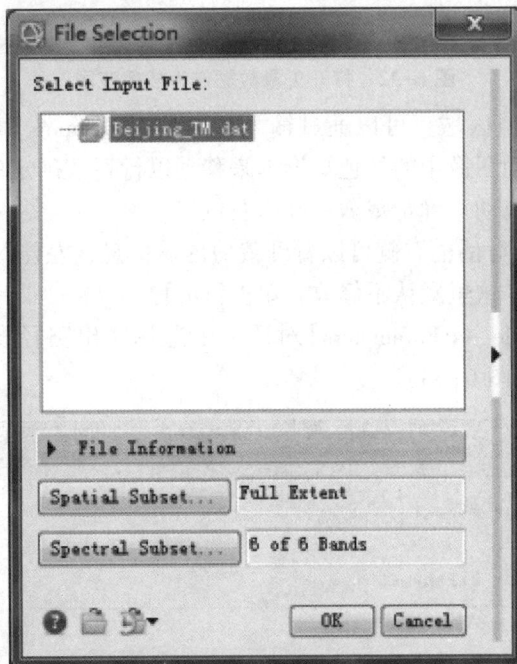

图 6-31　【File Selection】对话框

③有多种方法可以确定裁剪区域。

a. 使用当前可视区域确定裁剪区域：单击【Use View Extent】，自动读取主窗口中显示的区域。

b. 通过文件确定裁剪区域：可以选择一个矢量或者栅格等外部文件，自动读取外部文件的区域。点击右下角【Subset By File】，单击🗎按钮，选择矢量数据"矢量.shp"作为裁剪范围，如图6-32所示。

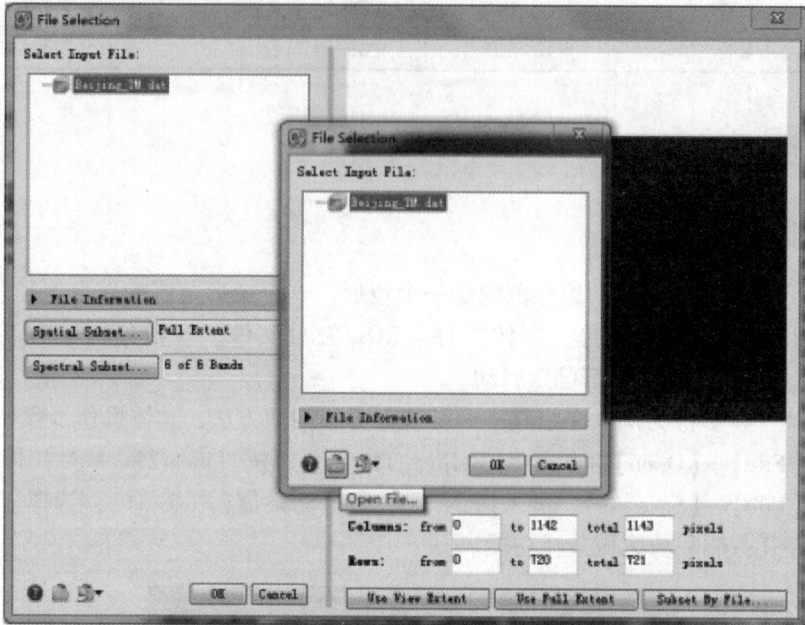

图6-32　打开矢量数据作为裁剪范围

c. 手动交互确定裁剪区域：可以通过输入行列数（【Columns】和【Rows】）确定裁剪尺寸，并按住鼠标左键拖动图像中的红色矩形框来移动以行列数确定的裁剪区域；或直接用鼠标左键选中红色边框拖动来确定裁剪尺寸以及位置。

④从【File Selection】对话框右侧可以看到裁剪区域信息，左侧【Spectral Subset】按钮还可以选择输出波段子集，这里默认不修改，单击【OK】。

⑤在弹出的【Save File As Parameters】对话框中选择输出路径及文件名，单击【OK】，完成规则图像裁剪过程（图6-33）。

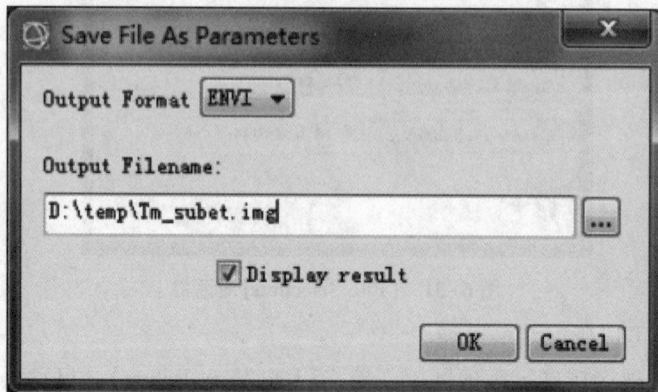

图6-33　结果输出

2. 不规则图像裁剪

不规则图像裁剪，即裁剪图像的边界范围是一个任意多边形。任意多边形可以是事先生成的一个完整的闭合多边形区域，可以是一个手工绘制的多边形，也可以是 ENVI 支持的矢量文件。针对不同的情况采用不同的裁剪过程。本任务将分别学习手动绘制裁剪区和通过外部矢量数据裁剪这两种方法的具体操作步骤。

1) 手动绘制裁剪区

①打开图像"Beijing_TM. dat"，按"Linear2%"线性拉伸显示。

②在【Layer Manager】中选中"Beijing_TM. dat"文件，单击鼠标右键，选择【New Region Of Interest】，打开【Region of Interest(ROI)Tool】对话框，如图 6-34 所示。

③在【Region of interest(ROI)Tool】对话框中点击▨按钮，在图像上绘制多边形。本任务绘制大致为北京二环范围的多边形，作为裁剪区域。可以修改感兴趣区名称【ROI Name】、感兴趣区颜色【ROI Color】等，也可以根据需求绘制若干个多边形，当绘制多个感兴趣区时利用▨◄◄►►▨◄功能可以对其进行删减，如图 6-35、图 6-36 所示。

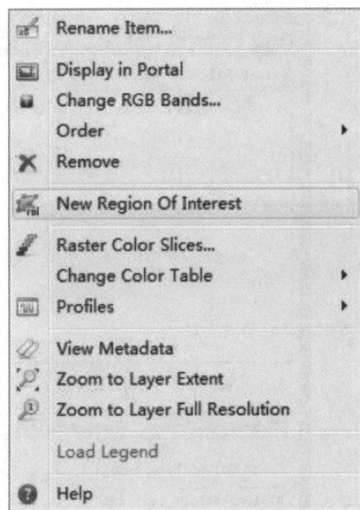

图 6-34　新建 ROI 文件

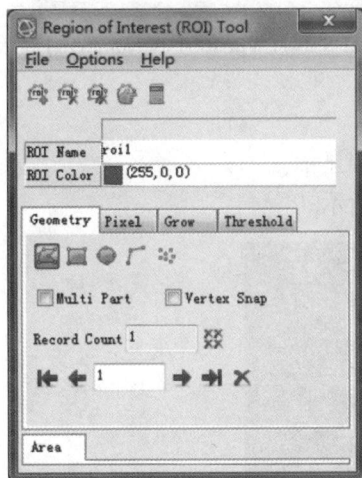

图 6-35　【Region of interest(ROI)Tool】
　　　　　对话框

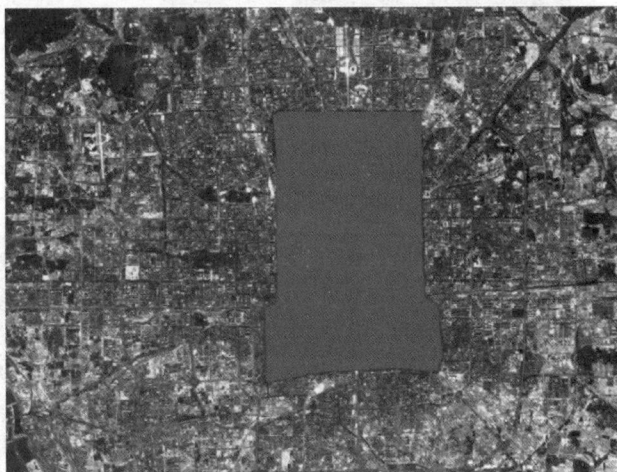

图 6-36　手动绘制 ROI

④在【Region of interest(ROI)Tool】对话框中，选择【File】—【Save as】，保存绘制的多边形 ROI，选择保存的路径和文件名，如图 6-37 所示。

⑤在【Toolbox】中，打开【Regions of Interest】—【Subset Data from ROIs】。

⑥在【Select Input File】对话框中，选择"Beijing_TM. dat"，打开【Subset Data from ROIs Parameters】对话框。

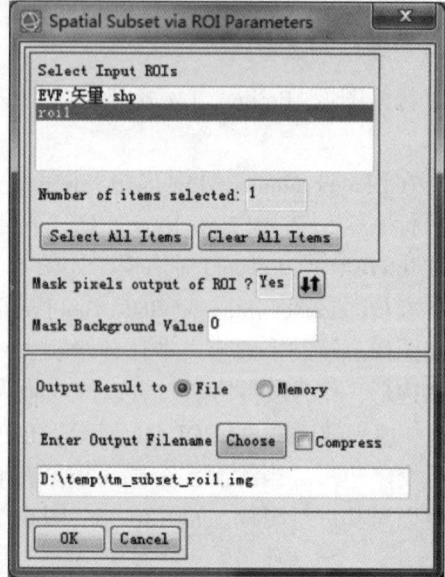

⑦在【Spatial Subset Via ROI Parameters】对话框中，设置以下参数。

【Select Input ROIs】：选择刚才生成的矢量文件"roi1"；

【Mask pixels output of ROI?】：填入"Yes"；

【Mask Background Value】：背景值为"0"。

⑧选择输出路径和文件名，单击【OK】执行图像裁剪，如图6-38所示。

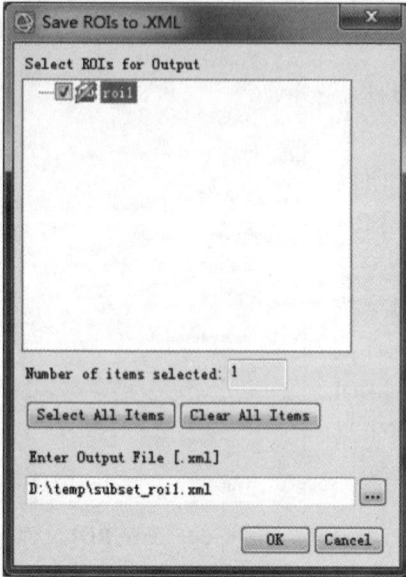

图 6-37　保存新绘制的 ROI　　　　图 6-38　【Spatial Subset Via ROI Parameters】对话框

2）外部矢量数据裁剪图像

①打开图像"Beijing_TM. dat"，按【Linear2%】线性拉伸显示。

②点击【File】—【Open】，打开矢量数据，如图6-39所示。

图 6-39　待裁剪的 TM 图像加载矢量数据显示

③在【Toolbox】中，打开【Regions of Interest】—【Subset Data from ROIs】。【Select Input File】选择"Beijing_TM.dat"，点击【OK】，打开【Spatial Subset Via ROI Parameters】对话框。

④在【Spatial Subset Via ROI Parameters】对话框中，设置以下参数。

【Select Input ROIs】：选择"EVF：矢量.shp"；

【Mask pixels output of ROI?】：填入"Yes"；

【Mask Background Value】：背景值为"0"。

⑤选择输出路径和文件名（图6-40），单击【OK】执行图像裁剪，结果如图6-41所示。

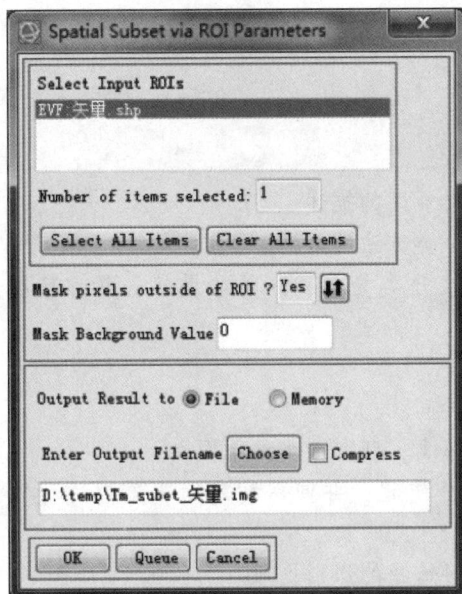

图6-40 选择输出路径和文件名

图6-41 矢量裁剪结果

思考与练习

利用矢量数据生成掩膜，对影像进行裁剪。

学习目标

知识目标：

1. 掌握监督分类和非监督分类方法的原理。

2. 了解决策树规则的获取，掌握对决策树分类规则的描述。

3. 掌握面向对象分类方法，了解与基于像元分类方法的区别。

4. 掌握分类后处理(小斑块去除、分类统计、分类叠加、分类结果转矢量、精度评价)操作方法。

技能目标：

1. 会区分比较监督分类与非监督分类方法的异同。

2. 能够独立进行遥感影像监督分类与非监督分类，获取分类结果图。

3. 能够熟练应用在 ENVI 下构建决策树的操作流程，并使用构建的决策树进行图像分类。

4. 能够采用基于规则的面向对象分类来完成对地物的识别提取。

5. 能够对分类结果图进行分类后处理，达到信息提取要求。

素质目标：

1. 培养在林业生产实际中，能根据需要灵活应用多种技术方法的职业素养和实践能力。

2. 培养脚踏实地，扎根林业基础建设的务实精神。

知识准备

1. 影像信息提取技术概述

遥感影像通过亮度值或像元值的高低差异(反映地物的光谱信息)及空间变化(反映地物的空间信息)来表示不同地物的差异，这是区分不同影像地物的物理基础。

遥感影像分类即利用计算机对遥感影像中各类地物的光谱信息和空间信息进行分析，选择特征，将图像中每个像元按照某种规则或算法划分为不同的类别，获得遥感影像与实际地物的对应信息，从而实现遥感影像的分类。

2. 监督分类

监督分类，又称训练分类法，是用被确认类别的样本像元去识别其他未知类别像元的过程。即在分类之前通过目视判读和野外调查，对遥感图像上某些样区中影像地物的类别属性有了先验知识，对每一种类别选取一定数量的训练样本，计算机计算每种训练样区的统计或其他信息，同时用这些种子类别对判决函数进行训练，使其符合对各种子类别分类的要求，随后用训练好的判决函数去对其他待分数据进行分类。分类过程中将每个像元和训练样本作比较，按不同的规则将其划分到和其最相似的样本类，以此完成对整个图像的分类。

ENVI 中使用的分类器有如下几种。

1）平行六面体（parallelpiped）

根据训练样本的亮度值形成一个 n 维的平行六面体数据空间，其他像元的光谱值如果落在平行六面体任何一个训练样本所对应的区域，就被划分至其对应的类别中。

2）最小距离（minimum distance）

利用训练样本数据计算出每一类的均值向量和标准差向量，然后以均值向量作为该类在特征空间中的中心位置，计算输入图像中每个像元到各类中心的距离，到哪一类中心的距离最小，该像元就归入哪一类。

3）马氏距离（Mahalanobis distance）

计算输入图像到各训练样本的协方差距离（一种有效的计算两个未知样本集相似度的方法），最终协方差距离最小的，即为此类别。

4）最大似然（likelihood classification）

假设每一个波段的每一类统计都呈正态分布，计算给定像元属于某一训练样本的似然度，像元最终被归并到似然度最大的一类当中。

5）神经网络（neural net classification）

神经网络指用计算机模拟人脑的结构，用许多小的处理单元模拟生物的神经元，用算法实现人脑的识别、记忆、思考过程。

3. 非监督分类

非监督分类也称聚类分析，是指人们不事先对分类过程施加任何的先验知识，而仅凭数据（遥感影像地物的光谱特征的分布规律），即运用自然聚类的特性让机器进行自学习并分类，它以集群为理论基础，通过计算机对图像进行集聚统计分析，是模式识别的一种方法。

非监督分类在遥感影像领域的主要算法为迭代自组织聚类算法（ISODATA）、K 均值聚类算法（K-means）。

1）ISODATA

ISODATA 是一种重复自组织数据分析技术，计算数据空间中均匀分布的类均值，然后用最小距离技术将剩余像元进行迭代聚合，每次迭代都重新计算均值，且根据所得的新均值，对像元再进行分类。

2）K-Means

K-Means 是使用聚类分析方法，随机地查找聚类簇的聚类相似度相近，即中心位置，它是利用各聚类中对象的均值来获得一个"中心对象"进行计算的，并在此基础上通过迭代重新配置它们，完成分类的过程。

ISODATA、*K-means* 较其他分类方法的优势在于，把分析判别的统计聚类算法和简单多光谱分类融合在一起，使聚类更加准确客观。

非监督分类的一般工作流程是，分析影像—算法选择—非监督分类—类别定义/类别合并—验证分类结果。

4. 基于专家知识的决策树分类

基于专家知识的决策树分类是基于遥感影像数据及其他空间数据，通过专家经验总结、简单数学统计和归纳方法等，获得分类规则并进行遥感分类的方法。分类规则易于理解，分类过程也符合人的认知过程，最大的特点是利用多源数据。

专家知识决策树分类的步骤大体上可分为 4 步：知识(规则)定义、规则输入、决策树运行和分类后处理。难点是规则的获取，可以来自经验总结，如坡度小于 20°是缓坡等；也可以通过统计的方法从样本中获取规则，如 C4.5 算法、分类与回归树(CART)算法、S-PLUS 算法等。

5. 面向对象的图像分析

在实际分类应用中，"同物异谱，同谱异物"会对影像分类产生影响，加上高分辨率影像的光谱信息不是很丰富，还经常伴有光谱相互影响的现象，这对基于像素的分类方法来说是一种挑战，而面向对象的影像分类技术可以一定程度减少上述影响。

面向对象的影像分类技术集合了邻近像元为对象来识别感兴趣的光谱要素，充分利用高分辨率的全色和多光谱数据的空间、纹理和光谱信息来分割和分类，输出高精度的分类结果或者矢量。面向对象分类的操作流程主要分为两个方面：发现对象和特征提取。

6. 分类后处理

监督分类和基于专家知识的决策树分类等分类方法得到的一般是初步结果，难以达到最终的应用目的。因此，需要对初步的分类结果再进行一些处理，才能得到满足需求的分类结果，这些处理过程通常被称为分类后处理。常用分类后处理包括：更改分类颜色、分类统计分析、小斑点处理(类后处理)、栅矢转换等操作。

分类统计(class statistics)可以基于分类结果计算相关输入文件的统计信息。基本统计包括：类别中的像元数、最小值、最大值、平均值以及类中每个波段的标准差等。可以绘制每一类的最小值、最大值、平均值以及标准差，还可以记录每类的直方图，以及计算协方差矩阵、相关矩阵、特征值和特征向量，并显示所有分类的总结记录。

常用的精度评价的方法有两种：一是混淆矩阵；二是 ROC 曲线。其中，比较常用的为混淆矩阵，ROC 曲线可以用图形的方式表达分类精度，比较形象。

精度评价中真实参考源的选择可以使用两种方式：一是标准的分类图；二是选择的感兴趣区(验证样本区)。

两种方式都可以通过以下工具实现：

ENVI 5 系列软件：点击【Classification】—【Post Classification】—【Confusion Matrix

Using …】或【ROC Curves Using …】；

　　ENVI Classic：点击【Classification】—【Post Classification】—【Confusion Matrix】或【ROC Curves】。

　　真实参考源感兴趣区可以在高分辨率影像上选择，也可以在野外实地调查获取，原则是确保类别参考源的真实性，验证样本选择方法和训练样本的选择过程是一样的。

任务 7-1   非监督分类

○ 工作任务

任务描述：

　　非监督分类是一种无先验类别标准的分类方法，它完全按照影像的光谱特性进行统计分类，用于对分类区域没有了解、无经验知识指导下的影像分类，人为干预少、自动化程度高。本任务在 ENVI 5.3 中，利用 K-Means 非监督分类方法对影像进行分类，要求能够对 ENVI 软件进行简单地操作，以直观地认识非监督分类。

任务分析：

　　1. 在开始菜单中点击【ENVI 5.3】—【64-bit】—【ENVI 5.3（64-bit）】，打开 ENVI 软件。

　　2. 加载影像，根据影像的光谱信息，决定分类数目。

　　3. 从【工具箱】打开【K-Means Classification】工具，完成分类。

工具材料（表 7-1、表 7-2）：

表 7-1   应用工具及工具位置

工具名称	工具位置
K-Means Classification	【工具箱】—【Classification】—【Unsupervised Classification】—【K-Means Classification】

表 7-2   数据材料

名称	格式	坐标系	说明
smalrect	TIF	WGS_1984_UTM_Zone_48N	2018 年夏季航飞高分辨率影像
smalrect_img	HDR	WGS_1984_UTM_Zone_48N	2018 年夏季航飞低分辨率影像

○ 任务实施

　　①启动 ENVI 5.3，加载"smalrect_img"，如图 7-1 所示。

　　②在工具箱中找到【K-Means Classification】工具，双击打开【Classification Input File】对话框，如图 7-2 所示。

　　③在【Classification Input File】对话框中，选择要分类的影像，其余参数默认，点击【OK】，弹出【K-Means Parameters】对话框，如图 7-3 所示。

　　④【K-Means Parameters】对话框中，在【Number of Classes】处输入分类数量，此处输入

"4"，在【Change Threshold %(0-100)】处输入变化阈值，值越小得到的结果越精确，运算量也越大，此处输入"5"，【Maximum Stdev From Mean】保持默认，【Maximum Distance Error】保持默认，【Output Result to】选择"File"，并选择分类结果的保存路径，点击【OK】，弹出【K-Means Classifier】对话框(图7-4)，等待分类完成。

图7-1　待分类影像

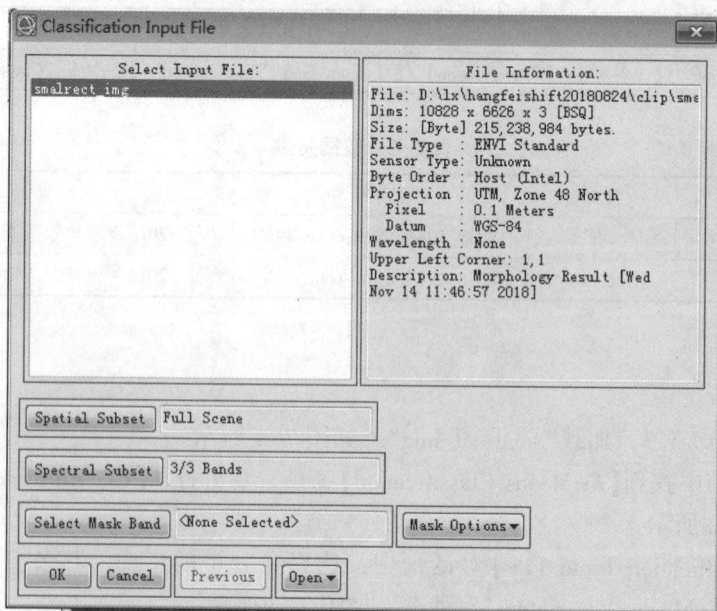

图7-2　【Classification Input File】对话框

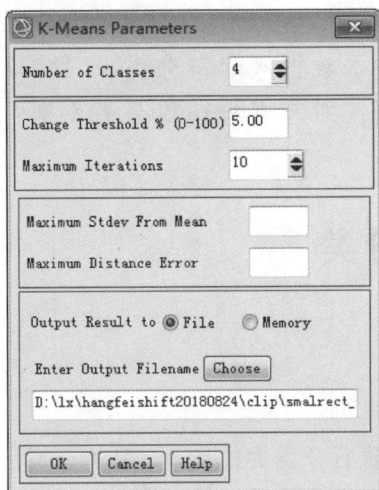

图 7-3　【K-Means Parameters】对话框

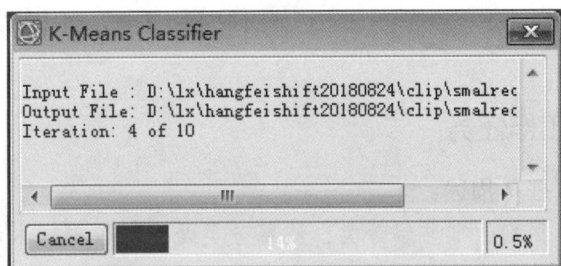

图 7-4　【K-Means Classifier】对话框

⑤分类结果如图 7-5 所示。

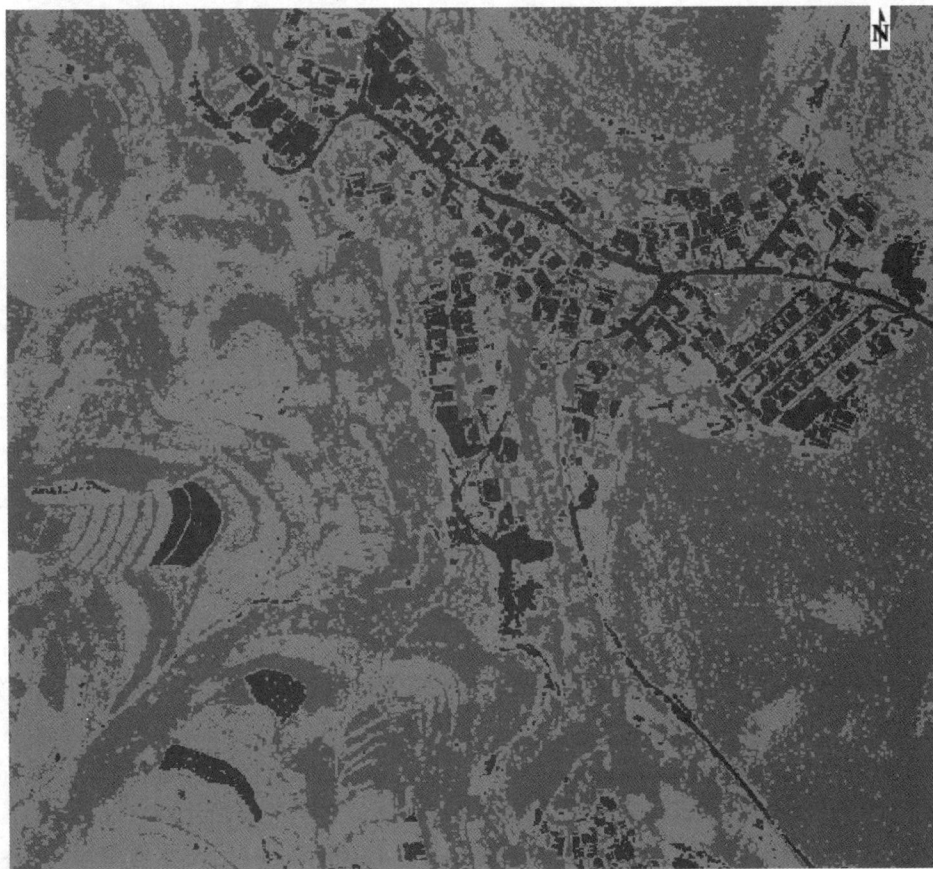

图 7-5　非监督分类结果

思考与练习

1. 思考非监督分类过程中，是否需要选择样本数据来参与分类。
2. 当非监督分类完成后，是否无须人工干预，即可直接获得分类类别？
3. 查询资料，简单介绍 *K*-Means 算法。

任务 7-2　监督分类

工作任务

任务描述：

区别于非监督分类，监督分类是一种依据样本训练进行分类的技术，它可充分利用相关经验，有选择地决定分类类别。监督分类比非监督分类更多地要求用户来控制，常用于对研究区域比较了解的情况。本任务在 ENVI 5.3 中，利用监督分类方法对影像进行分类，要求掌握 ENVI 中的各种监督分类方法以及具体的影像分类流程。

任务分析：

1. 从开始菜单中启动【ENVI 5.3】—【64-bit】—【ENVI 5.3(64-bit)】，打开 ENVI 软件。

2. 加载影像，根据分类目的、影像自身的特征和分类区收集的信息确定分类类别。

3. 样本选择，对样本进行评价。

4. 使用【Maximum Likelihood Classification】工具，完成影像分类。

工具材料(表 7-3)：

表 7-3　应用工具及工具位置

工具名称	工具位置
Maximum Likelihood Classification	【工具箱】—【Classification】—【Supervised Classification】—【Maximum Likelihood Classification】

数据材料同任务 7-1 中的表 7-2 所列。

任务实施

①启动 ENVI 5.3，加载"smalrect_img"文件影像。通过观察影像，确定了 4 种分类，分别是乔木、植被、裸地、房屋。

②在图层管理器【Layer Manager】窗口中右键"smalrect_img"图层，选择【New Region Of Interest】，打开【Region of Interest (ROI) TOOL】对话框，如图 7-6 所示。

③在【Region of Interest (ROI) TOOL】对话框中，【ROI Name】后文本框中输入"乔木"，在【Geometry】选项卡中选择多边形绘图，同时鼠标移动到影像图上，目视判读乔木林区

域，勾画若干乔木林样本，双击鼠标左键可闭合多边形，右键点击勾画的多边形样本，选择【Delete Record】可删除样本，样本在影像图上的分布应尽量均匀。乔木样本选择完毕后，点击【Region of Interest（ROI）TOOL】对话框中的🔲按钮，按照同样的方法创建植被、裸地、房屋样本。

④样本评价，在【Region of Interest（ROI）TOOL】对话框中，选择【菜单栏】—【Options】—【Compute ROI Separability】，弹出【Choose ROIS】对话框，如图 7-7 所示，点击【Select All Items】，点击【OK】，等待计算结果完成。

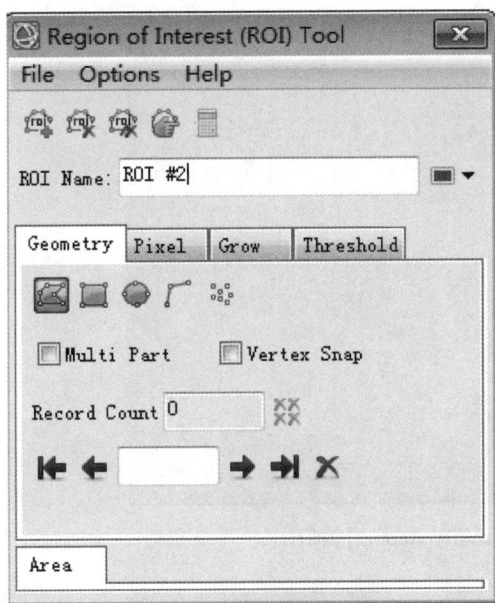

图 7-6　【Region of Interest（ROI）TOOL】对话框　　　图 7-7　【Choose ROIs】对话框

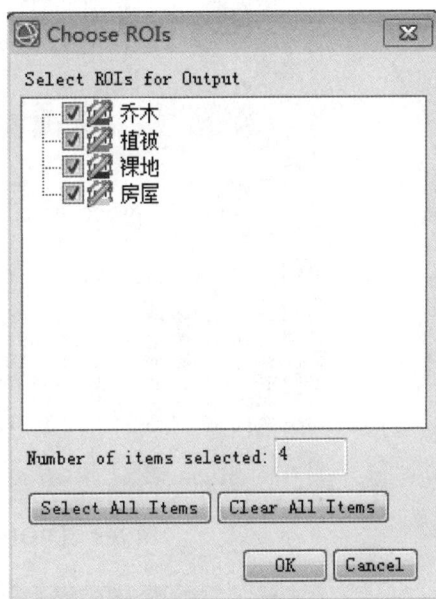

⑤计算完成后，弹出【ROI Separability Report】窗口，如图 7-8 所示。用"Jeffries-Matusita""Transformed Divergence"参数表示样本之间的可分离性，这两个参数值在 0～2，大于或等于 1.8 说明样本之间的可分离性好；小于 1.8 需要编辑样本；小于 1，考虑将两类样本合成一类样本。从图 7-8 中可以看出植被和乔木之间的参数值较低，不易区分。

⑥关闭【ROI Separability Report】窗口，在工具箱中双击【Maximum Likelihood Classification】工具，打开【Classification Input File】对话框，如图 7-9 所示。选择要分类的影像"smalrect_img"，点击【OK】，弹出【Maximum Likelihood Parameters】对话框，如图 7-10 所示。

⑦在【Maximum Likelihood Parameters】对话框中，点击【Select All Items】选择全部样本类别，【Set Probability Threshold】选择【None】，【Enter Output Class Filename】选择输出结果保存位置，点击【OK】，等待处理过程执行完毕，分类结果如图 7-11 所示。

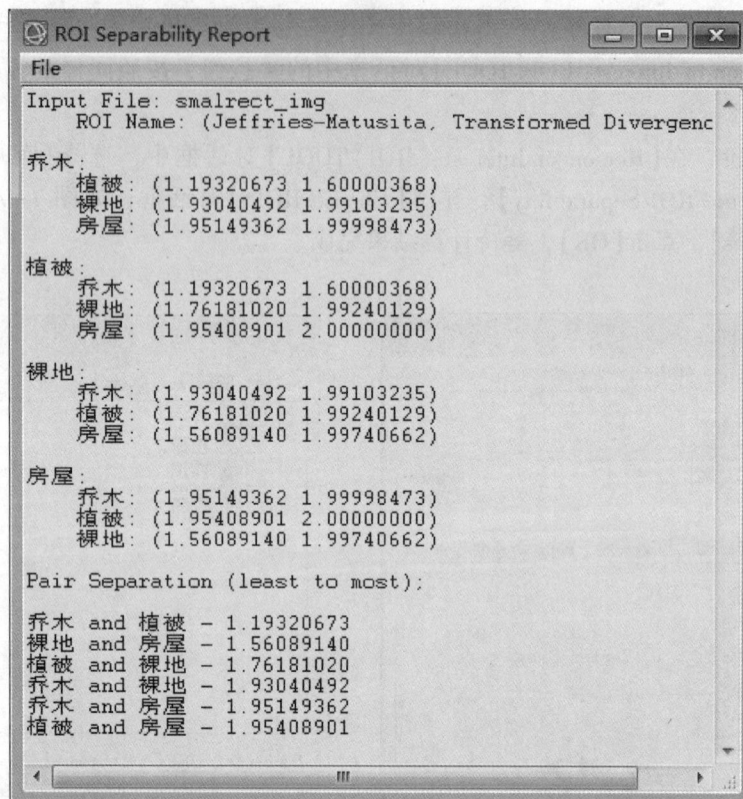

图7-8 【ROI Separability Report】窗口

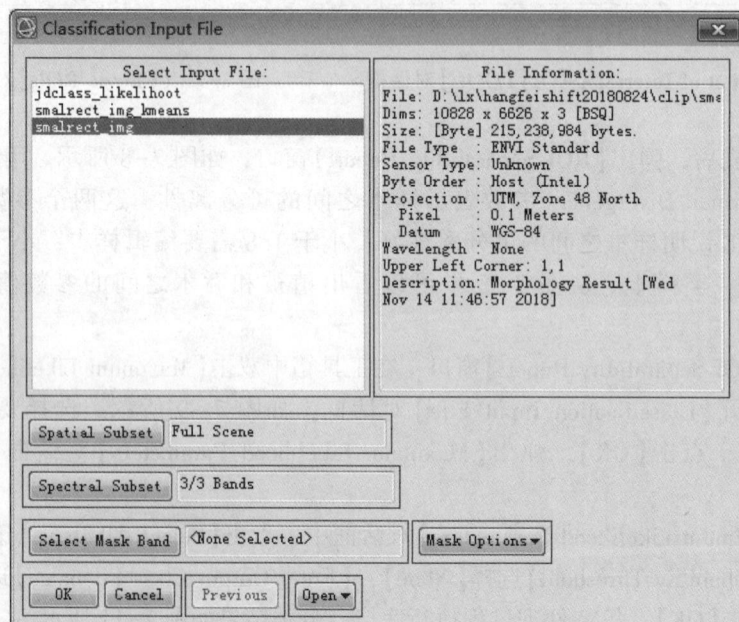

图7-9 【Classification Input File】对话框

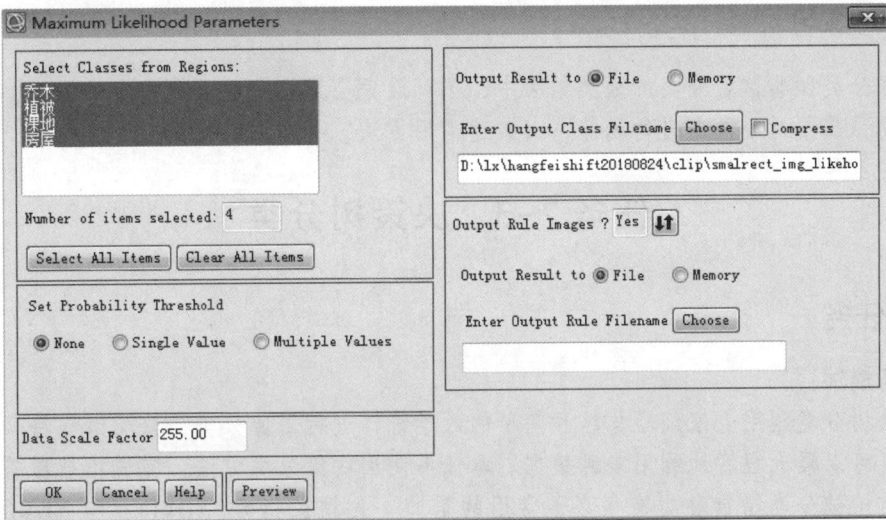

图 7-10　【Maximum Likelihood Parameters】对话框

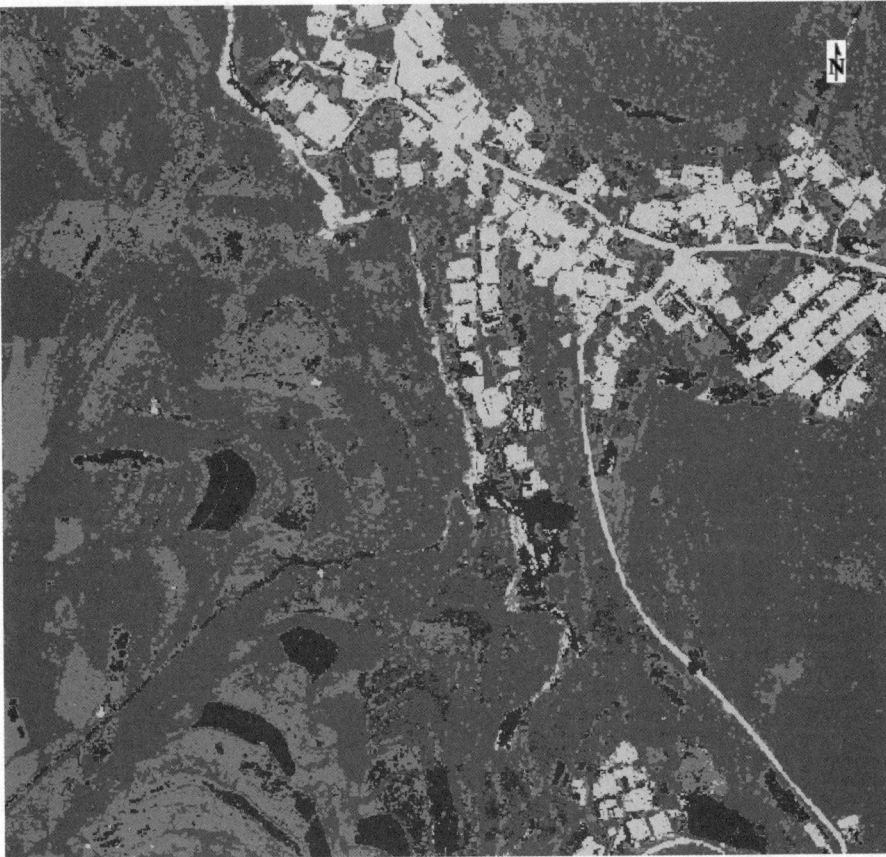

图 7-11　监督分类结果

思考与练习

监督分类和非监督分类的分类结果中，不可避免会产生一些面积很小的图斑，从应用角度出发，需要对小图斑进行剔除，请叙述常用方法，并在 ENVI 中进行尝试。

任务 7-3　决策树分类

工作任务

任务描述：

决策树分类利用专家经验总结和简单的数学统计进行影像分类，分类过程符合人的认知，并且可以最大程度地利用多源数据。本任务使用决策分类方法，完成植被覆盖率的计算，目前植被分类指数种类有很多，常用的是归一化植被指数(NDVI)，但 NDVI 的计算需要利用近红外波段，数据获取不便，本任务将采用基于可见光的绿叶指数(GLI)来完成植被覆盖率的计算。

任务分析：

使用决策分类方法，完成植被覆盖率计算。

1. 开始菜单中启动【ENVI 5.3】—【64-bit】—【ENVI 5.3(64-bit)】，打开 ENVI 软件。

2. 加载影像。

3. 使用【New Decision Tree】工具建立决策树。绿叶指数的计算公式为 $GLI = (2G-R-B)/(2G+R+B)$。

4. 执行决策树，完成影像分类。

5. 使用【Class Statistics】工具统计植被覆盖率。

工具材料(表 7-4)：

表 7-4　应用工具及工具位置

工具名称	工具位置
New Decision Tree	【工具箱】—【Classification】—【Decision Tree】—【New Decision Tree】
执行决策树	【ENVI Decision Tree 窗口】—【菜单栏】—【Options】—【Execute...】—【执行决策树】
Class Statistics	【工具箱】—【Classification】—【Post Classification】—【Class Statistics】

数据资料同任务 7-1 中的表 7-2 所列。

任务实施

①启动 ENVI，加载 "smalrect_img"。

②建立决策树。工具箱中双击【New Decision Tree】工具，打开【ENVI Decision Tree】窗口，如图 7-12 所示。

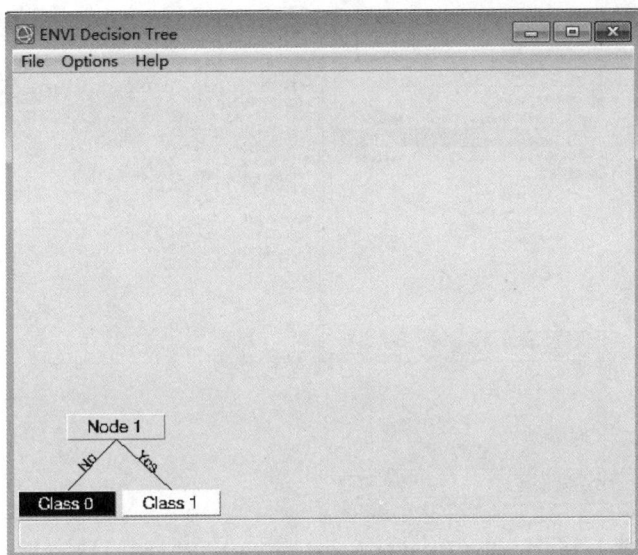

图 7-12　【ENVI Decision Tree】窗口

③在【ENVI Decision Tree】窗口中，默认已经创建了一个树形结构。鼠标左键点击
【Node 1】节点，弹出【Edit Decision Properties】对话框，如图 7-13 所示。【Name】输入"GLI>
0.05"，【Expression】输入(b2 * 2.0-b1-b3)/(b2 * 2.0+b1+b3) gt0.05，点击【OK】，弹出
【Variable/File Pairings】窗口，如图 7-14 所示。

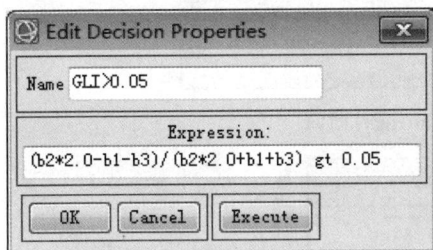

图 7-13　【Edit Decision Properties】对话框

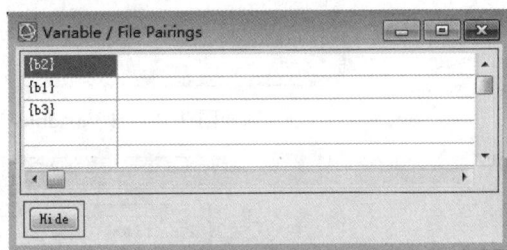

图 7-14　【Variable/File Pairings】窗口

④在【Variable/File Pairings】窗口中，鼠标左键点击【{b2}】，弹出【Select Band to Asso-
ciate Variable"{b2}"】对话框，如图 7-15 所示。选择【smalrect_img】的 Band 2 波段，点击
【OK】。按照同样的方法为"{b1}"指定【smalrect_img】的 Band 1 波段，为"{b3}"指定
【smalrect_img】的 Band 3 波段，指定后的【Variable/File Pairings】窗口如图 7-16 所示，点
击【Hide】按钮，转到【ENVI Decision Tree】窗口。

⑤在【ENVI Decision Tree】窗口中，点击【Class 1】节点，弹出【Edit Class Properties】对
话框，如图 7-17 所示。【Name】中输入"Plant"，【Color】指定绿色，点击【OK】。按照同样
的方法为"Class 0"节点指定节点属性，最终决策树配置结果如图 7-18 所示。

⑥执行决策树。在【ENVI Decision Tree】窗口中，执行【Execute…】，弹出【Decision
Tree Execution Parameters】对话框(图 7-19)，选择输出结果保存位置，点击【OK】，等待处
理完毕。

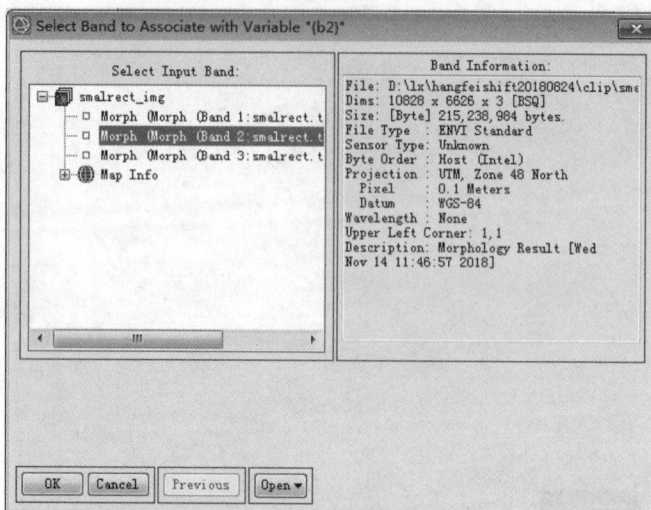

图 7-15 【Select Band to Associate Variable"{b2}"】对话框

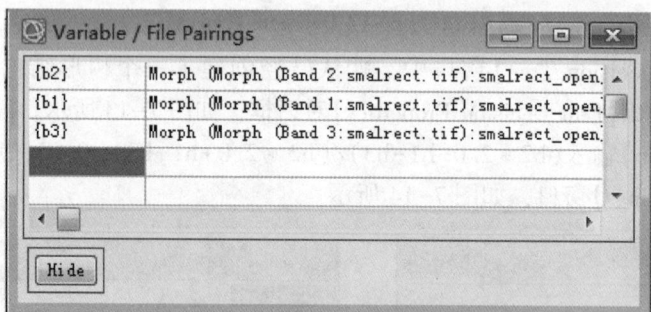

图 7-16 【Variable/File Pairings】窗口

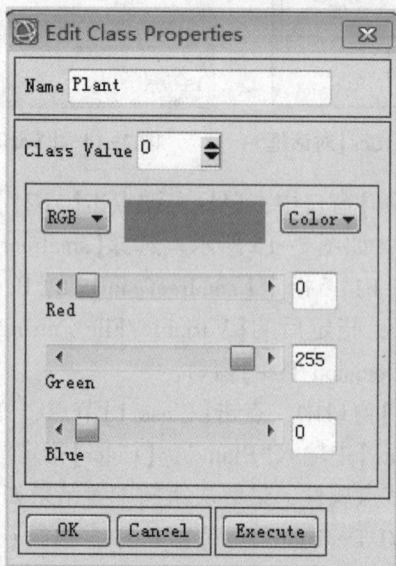

图 7-17 【Edit Class Properties】对话框

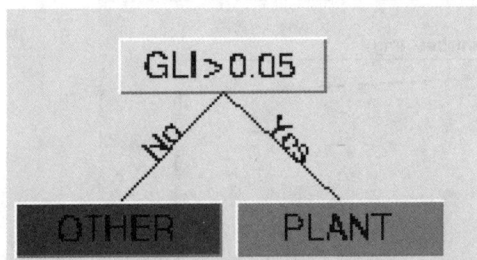

图7-18 决策树配置

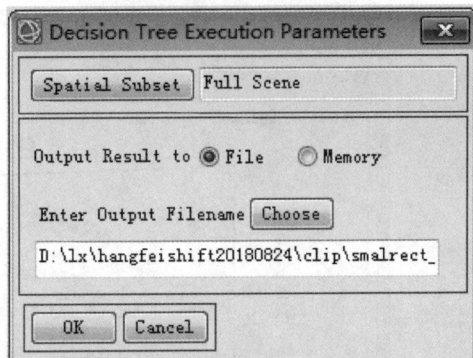

图7-19 【Decision Tree Execution Parameters】
对话框

⑦加载分类结果，如图7-20所示。

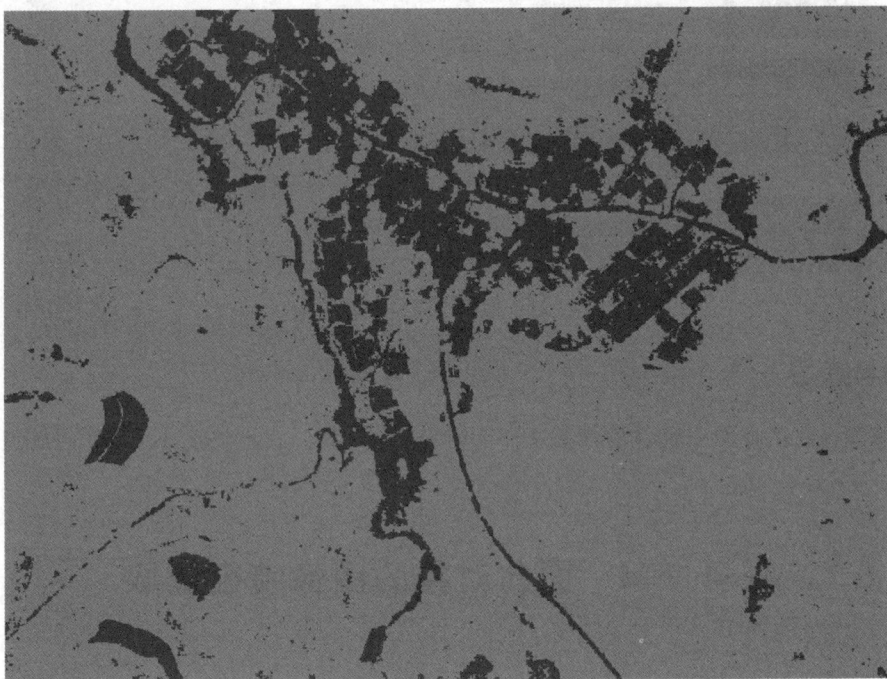

图7-20 决策树植被分类结果

⑧计算覆盖率。双击【Class Statistics】工具，打开【Classification Input File】对话框，选择分类结果输出文件，点击【OK】，在【Statistics Input File】对话框中选择原始影像，点击【OK】，在弹出的【Class Selection】对话框中，点击【Select All Items】，点击【OK】，在【Compute Statistics Parameters】对话框中保持默认配置，点击【OK】，等待处理结果完成。统计结果如图7-21所示，植被覆盖率为85%。

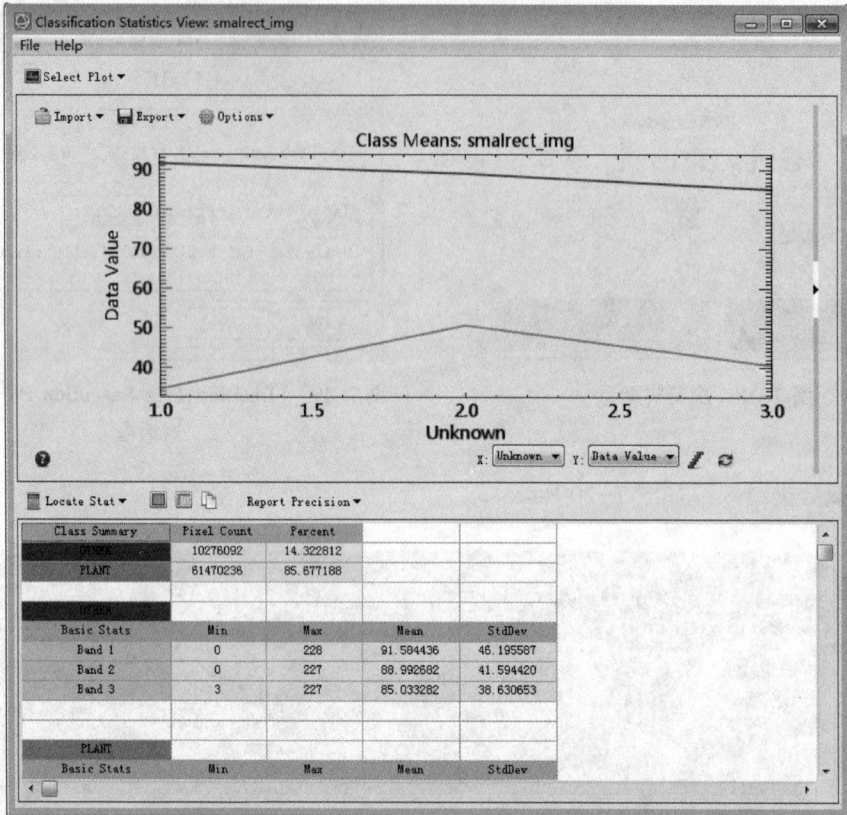

图 7-21　植被覆盖率计算结果

○ 思考与练习

以本教材数字资源中提供的任务 7-3 DEM 影像为例，找出坡度小于 20° 的缓坡植被覆盖区域。

任务 7-4　面向对象的图像特征提取

○ 工作任务

任务描述：

使用监督分类和非监督分类时，"同物异谱，同谱异物" 经常会对分类结果产生影响。通过前面的任务可知，房子和道路就很不容易区分，而面向对象的分类技术因其充分利用高分辨率的全色和多光谱数据的空间、纹理和光谱信息来分割和分类的特点，能有效应用于此类影像的区分。本任务将采用基于规则的面向对象分类来完成对房屋的识别提取。

任务分析：

1. 采用基于规则的面向对象分类来完成对房屋的识别提取。

2. 在开始菜单中启动【ENVI 5.3】—【64-bit】—【ENVI 5.3（64-bit）】，打开 ENVI 软件。

3. 加载影像。

4. 启动【Rule Based Feature Extraction Workflow】工具，完成影像的分割、合并、提取规则的建立。

5. 执行分类。

工具材料（表 7-5）：

表 7-5　应用工具及工具位置

工具名称	工具位置
Rule Based Feature Extraction Workflow	【工具箱】—【Feature Extraction】—【Rule Based Feature Extraction Workflow】

数据资料同任务 7-1 表 7-2 所示。

○ 任务实施

①启动 ENVI，加载"smalrect. tif"影像。

②在工具箱中双击【Rule Based Feature Extraction Workflow】工具，打开【Feature Extraction-Rule Based】窗口，如图 7-22 所示。

③在【Input Raster】对话框中，Raster File 选择待分类的影像"smlrect. tif"，【Input Mask】选项卡保持默认，【Ancillary Data】选项卡中，选择植被分类结果，植被分类结果在之前的任务中已经获得；【Custom Bands】选项卡中，勾选【Color Space】，【Red】选择 Band 1，【Green】选择 Band 2，【Blue】选择 Band 3，点击【Next】按钮，等待处理完成。

④在【Feature Extraction-Rule Based】窗口【Segment Setting】中设置【Algorithm】为"Edge"，【Scale Level】为"50"，【Merge Setting】中设置【Algorithm】为"Full Lambda Schedule"，【Merge Level】为"90"，【Texture Kernel Size】为"15"，如图 7-23 所示，可以勾选预览【Preview】，预览影像分割合并后的效果，点击【Next】，等待处理完成。

⑤添加分类类别。处理完成后，弹出如图 7-24 所示界面，在此界面中设置分类规则。点击 ➕ 按钮在文件夹"All Classes"下增加类别"New Class 1"，选中新增加的类别"New Class 1"，在右侧"Class Properties"中修改【Class Name】为"house"，【Class Color】为"蓝色"，【Class Threshold】保持默认值。

⑥添加分类规则。在各新增类别下，分别对分类规划进行设置：200>"Area">10；1>"Rectangular Fit">0.55；"Spectral Mean"<0.5；其中"Spectral Mean"是区分植被和非植被的指标，配置结果如图 7-25 所示，点击【Next】，等待处理完毕。

⑦处理完成后，弹出如图 7-26 所示界面，点击【Finish】，可把分类结果导出为 SHP 文件。

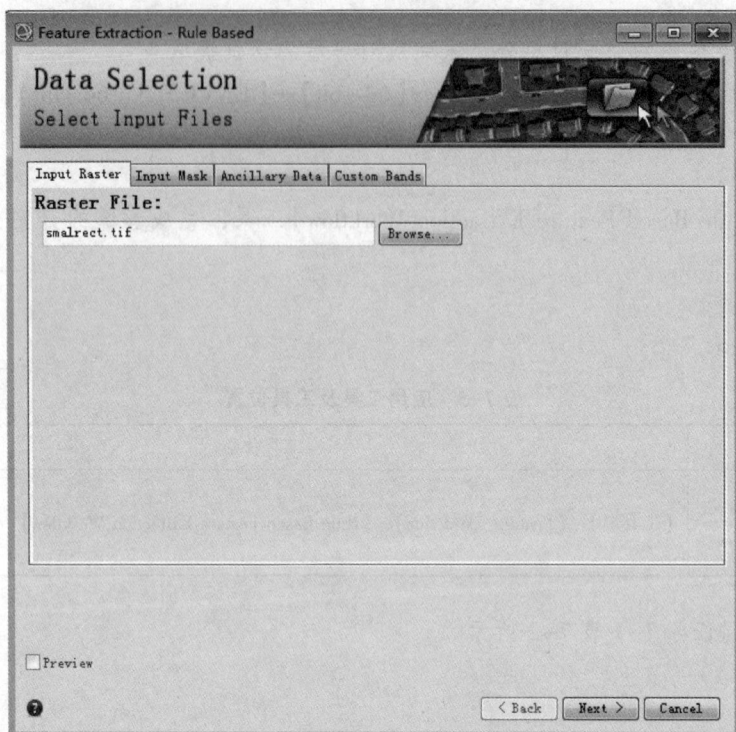

图 7-22 【Feature Extraction-Rule Based】窗口

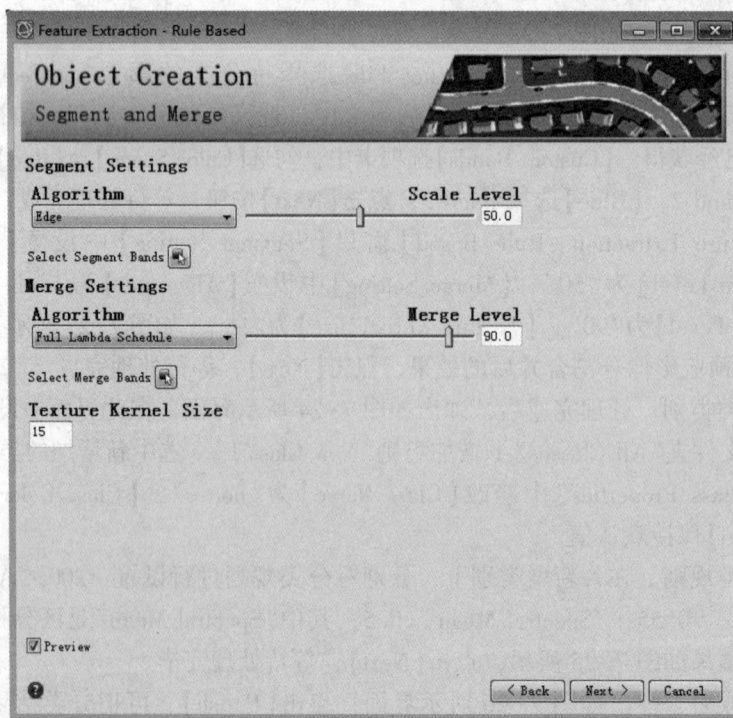

图 7-23 【Feature Extration-Ruls Based】窗口参数设置

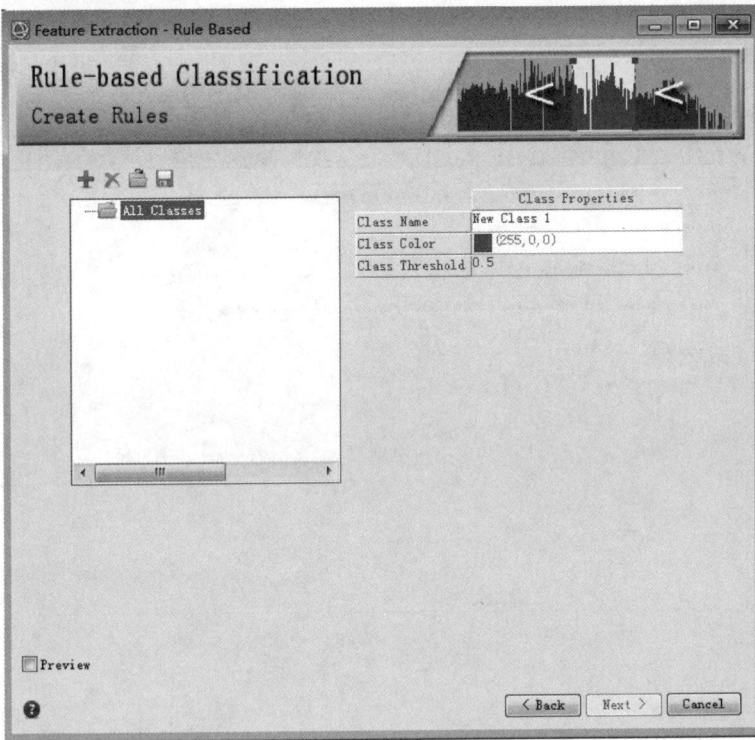

图 7-24　添加分类类别

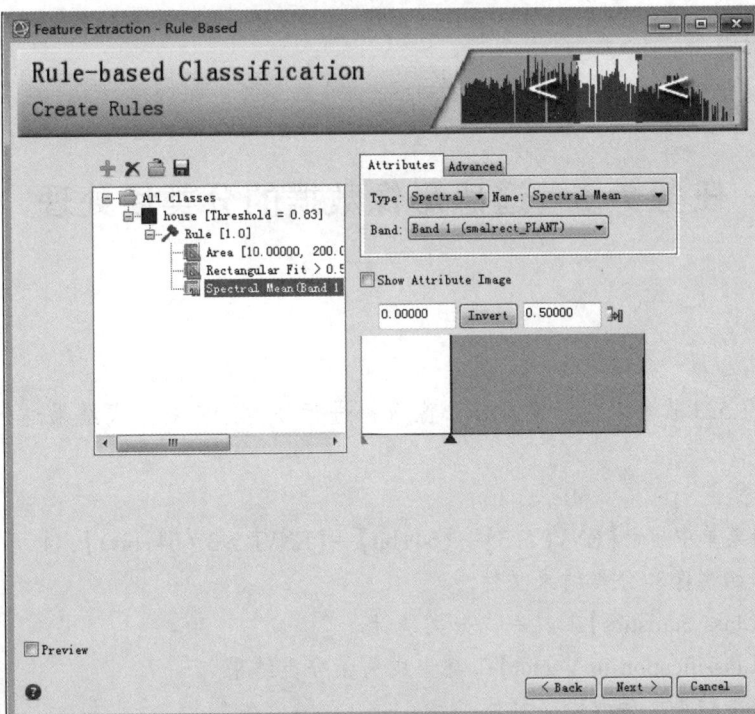

图 7-25　分类规则配置

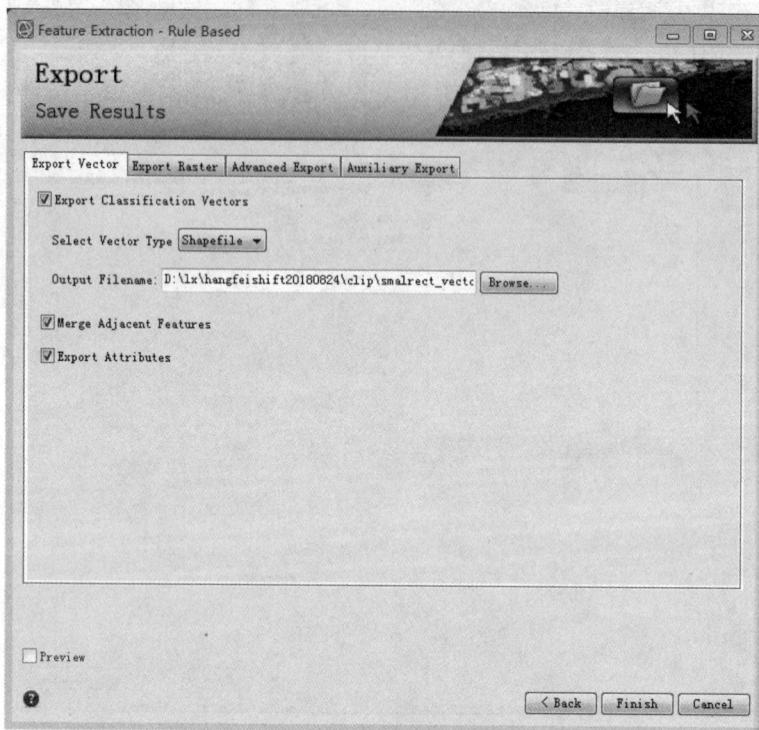

图 7-26 分类结果导出

思考与练习

如何提高房屋的识别率,请列举几种办法。

任务 7-5 遥感影像数据的分类后处理

工作任务

任务描述:

使用 ENVI 5.3 软件功能,对遥感影像数据进行分类,并对生成结果进行验证,得到精度评价报表。

任务分析:

1. 在开始菜单中启动【ENVI 5.3】—【64-bit】—【ENVI 5.3 (64-bit)】,打开 ENVI 软件。

2. 加载原始影像和分类结果文件。

3. 使用【Class Statistics】工具完成分类统计。

4. 使用【Classification to Vector】工具生成矢量分类结果。

5. 加载分类结果文件和验证样本。

6. 使用【Confusion Matrix Using Ground Truth ROIs】工具完成精度评价。

工具材料(表 7-6):

表 7-6　应用工具及工具位置

工具名称	工具位置
Class Statistics	【工具箱】—【Classification】—【Post Classification】—【Class Statistics】
Classification to Vector	【工具箱】—【Classification】—【Post Classification】—【Classification to Vector】
Confusion Matrix Using Ground Truth ROIs	【工具箱】—【Classification】—【Post Classification】—【Confusion Matrix Using Ground Truth ROIs】

采用任务 7-3 中生成的分类结果文件作为数据材料。

○ 任务实施

1. 分类统计

①启动 ENVI,加载原始影像"smalrect_img"和分类结果影像。

②双击【Class Statistics】工具,打开【Classification Input File】对话框,如图 7-27 所示,选择分类结果文件,点击【OK】,在弹出的界面中选择原始影像文件,点击【OK】,弹出如图 7-28 所示对话框。

③在【Class Selection】对话框中,点击【Select All Items】按钮,点击【OK】,弹出【Compute Statistics Parameters】对话框,如图 7-29 所示。

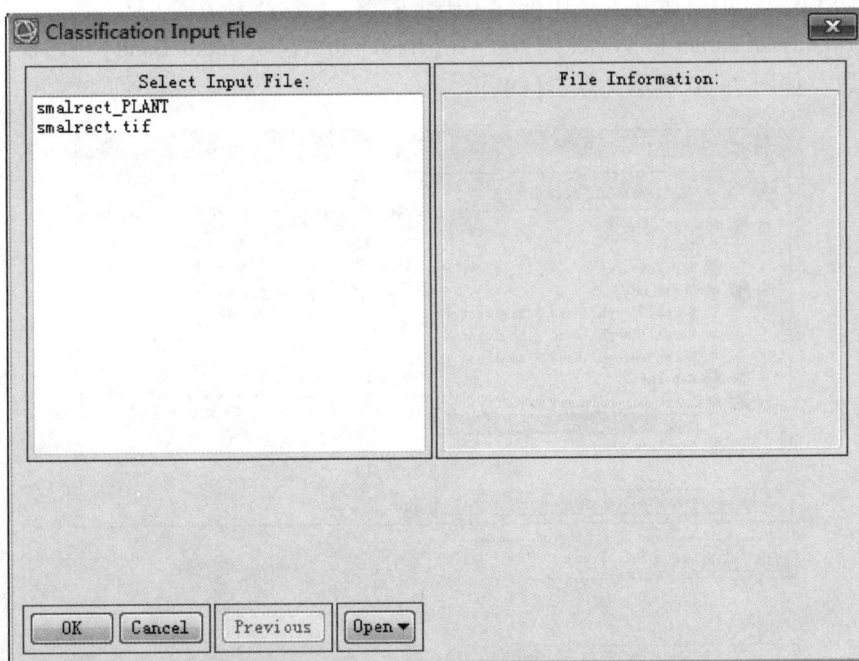

图 7-27　【Classification Input File】对话框

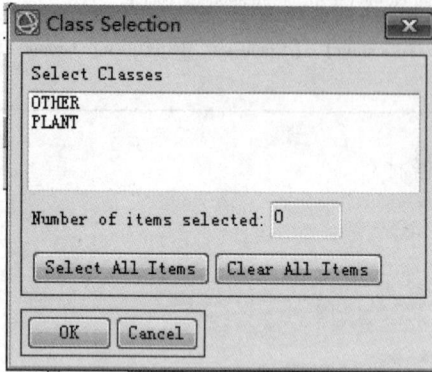

图7-28 【Class Selection】对话框　图7-29 【Compute Statistics Parameters】对话框

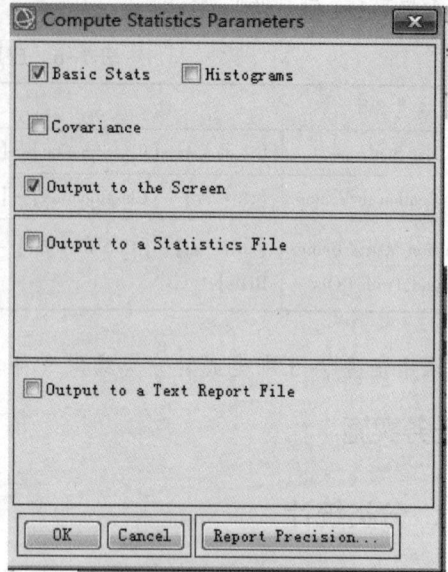

④在【Compute Statistics Parameters】对话中，勾选"Basic Stats""Output to the Screen"，点击【OK】，等待处理完毕。

2. 分类结果转矢量

①启动 ENVI，加载任务 7-2 中的分类结果影像。

②打开【Classification to Vector】工具，在【Raster to Vector Input Band】对话框中选择分类结果波段，如图 7-30 所示，点击【OK】。

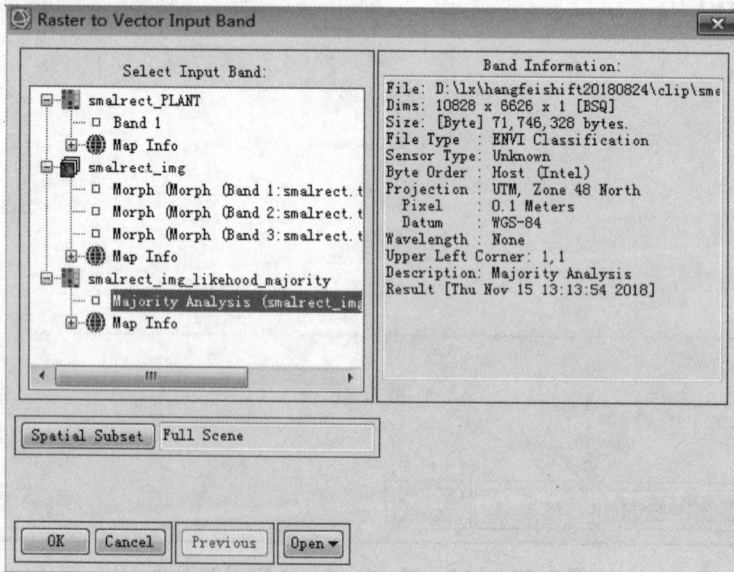

图7-30 【Raster to Vector Input Band】对话框

③在【Raster to Vector Parameter】对话框中，【Select Classes to Vectorize】选择"植被""裸地""房屋"，【Output Result to】选择【File】，【Enter Output Filename】选择输出文件的保存位置，点击【OK】，等待处理完毕(图 7-31)。

④打开矢量文件，查看转出结果。

3. 分类精度评价

①启动 ENVI，加载任务 7-2 中的分类结果影像和验证样本数据。

②打开【Confusion Matrix Using Ground Truth ROIs】工具，弹出【Classification Input File】对话框，如图 7-32 所示。选择分类结果文件，点击【OK】，弹出【Match Classes Parameters】对话框，如图 7-33 所示。

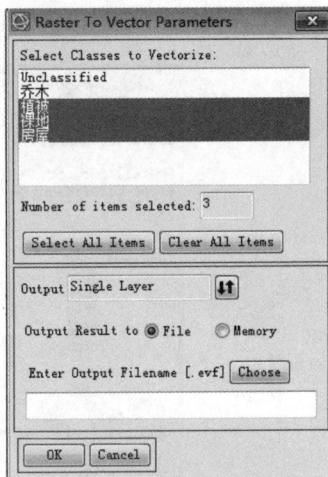

图 7-31　【Raster to Vector Parameters】对话框

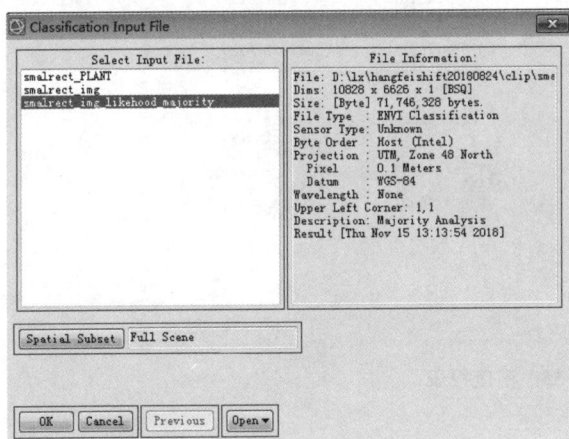

图 7-32　【Classification Input File】对话框

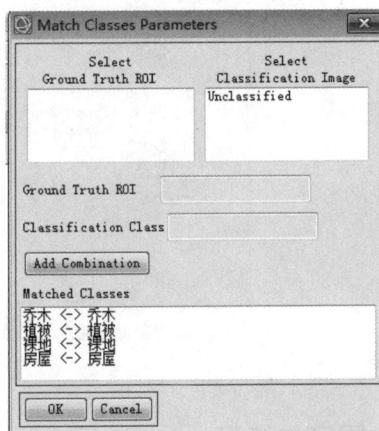

图 7-33　【Match Classes Parameters】对话框

③在【Match Classes Parameters】对话框中，程序完成自动匹配，如无改动，点击【OK】，弹出【Confusion Matrix Parameters】对话框，如图 7-34 所示。

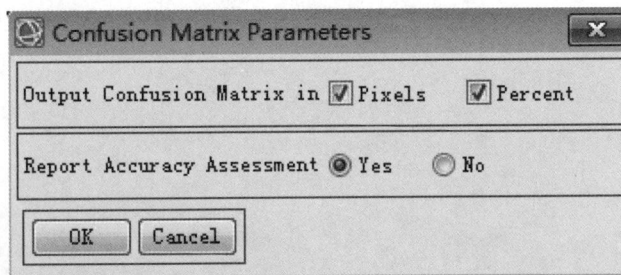

图 7-34　【Confusion Matrix Parameters】对话框

④在【Match Classes Parameters】对话框中点击【OK】，得到精度报表，如图7-35所示。

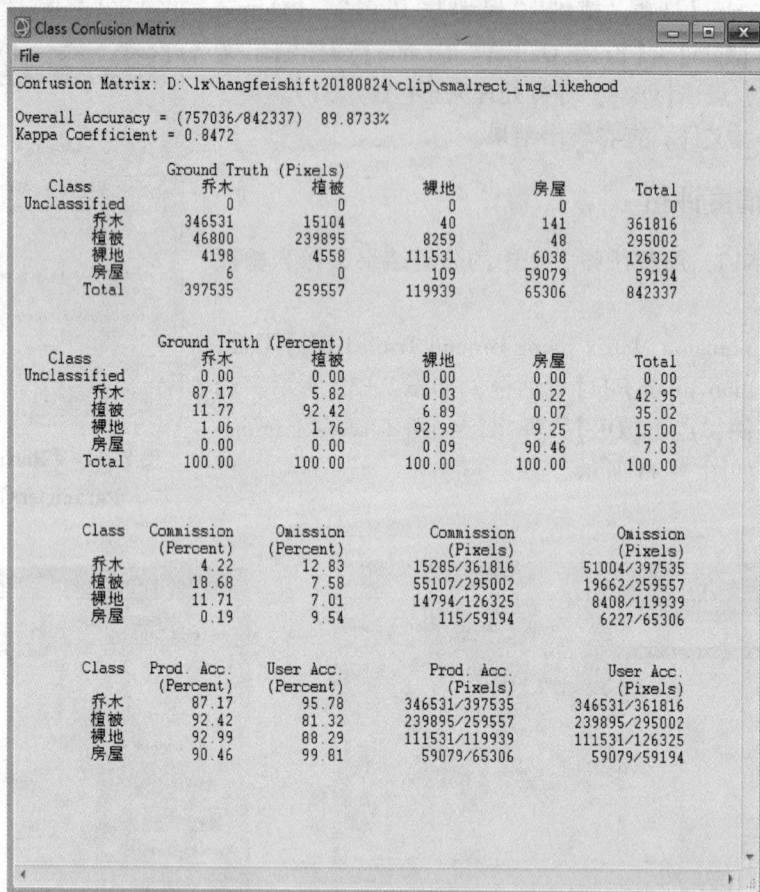

图7-35　精度报表

思考与练习

1. 请简单叙述图像直方图的含义。

2. 采用什么办法可以消除分类结果中的碎小矢量面？请列出几种办法。

项目8 遥感影像数据动态监测

学习目标

知识目标：

1. 了解遥感变化检测的基本原理、方法。

2. 掌握 ENVI 中变化检测工具直接比较法的基本原理、方法和流程。

3. 掌握 ENVI 中变化检测工具分类后比较法的基本原理、方法和流程。

技能目标：

1. 能熟练使用影像直接比较法完成变化等级的量化。

2. 能熟练使用影像分类后比较法，对变化类型的差异进行分析并进行变化统计。

3. 能熟练使用流程化动态监测工具，完成影像变化信息的提取。

素质目标：

1. 培养敢于将遥感数据应用于更多相关领域的创新精神。

2. 提升将规划研究和管理手段从定性转变为定性与定量相结合的综合能力，培养具有较高职业素养的实干型人才。

知识准备

遥感影像是监测地球变化的重要数据源。从遥感影像中可以获取的地球信息包括：海岸线、森林健康、城市扩张、农业生产、自然灾害、人为灾害、土地覆盖、冰雪范围、水面变化等。遥感动态检测就是从不同时期的遥感数据中，定量地分析和确定地表变化的特征与过程。它涉及变化的类型、分布状况与变化量，即需要确定变化前后的地面类型、界线及变化趋势，能提供地物的空间分布及其变化的定性和定量信息。

目前，遥感变化检测技术大多是针对两个时相的遥感影像进行操作。根据处理过程，遥感变化检测方法可分为 3 类。

（1）影像直接比较法

影像直接比较法是最为常见的检测方法，是对经过配准的两个时相遥感影像中的像元值直接进行运算和变换处理，找出变化的区域。目前常用的影像直接比较法包括影像差值法、影像比值法、植被指数比较法、主成分分析法、光谱特征变异法、假彩色合成法、波段替换法、变化矢量分析法、波段交叉相关分析以及混合检测法等。

（2）分类后比较法

分类后结果比较法是先将经过配准的两个时相遥感影像分别进行分类，然后比较分类结果得到变化检测信息。虽然该方法的精度依赖于分别分类时的精度和分类标准的一致性，但在实际应用中仍然非常有效。

（3）直接分类法

结合了影像直接比较法和分类后结果比较法的思想，常见的方法有多时相主成分分析后分类法、多时相组合后分类法等。

值得注意的是，上述检测方法和信息提取方法没有绝对的好与坏，只能是根据不同的数据源和不同的应用需求选用适合的方法。

任务 8-1　影像直接比较法

○ 工作任务

任务描述：

本任务以经过配准的两时相影像为例，学习直接比较法的基本流程，同时学习 ENVI 中两种主要的直接比较法检测工具——【Change Detection Difference】工具与【Image Change Workflow】工具。

任务分析：

1. 同时打开两个时相影像。

2. 使用【Change Detection Difference Map】工具，进行变化检测。

3. 使用【Class Statistics】工具，查看结果并进行统计。

4. 使用【Image Change Workflow】流程化工具，进行变化检测。

工具材料（表 8-1、表 8-2）：

表 8-1　应用工具及工具位置

工具名称	工具位置
变化检测	【ArcToolbox】—【Change Detection】—【Change Detection Difference Map】—【变化检测】
类别统计	【ArcToolbox】—【Classification】—【Post Classification】—【Class Statistics】—【类别统计】
变化检测	【ArcToolbox】—【Change Detection】—【Image Change Workflow】—【变化检测】

表 8-2　数据资料

名称	格式	坐标系	说明
july_00_quac	img 和 hdr 格式	UTM_Zone_20S	某个时相的 TM 影像，已经经过快速大气校正处理，土地覆盖主要为森林
july_06_quac	img 和 hdr 格式	UTM_Zone_20S	某个时相的 TM 影像，已经经过快速大气校正处理，土地覆盖主要为森林

○ 任务实施

1. 【Change Detection Difference】工具

①将两个时相影像"july_00_quac. img"和"july_06_quac. img"同时打开，如图 8-1 所示。

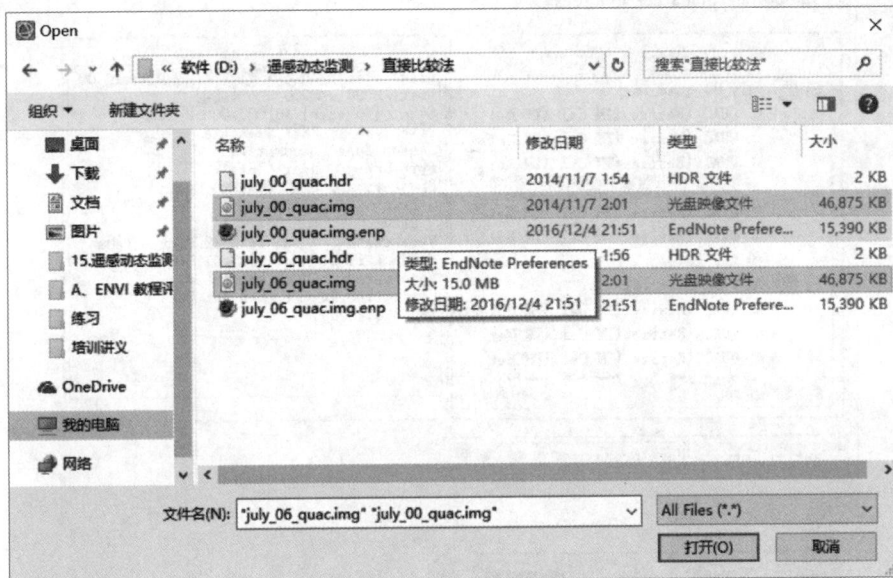

图 8-1　打开两个时相的影像

②在【Toolbox】中，单击【Change Detection】—【Change Detection Difference Map】，分别选择前一时相影像"july_00_quac. img"的一个波段，这里选择近红外波段即第 4 波段（图 8-2），选择后一时相影像"july_06_quac. img"的一个波段，这里选择第 4 波段（图 8-3）。

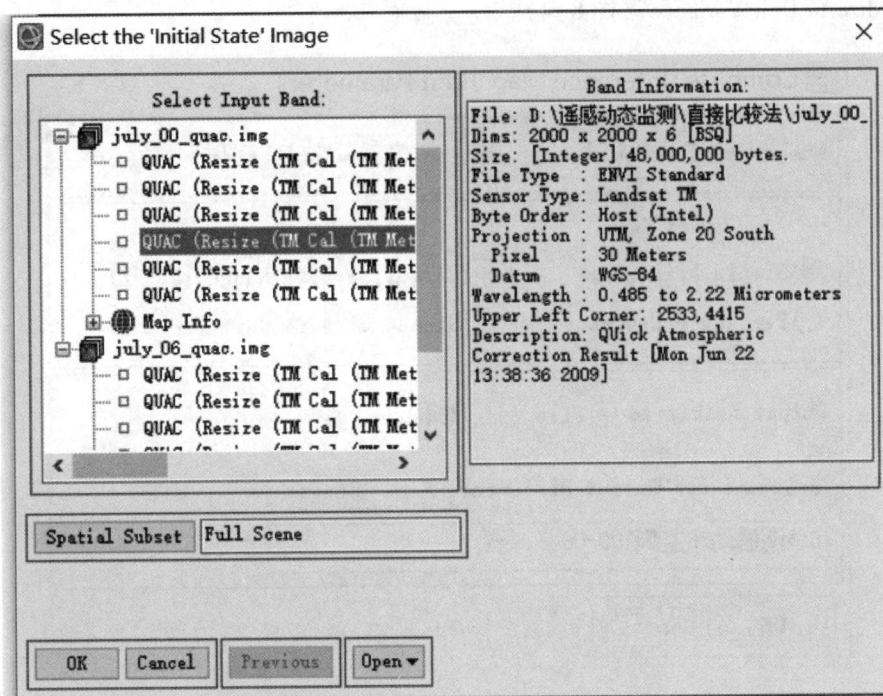

图 8-2　选择"july_00_quac. img"的第 4 波段

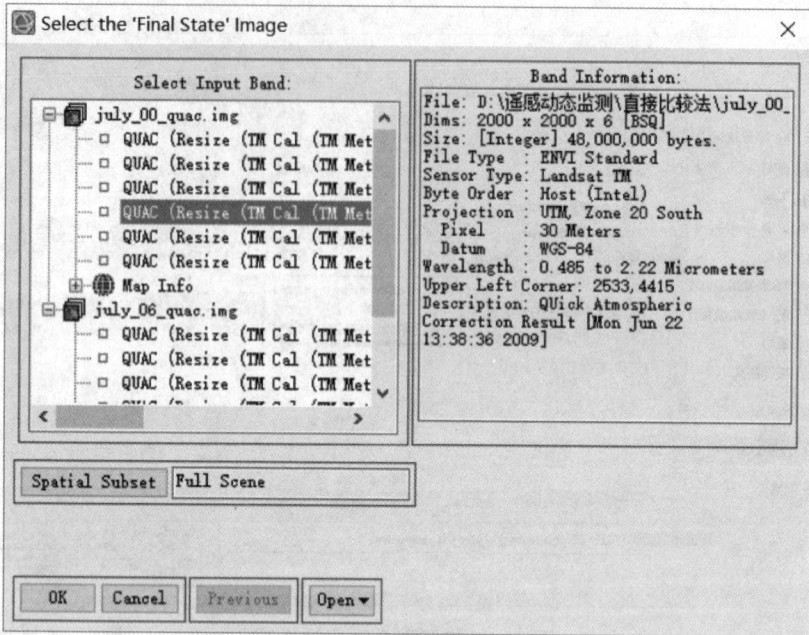

图 8-3 选择"july_06_quac. img"的第 4 波段

③在【Compute Difference Map Input Parameters】对话框中，设置如下参数。

计算方法【Change Type】：选择求差"Simple Difference"或百分比"Percent Difference"；

数据预处理【Date Preprocessing】：勾选数据归一化"Normalization【0-1】"或单位统一"Standardize to Unit Variance"（图 8-4）。

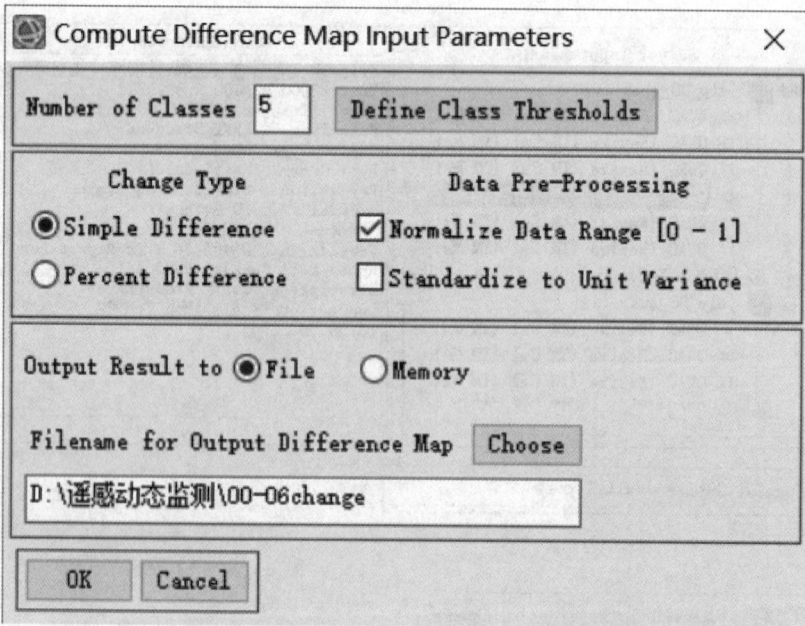

图 8-4 【Compute Difference Map Input Parameters】对话框参数设置

设置变化等级，单击【Define Class Thresholds】按钮，可以对每一个变化范围进行划分以及设置变化等级划分阈值(图 8-5)。

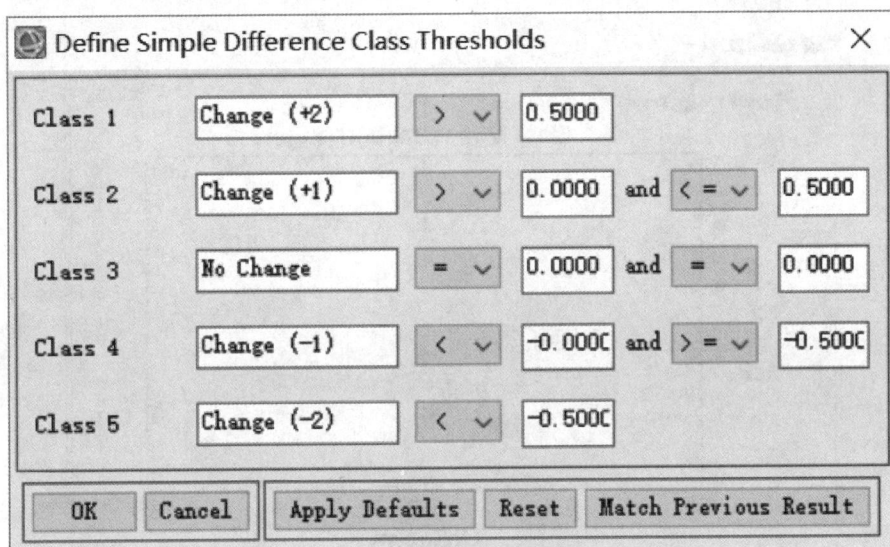

图 8-5　设置变化等级及范围

选择一个路径输出。

④结果查看和统计。在【Toolbox】中，打开【Classification】—【Post Classification】—【Class Statistics】，统计各个变化情况(图 8-6、图 8-7)。

图 8-6　变化情况

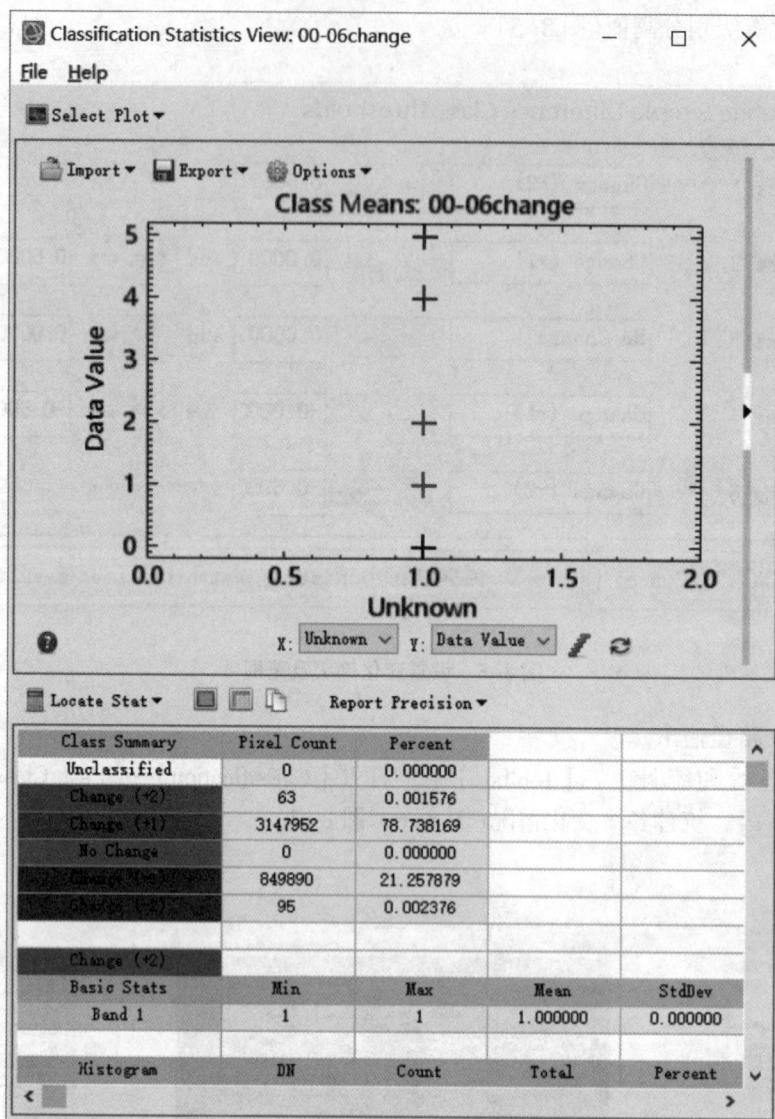

图 8-7 各个变化的统计情况

2. 【Image Change Workflow】工具

【Image Change Workflow】工具可以检测两个时相影像中增加和减少的信息，适合获取地表绝对变化信息。本任务选择了影像覆盖区为林木采伐区的两个时相的 TM 影像为数据源，利用【Image Change Workflow】工具提取森林开采区域。任务中所采用的两个 TM 影像已经经过大气校正(快速大气校正——QUAC)和精确几何配准。

①在 ENVI 中，选择【File】—【Open】打开"july_00_quac. img"和"july_06_quac. img"两个影像(图 8-8)。工具条上的透视窗提供了几种透视查看两景影像的方式，可选择任一种，查看两景影像的配准情况及变化信息。

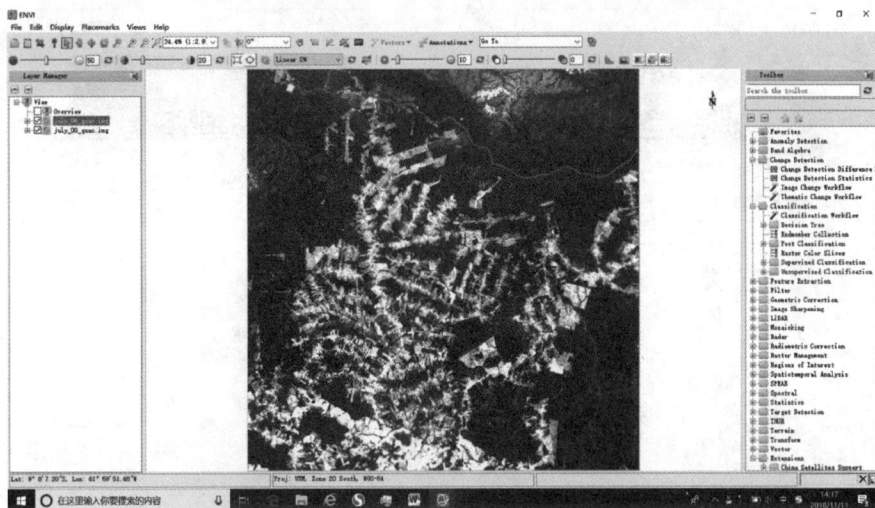

图 8-8 打开两个时相的影像

②在【Toolbox】列表中，双击【Change Detection】—【Image Change Workflow】，打开【File Selection】面板，在其下的【Input Files】选项卡中分别为【Time 1 File】选择 "july_00_ quac.img" 和【Time 2 File】选择 "july_06_quac.img"（图 8-9）。

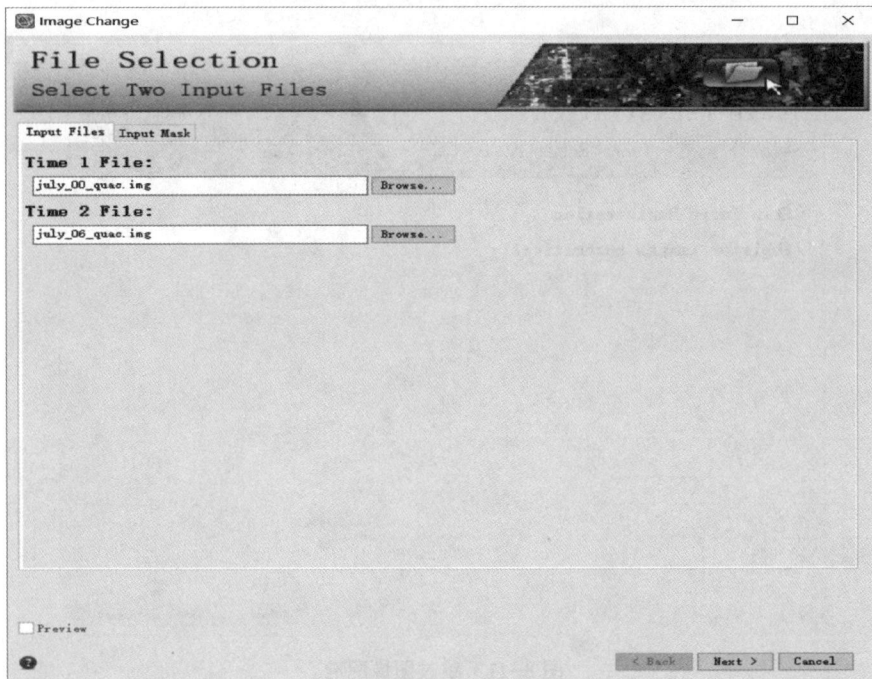

图 8-9 文件选择

切换至【Input Mask】选项卡（图 8-10），可以选择一个掩膜文件提高精度，如这里可以制作一个林区的掩膜文件，排除非林区的干扰。掩膜文件可以是单波段栅格图像或多边形 Shapefile 文件。

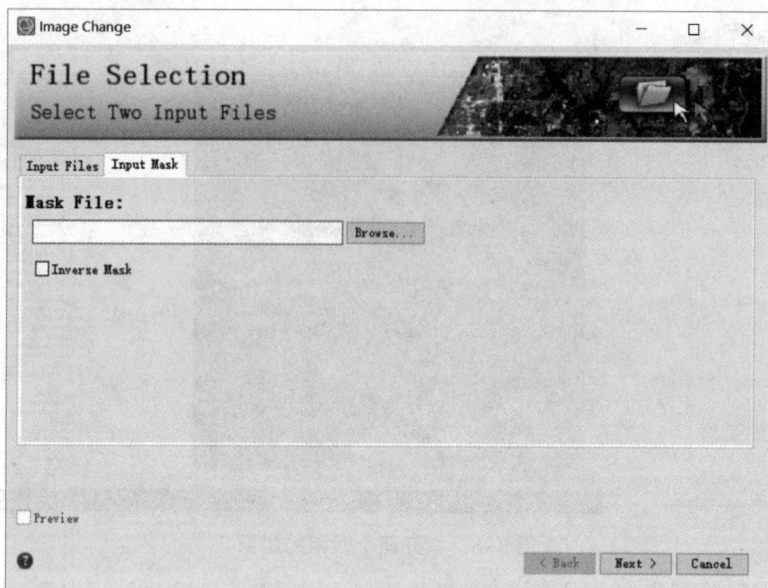

图8-10 掩膜文件选择

单击【Next】按钮打开【Image Registration】面板。直接单击【Next】，跳过图像配准步骤（图8-11）。

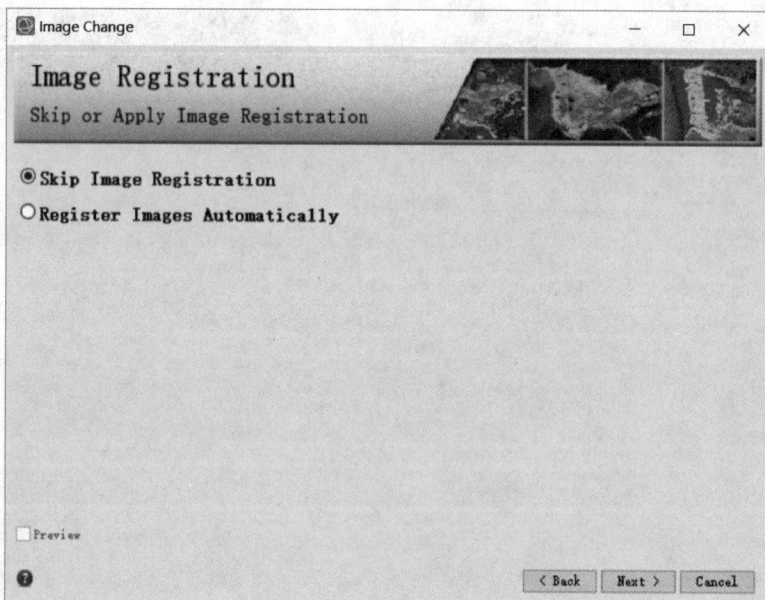

图8-11 跳过图像配准

③在【Change Method Choice】面板中，提供有两种方法：【Image Difference】图像差值法和【Image Transform】图像变换法。勾选【Image Difference】，单击【Next】（图8-12）。

在打开的【Image Difference】面板中又提供了3种图像差值法（图8-13），此处以波段差值和特征指数差为例进行简单介绍。

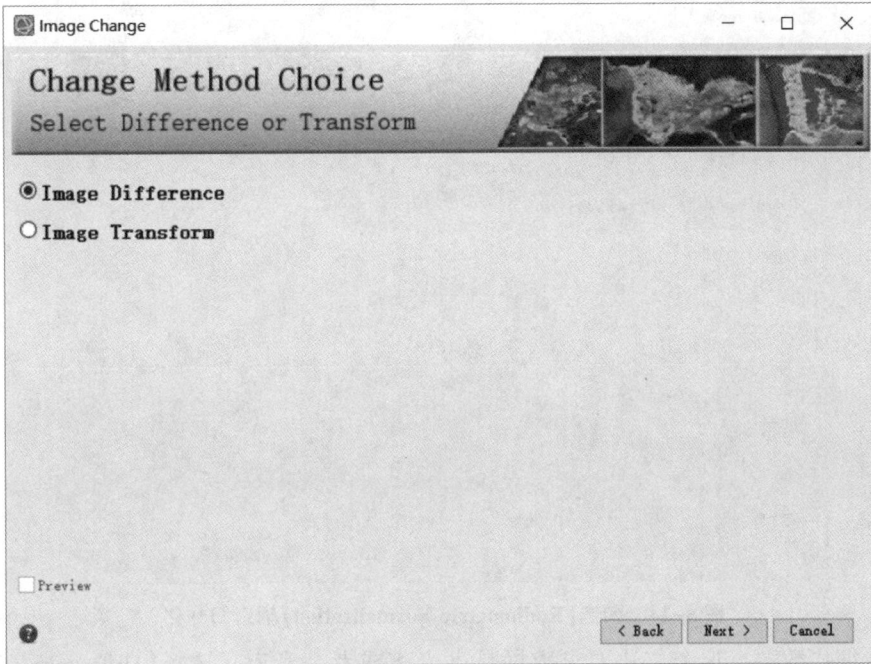

图 8-12　变换方法选择

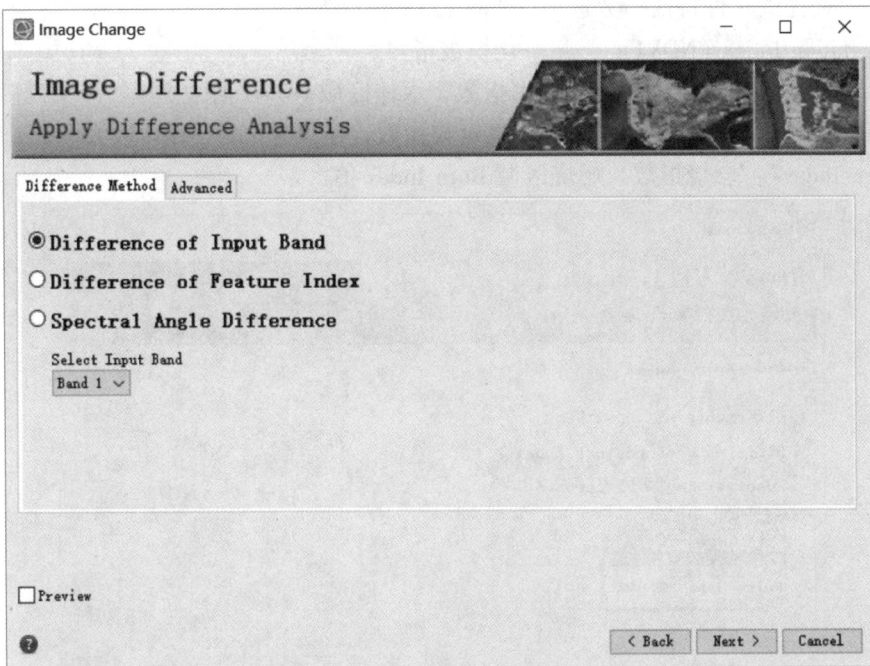

图 8-13　图像差值法选择

　　a. 波段差值：在【Difference Method】选项卡中选择【Difference of Input Band】并选择相应的波段。切换到【Advanced】选项卡，勾选【Radiometric Normalization】选项，可以将两个影像近似在同一个天气条件下成像（以 Time1 影像为基准）（图 8-14）。

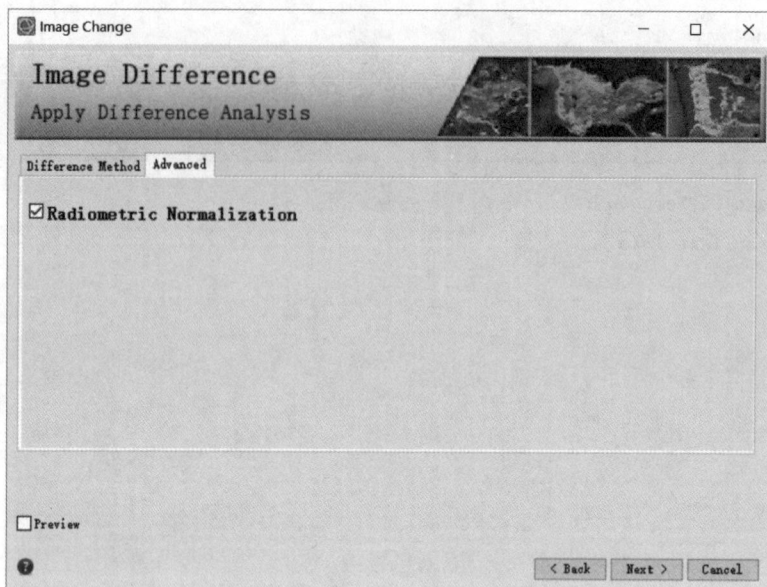

图 8-14　勾选【Radiometric Normalization】辐射归一化

b. 特征指数差：这个方法要求数据是多光谱或者高光谱，选择【Difference of Feature Inder】后自动根据图像信息（波段数和中心波长信息）在【Select Feature Index】列表中选择特征指数。此处提供 4 种特征指数选项（图 8-15）。

"Vegetation Index（NDVI）"：归一化植被指数。

"Water Index（NDWI）"：归一化水指数，水体区域 NDWI 值大。

"Built-up Index（NDBI）"：归一化建筑物指数，建筑物区域 NDBI 值大。

"Burn Index"：燃烧指数，燃烧区域 Burn Index 值大。

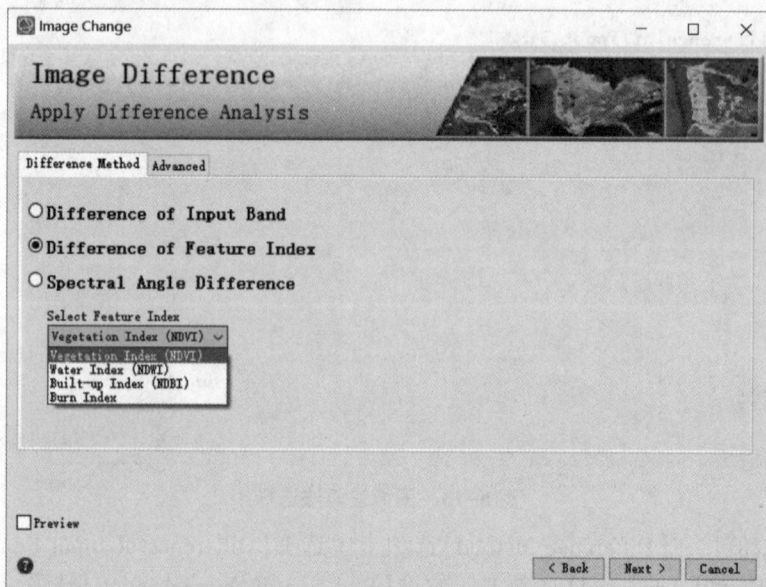

图 8-15　特征指数选项

切换到【Advanced】选项卡，有中心波长信息时自动为【Band 1】和【Band 2】选择相应的波段，否则手动选择(图 8-16)。

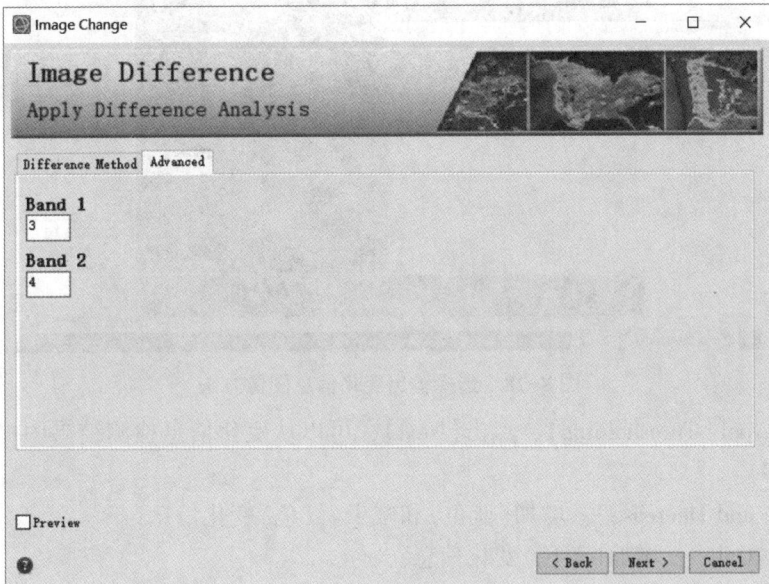

图 8-16　波段选择

④选择【Difference of Feature Index】，在【Select Feature Index】列表中选择"Vegetation Index (NDVI)"。勾选【Preview】选项，可以预览变化信息检测的结果(图 8-17)。在实际应用中一般以红色区域表示 NDVI 减少，蓝色区域表示 NDVI 增加。

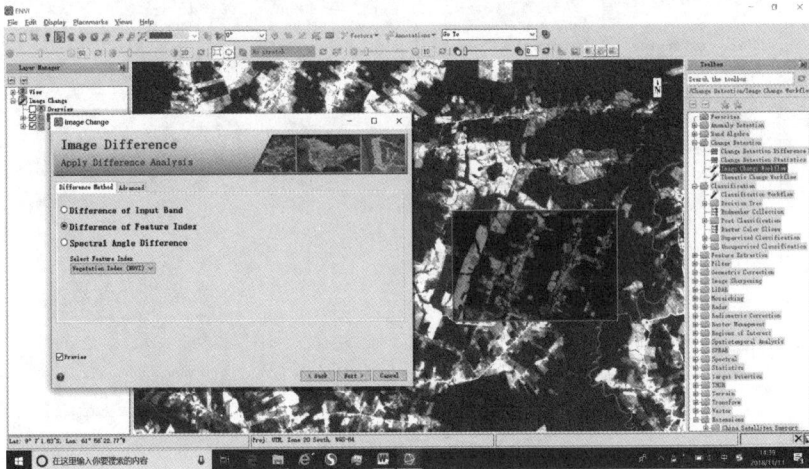

图 8-17　NDVI 变化检测结果预览

⑤单击【Next】打开【Thresholding or Export】面板，提供两种输出变化信息图像方法(图 8-18)。

【Apply Thresholding】：设置阈值细分变化信息图像；

【Export Image Change Only】：直接输出变化信息图像。

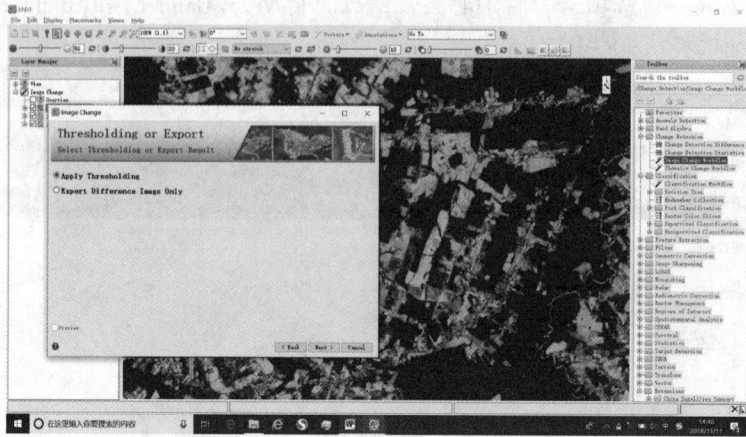

图 8-18 选择输出变化信息图像方法

⑥选择【Apply Thresholding】，点击【Next】，可以从变化信息检测结果中提取 3 种变化信息(图 8-19)。

"Increase and Decrease"：增加(蓝色)和减少(红色)变化信息；

"Increase Only"：增加(蓝色)变化信息；

"Decrease Only"：减少(红色)变化信息。

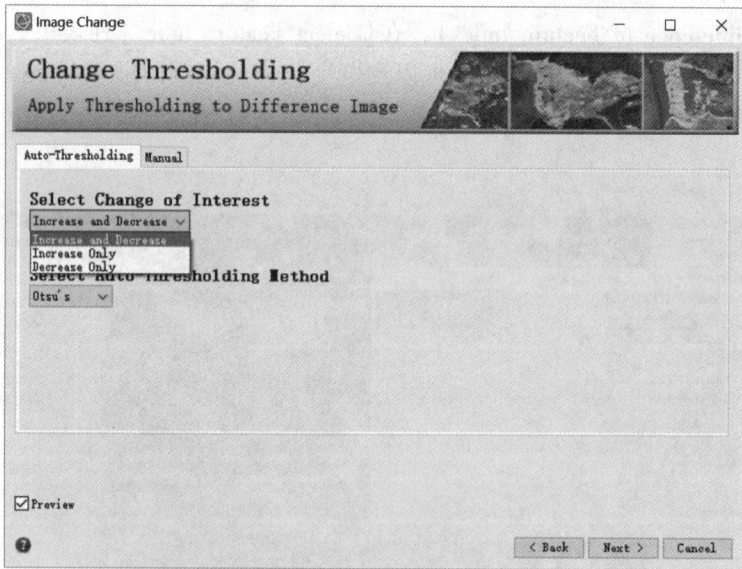

图 8-19 变化信息提取

在【Change Thresholding】面板提取变化信息时，共提供两种阈值设置方法。

a. 自动设置阈值：在【Auto-Thresholding】选项卡中的【Select Auto-Thresholding Metoch】下拉列表中又提供 4 种算法自动获取分割阈值(图 8-20)。

"Otsu's"：基于直方图形状的方法，使用直方图积累区间来划分阈值。

"Tsai's"：基于力矩的方法。

"Kapur's"：基于信息熵的方法。

"Kittler's"：基于直方图形状的方法，把直方图近似为高斯双峰从而找到拐点作为阈值。

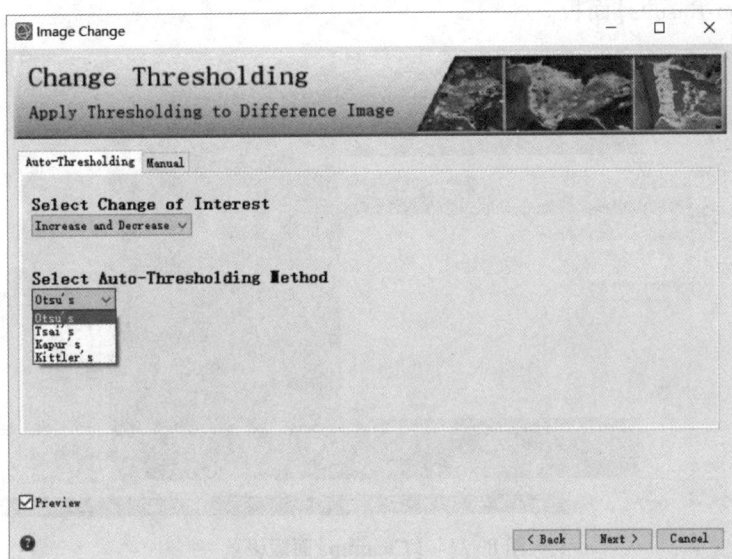

图 8-20　分割阈值算法选择

切换到【Manual】选项卡查看获取的分割阈值，可以手动进行更改，勾选【Preview】预览分割效果（图 8-21）。

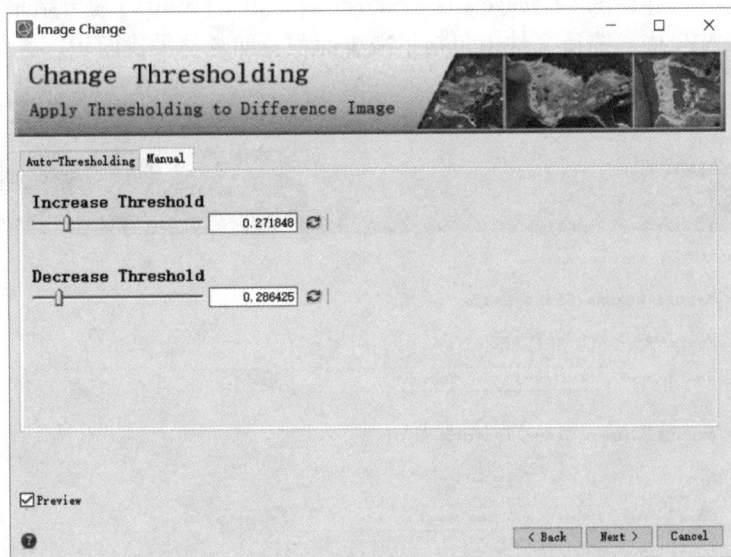

图 8-21　查看分割阈值

b. 手动设置阈值：在【Select Change of Interest】下拉列表中选择"Decrease Only"，获取森林减少区域。在【Select Auto-Thresholding Method】下拉列表中选择"Otsu's"。勾选【Preview】预览效果。单击【Next】打开【Cleanup】面板。这个面板的作用是移除椒盐噪声和去除小面积斑块（图 8-22）。勾选【Enable Smoothing】，【Smooth Kernel Size】（平滑核）设置为

"3"，值越大，平滑尺度越大。勾选【Enable Aggregation】，【Aggregate Minimum Size】（最小聚类值）设置为"30"。勾选【Preview】预览效果，单击【Next】打开【Exporting Image Change Change Detection Results】面板。

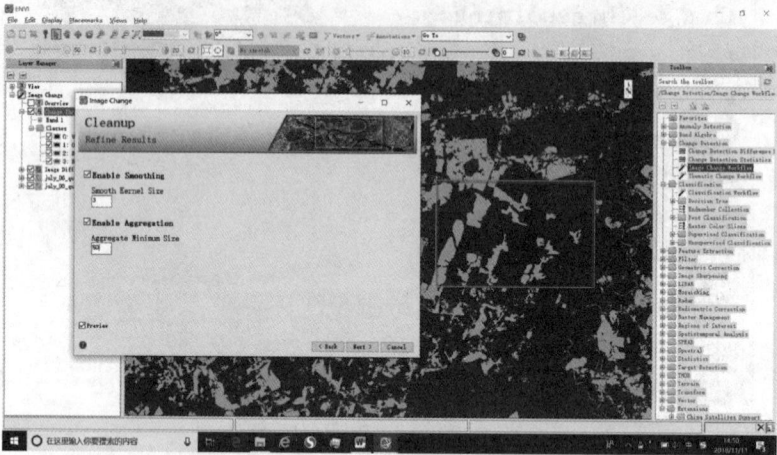

图 8-22　【Cleanup】面板设置

⑦输出变化信息（图 8-23）。可以输出 4 种格式的变化结果：以图像格式输出变化结果；以矢量格式输出变化结果；变化统计文本文件；输出差值图像。具体操纵步骤如下。

勾选【Export Change Class Vectors】，选择输出为"Shapefile"格式。切换到【Additional Export】选项卡，勾选【Export Change Class Statistics】，单击【Finish】输出结果。输出结果自动叠加显示在 ENVI 中，统计文件中包括了减少面积，即森林采伐面积。

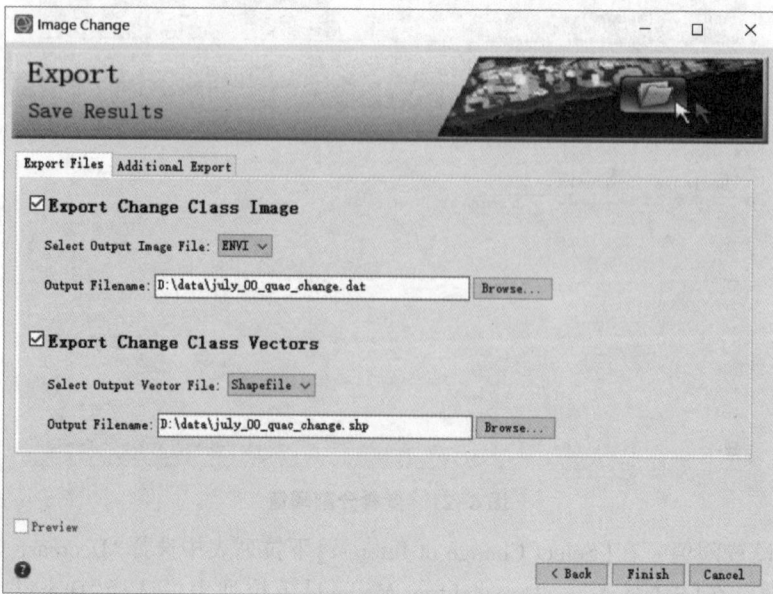

图 8-23　输出变化信息

思考与练习

1. 论述遥感动态监测各种方法的不同。
2. 试论林冠动态监测的方法和步骤。

任务 8-2　分类后比较法

工作任务

任务描述：

分类后比较方法的核心是基于分类基础上发现变化信息。即首先运用统一的分类体系对每一时相遥感影像进行单独分类，然后通过对分类结果进行比较来直接发现土地覆被等的变化信息。本任务主要利用 Landsat TM 农业耕作用地信息变化提取部分，进行农业用地的利用情况监测。以经过配准的两时相影像为例，学习分类后比较法的基本流程，同时学习 ENVI 中两种主要的分类后比较法检测工具——【Change Detection Statistics】工具与【Thematic Change Workflow】工具。

本任务是以 2008 年和 2009 年的 Landsat TM 数据为数据源，选取了两个时期的农业耕作类型。图像覆盖区域的土地类型主要包括水体、沙漠、耕地、城市区域等。数据经过精确几何校正、传感器定标和快速大气校正、监督分类处理。

任务分析：

1. 使用【Change Detection Statistics】工具，进行变化检测。
2. 使用【Thematic Change Workflow】流程化工具，进行变化检测。

工具材料（表 8-3、表 8-4）：

表 8-3　应用工具名称及工具位置

工具名称	工具位置
Change Detection Statistics	【ArcToolbox】—【Change Detection】—【Change Detection Statistics】
Thematic Change Workflow	【ArcToolbox】—【Change Detection】—【Thematic Change Workflow】

表 8-4　数据材料

名称	格式	坐标系	说明
ag_08_maxlike.img	IMG 和 HDR 格式	UTM_Zone_11N	某个时相的分类图像，土地覆盖主要为耕地
ag_09_maxlike.img	IMG 和 HDR 格式	UTM_Zone_11N	某个时相的分类图像，土地覆盖主要为耕地
mask.shp	SHP 格式	UTM_Zone_11N	用于掩膜处理的 Shapefile 文件

○ 任务实施

1. 【Change Detection Statistics】工具

①打开两个时相的分类结果图 "ag_08_maxlike. img" 和 "ag_09_maxlike. img" (图 8-24)。

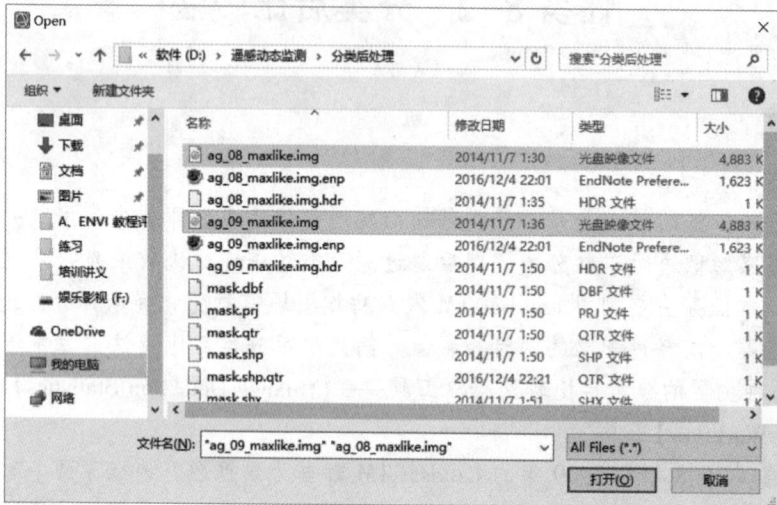

图 8-24　打开两个时相的分类结果图

②在【Toolbox】中，打开【Change Detection】—【Change Detection Statistics】，选择 "ag_08_maxlike. img" 作为前时相分类图 (initial state; 图 8-25)，"ag_09_maxlike. img" 作为后时相分类图 (final state; 图 8-26)。

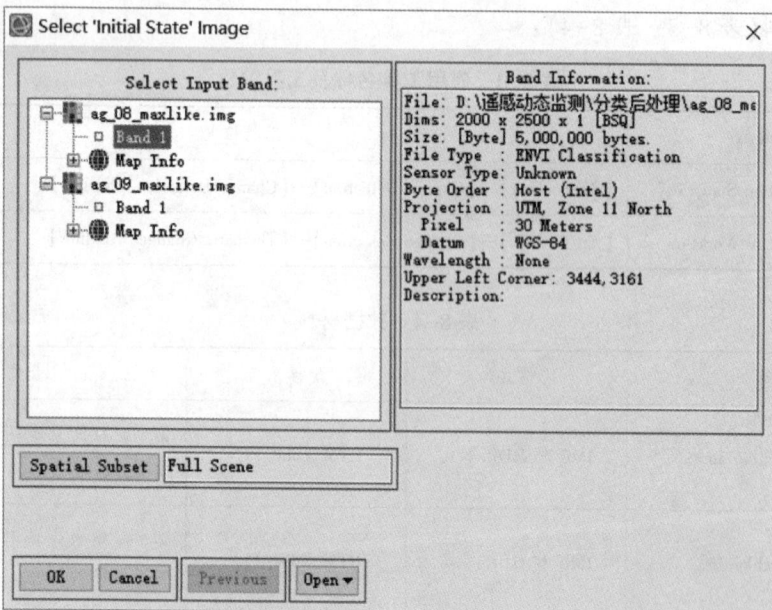

图 8-25　选择前时相分类图

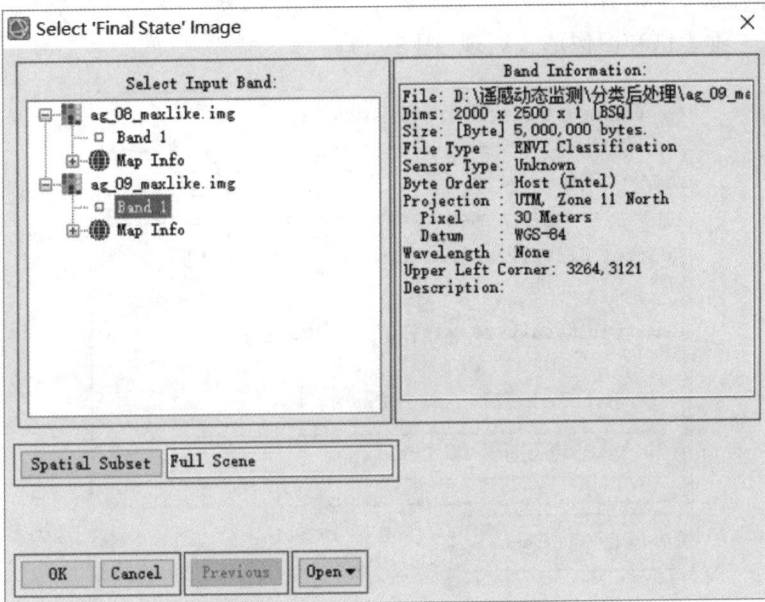

图 8-26　选择后时相分类图

③在【Define Equivalent Class】对话框中，如果两个时相的分类图命名规则一致，则会自动将两时相上的类别关联；否则需要在 Initial State Class 和 Final State Class 列表中手动选择相对应的类别，点击【OK】按钮(图 8-27)。

④在结果输出对话框中，选择统计类型：像素"Pixels"、百分比"Percent"和面积"Area"，

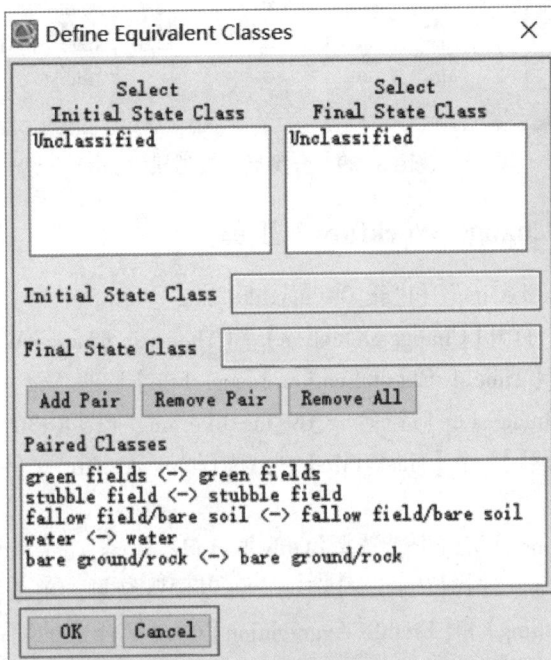

图 8-27　关联两时相类别

选择路径输出结果(图8-28)。

⑤结果以二维表格和图像形式展现(图8-29)。

图8-28　选择统计类型及输出路径

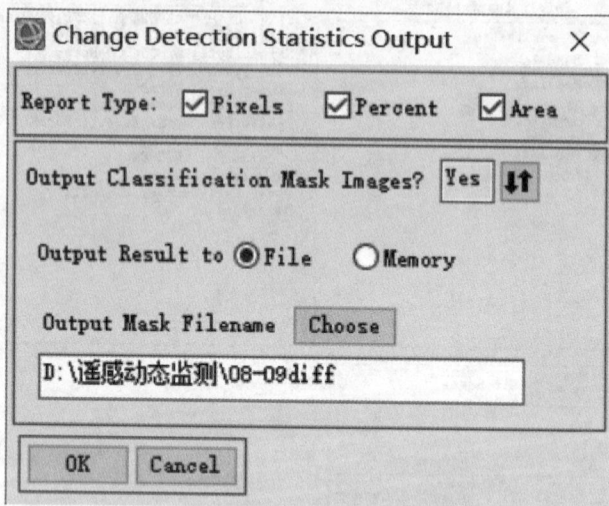

图8-29　分类后比较结果

2. 【Thematic Change Workflow】工具

①打开"ag_08_maxlike. img"和"ag_09_maxlike. img"。

②在【Toolbox】中,打开【Change Detection】—【Thematic Change Workflow】,在【Thematic Change】窗口中,为【Time 1 Classicfication Image File】选择"ag_08_maxlike. img",为【Time 2 Classicfication Image File】选择"ag_09_maxlike. img"(图8-30)。

③切换至【Input Mask】,在【Mask File】中,选择"mask. shp"文件作为掩膜文件,单击【Next】按钮(图8-31)。

④在【Thematic Change】窗口中,选择【Only Include Areas That Have Changed】,则只获得变化的区域(图8-32)。选择【Preview】选项,可以预览结果。单击【Next】按钮。

⑤在【Enable Smoothing】和【Enable Aggregation】中设置合适的值去除噪声和合并小斑块,这里维持默认,平滑核【Smoth Kernel Size】为"3",最小聚类【Aggregate Minimum Size】为"9",单击【Next】按钮进入下一步(图8-33)。

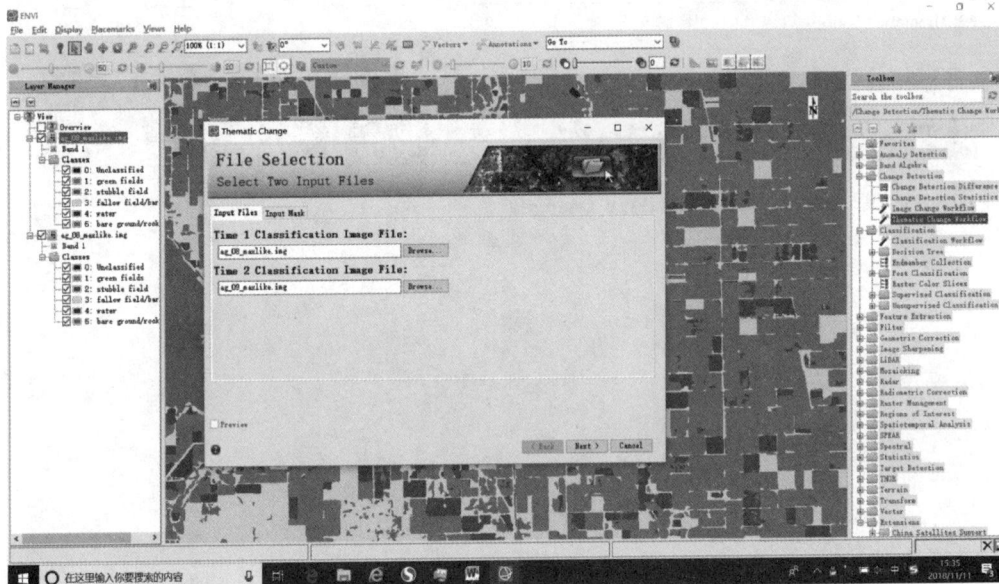

图 8-30 对应文件选择

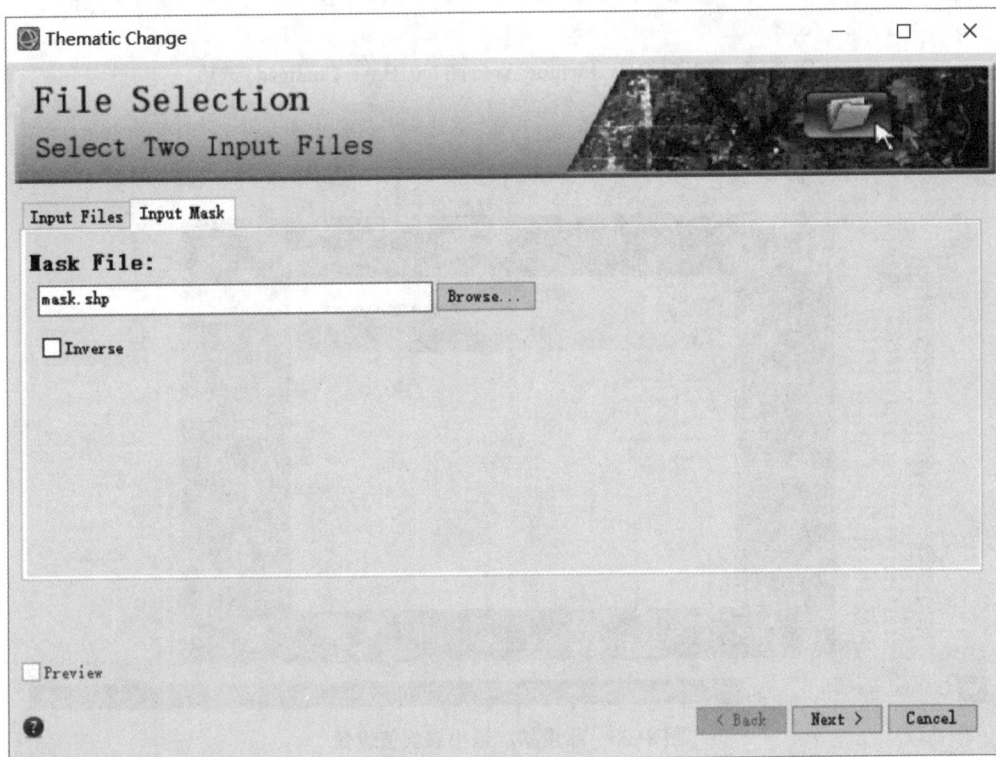

图 8-31 选择掩膜文件

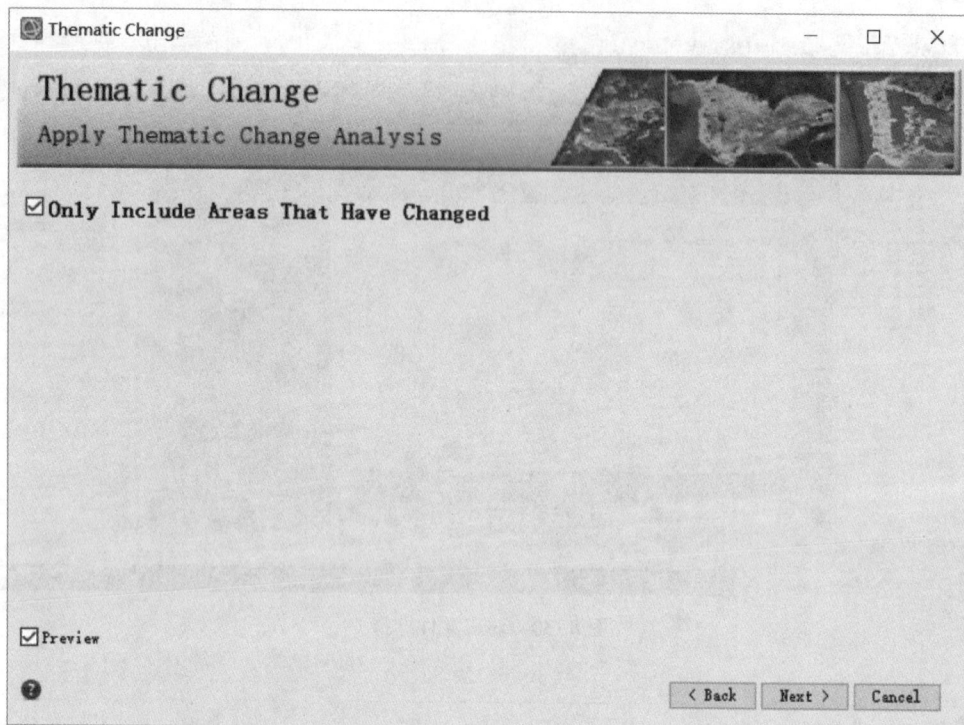

图 8-32　勾选【Only Include Areas That Have Changed】选项

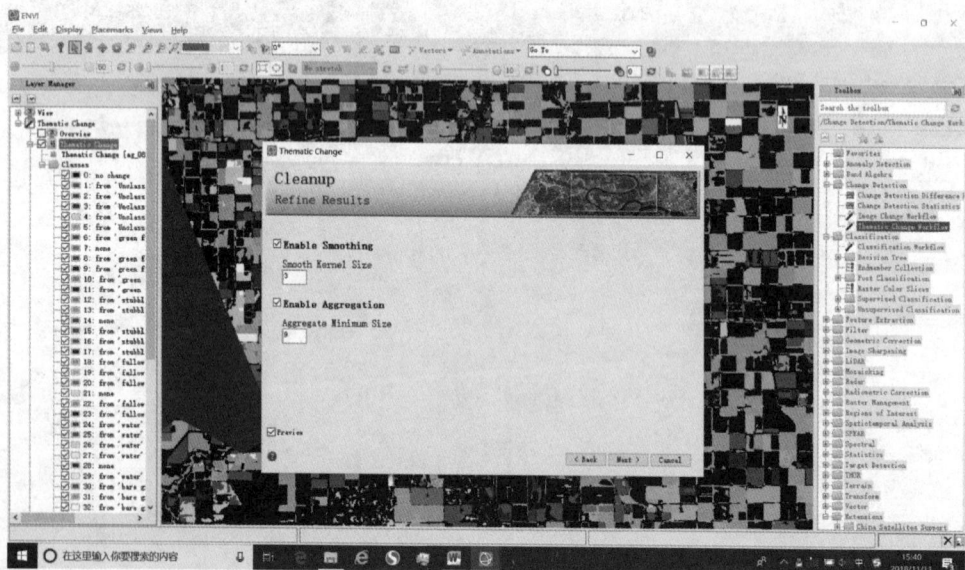

图 8-33　平滑核、最小聚类值设置

　⑥在【Thematic Change】—【Export】面板中，分别将结果以图像和矢量格式输出，还可以输出变化统计文件(图 8-34)。

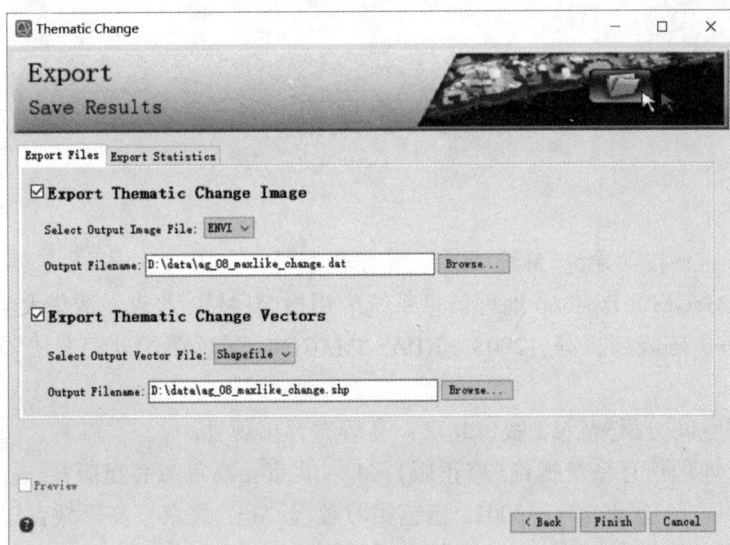

图 8-34　输出分类后比较结果及变化统计文件

思考与练习

1. 比较【Change Detection Statistics】工具和【Thematic Change Workflow】流程化工具的不同。

2. 试论述土地利用变化动态监测的方法和步骤。

参考文献

常庆瑞，2006. 遥感技术导论[M]. 北京：科学出版社.

党安荣，2003. ArcGIS 8 Desktop 地理信息系统应用指南[M]. 北京：清华大学出版社.

党安荣，王晓栋，陈晓峰，等，2003. ERDAS IMAGING 遥感图像处理方法[M]. 北京：清华大学出版社.

郭仁忠，2001. 空间分析[M]. 2 版. 北京：高等教育出版社.

黄杏元，2002. 地理信息系统概论(修正版)[M]. 北京：高等教育出版社.

刘慧平，秦其明，彭望璟，等，2001. 遥感实习教程[M]. 北京：高等教育出版社.

闾国年，张书亮，龚敏霞，2003. 地理信息系统集成原理与方法[M]. 北京：科学出版社.

毛锋，沈小华，2002. ARCGIS 开发与实践[M]. 北京：科学出版社.

梅安新，彭望璟，秦其明，等，2001. 遥感导论[M]. 北京：高等教育出版社.

牟乃夏，刘文宝，王海银，2012. ArcGIS 10 地理信息系统教程[M]. 北京：测绘出版社.

汤国安，2005. ArcView 地理信息系统空间分析方法[M]. 北京：科学出版社.

汤国安，杨昕，2006. ArcGIS 地理信息系统空间分析实验教程[M]. 北京：科学出版社.

汤国安，张友顺，刘咏梅，2004. 遥感数字图像处理[M]. 北京：高等教育出版社.

田庆，2014. ArcGIS 地理信息系统详解[M]. 北京：北京希望电子出版社.

邬伦，刘瑜，张晶，2001. 地理信息系统原理、方法和应用[M]. 北京：科学出版社.

吴信才，2002. 地理信息系统原理与方法[M]. 北京：电子工业出版社.

吴秀芹，张洪岩，等，2007. ArcGIS 9 地理信息系统应用与实践[M]. 北京：清华大学出版社.

张超，2000. 地理信息系统实习教程[M]. 北京：高等教育出版社.

周建郑，2005. GPS 定位原理与技术[M]. 郑州：黄河水利出版社.

朱长青，史文中，2006. 空间分析建模与原理[M]. 北京：科学出版社.